全国技工院校“十二五”系列规划教材

中国机械工业教育协会推荐教材

电气控制线路安装与维修

（任务驱动模式·含工作页）

主　编　金凌芳

副主编　赵永军　王柏华

参　编　李震球　张学纯　赵　琼

主　审　林　嵩

机械工业出版社

本书以《国家职业技能标准　维修电工》为依据，紧紧围绕“以企业需求为导向，以职业能力为核心”的编写理念，采用“任务驱动”模式编写，以工作任务为引领，由浅入深，循序渐进，精简理论，突出核心技能与实际操作能力，使理论与实践融为一体，充分体现“在做中学，在学中做”的教学思想。本书分3个单元，19个工作任务，主要内容包括电气控制线路的安装与调试、电气控制线路的分析与检修、电气控制线路的设计与改装。每个单元提出职业能力目标要求，每个工作任务分为任务目标、任务描述、任务分析、任务实施、任务拓展等栏目。

本书还开发了配套的工作页，按照“资讯、计划、决策、实施、检查、评价”六个完整的行动模式来设计，以引导学生自主学习、探究学习、合作学习，既可以作为课前预习、课中记录及课后作业的学习手册，同时也是评价学生职业能力的有效载体。

本书难度适中，可作为广大技工院校培养中、高级电类技能型人才的教学用书，也可供相关人员在职培训、岗位培训使用。

图书在版编目（CIP）数据

电气控制线路安装与维修：任务驱动模式：含工作页/金凌芳主编．—北京：机械工业出版社，2013.1（2020.1重印）
全国技工院校“十二五”系列规划教材
ISBN 978-7-111-39754-0

Ⅰ.①电…　Ⅱ.①金…　Ⅲ.①电气控制—控制电路—安装—技工学校—教材②电气控制—控制电路—维修—技工学校—教材　Ⅳ.①TM571.2

中国版本图书馆CIP数据核字（2012）第308514号

机械工业出版社（北京市百万庄大街22号　　邮政编码100037）
策划编辑：陈玉芝　责任编辑：陈玉芝　王　荣
版式设计：赵颖喆　责任校对：佟瑞鑫
封面设计：张　静　责任印制：孙　炜
保定市中画美凯印刷有限公司印刷
2020年1月第1版第4次印刷
184mm×260mm · 19.25印张 · 465千字
标准书号：ISBN 978-7-111-39754-0
定价：45.00元

凡购本书，如有缺页、倒页、脱页，由本社发行部调换

电话服务
服务咨询热线：010-88379833
读者购书热线：010-88379649

网络服务
机 工 官 网：www.cmpbook.com
机 工 官 博：weibo.com/cmp1952
教育服务网：www.cmpedu.com
金 书 网：www.golden-book.com

封面无防伪标均为盗版

全国技工院校“十二五”系列规划教材
编审委员会

序

“十二五”期间，加速转变生产方式，调整产业结构，将是我国国民经济和社会发展的重中之重。而要完成这种转变和调整，就必须有一大批高素质的技能型人才作为后盾。根据《国家中长期人才发展规划纲要（2010—2020年）》的要求，至2020年，我国高技能人才占技能劳动者的比例将由2008年的24.4%上升到28%（目前一些经济发达国家的这个比例已达到40%）。可以预见，作为高技能人才培养重要组成部分的高级技工教育，在未来的10年必将会迎来一个高速发展的黄金期。近几年来，各职业院校都在积极开展高级工培养的试点工作，并取得了较好的效果。但由于起步较晚，课程体系、教学模式都还有待完善与提高，教材建设也相对滞后，至今还没有一套适合高级技工教育快速发展需要的，成体系、高质量的教材。即使一些专业（工种）有高级工教材也不是很完善，或是内容陈旧、实用性不强，或是形式单一、无法突出高技能人才培养的特色，更没有形成合理的体系。因此，开发一套体系完整、特色鲜明、适合理论实践一体化教学、反映企业最新技术与工艺的高级工教材，就成为高级技工教育亟待解决的课题。

鉴于高级技工教材短缺的现状，机械工业出版社与中国机械工业教育协会从2010年10月开始，组织相关人员，采用走访、问卷调查、座谈等方式，对全国有代表性的机电行业企业、部分省市的职业院校进行了历时6个月的深入调研。对目前企业对高级工的知识、技能要求，各学校高级工教育教学现状、教学和课程改革情况以及对教材的需求等有了比较清晰的认识。在此基础上，他们紧紧依托行业优势，以为企业输送满足其岗位需求的合格人才为最终目标，组织了行业和技能教育方面的专家精心规划了教材书目，对编写内容、编写模式等进行了深入探讨，形成了本系列教材的基本编写框架。为保证教材的编写质量、编写队伍的专业性和权威性，2011年5月，他们面向全国技工院校公开征稿，共收到来自全国22个省（直辖市）的110多所学校的600多份申报材料。在组织专家对作者及教材编写大纲进行了严格的评审后，决定首批起动编写机械加工制造类专业、电工电子类专业、汽车检测与维修专业、计算机技术相关专业教材以及部分公共基础课教材等，共计80余种。

本系列教材的编写指导思想明确，坚持以达到国家职业技能鉴定标准和就业能力为目标，以各专业的工作内容为主线，以工作任务为引领，由浅入深，循序渐进，精简理论，突出核心技能与实操能力，使理论与实践融为一体，充分体现“教、学、做合一”的教学思想，致力于构建符合当前教学改革方向的，以培养应用型、技术型、创新型人才为目标的教材体系。

本系列教材重点突出了如下三个特色：一是“新”字当头，即体系新、模式新、内容新。体系新是把教材以学科体系为主转变为以专业技术体系为主；模式新是把教材传统章节模式转变为以工作过程的项目为主；内容新是教材充分反映了新材料、新工艺、新技术、新方法。二是注重科学性。教材从体系、模式到内容符合教学规律，符合国内外制造技术水平实际情况。在具体任务和实例的选取上，突出先进性、实用性和典型性，便于组织教学，以提高学生的学习效率。三是体现普适性。由于当前高级工生源既有中职毕业生，又有高中生，各自学制也不同，还要考虑到在职人群，教材内容安排上尽量照顾到了不同的求学者，适用面比较广泛。

此外，本系列教材还配备了电子教学课件，以及相应的习题集，实验、实习教程，现场操作视频等，初步实现教材的立体化。

我相信，本系列教材的出版，对深化职业技术教育改革，提高高级工培养的质量，都会起到积极的作用。在此，我谨向各位作者和所在单位及为这套教材出力的学者表示衷心的感谢。

原机械工业部教育司副司长

中国机械工业教育协会高级顾问

郝广发

前　言

根据《国家中长期人才发展规划纲要（2010—2020年）》的要求，在“十二五”期间，要构建灵活开放的现代职业教育体系，培养适应现代化建设需求的高素质劳动者和高技能人才。作为培养高技能人才的技工院校，其教育发展与高技能人才需求相比还很滞后，特别是技工教育的教材无论在内容上还是在体例上，都无法体现出高技能人才的培养要求。为此针对电气自动化设备安装与维修专业、机电一体化专业的教学要求，我们编写了本书。本书具有以下特点：

在编写原则上，突出以职业能力为核心。编写时坚持“以职业标准为依据，以企业需求为导向，以职业能力为核心”的理念，结合企业实际，反映岗位需求，突出新知识、新技术、新工艺、新方法，以培养具有综合职业能力的高技能人才为目标。

在编写模式上，采用“任务驱动”编写模式，以工作任务为引领，使理论与实践融为一体。按照维修电工职业领域分单元展开，每个工作任务由任务目标、任务描述、任务分析和任务拓展等栏目，充分体现“在做中学、在学中做”的教学思想，致力于构建符合当前教学改革方向的，以培养应用型、技术型、革新型人才为目标的教材体系。

在内容安排上，增强教材的针对性和可读性。教材由浅入深，循序渐进，精简理论，突出核心技能与实操能力，内容以《国家职业技能标准　维修电工》为依据，结合考证实例，使内容更具有针对性和选择性。为激发学生的学习兴趣，每个任务都结合工作实际案例提出，还精心设置了“特别提示”等栏目。

在使用功能上，注重一体化教学实施。一体化教学改革是技工院校的发展方向，本书适合实施一体化教学改革，借鉴先进的德国职业教育行动导向的教学方法，配套开发电气控制线路安装与维修工作页，以检验、评价学生的学习效果，便于有效地将理论与实践结合起来。

本书由金凌芳任主编，并负责统稿、校稿工作；赵永军、王柏华任副主编，林嵩任主审。全书共分3个单元，单元1由金凌芳、赵永军、赵琼编写，单元2由李震球、张学纯编写，单元3由金凌芳、王柏华编写，工作页由金凌芳编写。在教材的编写工作中，魏金灵、楼镝扬、崔泽江三位同志给予了很大的帮助，在此表示感谢！

在本书编写过程中参考了相关资料和文献，在此向有关作者表示衷心感谢！

由于编者水平有限，书中难免有疏漏、错误和不足之处，恳请读者批评指正。

编　者

目录

单元1　电气控制线路的安装与调试

单元目标

方法能力目标

1. 收集整理资料能力。
2. 制定、实施工作计划的能力。
3. 理论知识应用及实践操作的能力。
4. 基本电气控制线路分析的能力。
5. 自我评价的认知能力和他人评价的承受能力。

专业能力目标

1. 常用低压电器的识别与应用能力。
2. 基本电气控制线路图的识读能力。
3. 基本电气控制线路的安装与调试能力。
4. 常用电工工具和仪表的使用能力。

社会能力目标

1. 沟通协调能力。
2. 语言表达能力。
3. 团队组织能力。
4. 班组管理能力。
5. 责任心与职业道德。
6. 安全与自我保护能力。

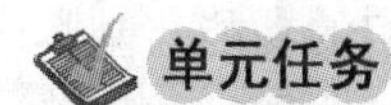

单元任务

由于各种生产机械的工作性质和加工工艺的不同，使得它们对电动机的控制要求也不尽相同。要使电动机按照生产机械的要求正常、安全地运转，必须配备相应的电器，组成一定的控制线路，才能达到控制目的。在生产实践中，一台生产机械的控制线路可以比较简单，也可以相当复杂。但是，任何复杂的控制线路总是由一些基本的控制线路组合起来的。电动机常见的基本控制线路有以下几种：点动控制线路、正转控制线路、正反转控制线路、位置与行程控制线路、顺序控制线路、多地控制线路、减压起动控制线路、制动控制线路和调速控制线路等。

任务1　三相笼型异步电动机手动正转控制线路的安装与调试

任务目标

1. 会正确识别、安装和使用常用低压开关、熔断器。
2. 知道三相笼型异步电动机的两种接线方式，并能按要求正确连接。
3. 能分析三相异步电动机手动正转控制线路的控制原理，并会正确安装。
4. 明确电动机的通电操作步骤和安全注意事项。
5. 能查阅相关资料，提高独立工作的能力和团队协作的能力。
6. 遵守“7S”管理规定，做到文明操作。

任务描述

图1-1-1是用开启式负荷开关控制的三相笼型异步电动机手动正转控制线路图，按图进行配线板上的安装与调试，具体要求如下：

1. 按线路图进行正确的安装与调试。
2. 所有电元器件安装符合工艺要求。
3. 正确使用电工工具和仪表，能用仪表测量线路和检测元件。
4. 电动机要通过端子排进出配线板，电动机外壳要保护接地或接零。
5. 学员进入实训场地要穿戴好劳保用品并进行安全文明操作。
6. 安装工时：60min。

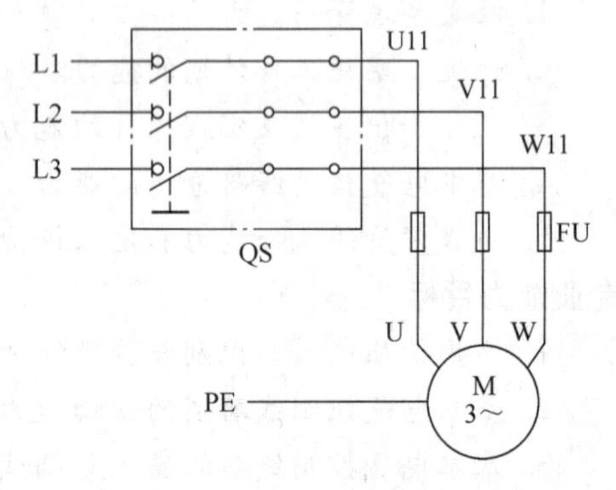

图1-1-1　开启式负荷开关控制的三相笼型异步电动机手动正转控制线路图

任务分析

手动正转控制线路是通过低压开关来控制电动机的起动与停止的线路，是最基本的电气控制线路，具有使用电器少、接线简单、操作方便等特点，主要应用于5.5kW以下小功率三相异步电动机拖动的机械设备，如三相排风扇、砂轮机等。完成该任务首先要学习熔断器、组合开关等常用低压电器，能记住它们的图形符号与文字符号，熟悉它们的功能、基本结构、工作原理及型号含义，然后会识读手动正转控制线路的原理图和安装接线图，并正确安装，通电试车时，要明确通电操作程序，特别是安全文明操作。

相关知识

一、三相交流异步电动机的接线方式

三相交流异步电动机的三相定子绕组每相绕组都有两个引出线头。一头叫做首端，另一头叫做末端。第一相绕组首端用U1表示，末端用U2表示；第二相绕组首端用V1表示，末端用V2表示；第三相绕组首末端分别用W1和W2来表示。这六个引出线头引入接线盒

的接线柱上，接线柱相应地标出 U1、U2、V1、V2、W1、W2 的标记，如图 1-1-2 所示。三相定子绕组的六根端头可将三相定子绕组接成星形或三角形。一台电动机是接成星形还是接成三角形，应视厂商规定而进行，可以从电动机铭牌上查到。三相定子绕组的首末端是生产厂商事先设定好的，绝不可任意颠倒，但可将三相绕组的首末端一起颠倒，例如将三相绕组的末端 U2、V2、W2 倒过来作为首端，而将 U1、V1、W1 作为末端，但绝不可单独将一相绕组的首末端颠倒，否则将产生接线错误。如果接线盒中发生接线错误，或者将绕组首末端弄错，轻则电动机不能正常起动，长时间通电造成起动电流过大，电动机发热严重，影响寿命，重则烧毁电动机绕组，或造成电源短路。

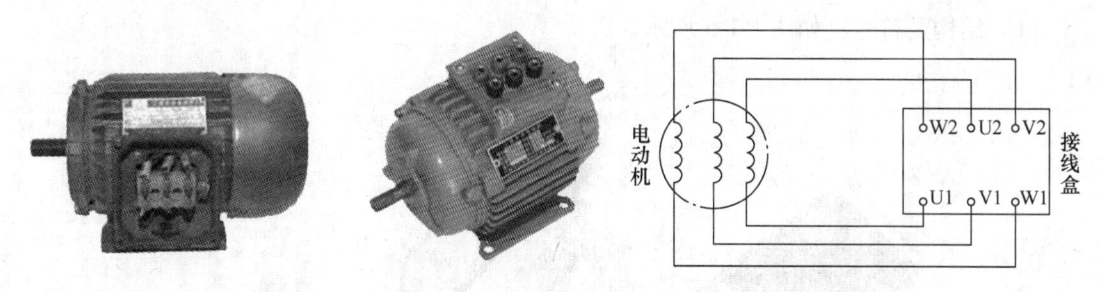

图 1-1-2　三相交流异步电动机

1. 星形联结

星形联结是将三相绕组的末端并联起来，即将 U2、V2、W2 三个接线柱用铜片连接在一起，而将三相绕组首端分别接入三相交流电源，即将 U1、V1、W1 分别接入 L1、L2、L3 相电源，如图 1-1-3 所示。

2. 三角形联结

三角形联结是将第一相绕组的首端 U1 与第三相绕组的末端 W2 相连接，再接入一相电源；第二相绕组的首端 V1 与第一相绕组的末端 U2 相连接，再接入第二相电源；第三相绕组的首端 W1 与第二相绕组的末端 V2 相连接，再接入第三相电源。即在接线板上将接线柱 U1 和 W2、V1 和 U2、W1 和 V2 分别用铜片连接起来，再分别接入三相电源，如图 1-1-4 所示。

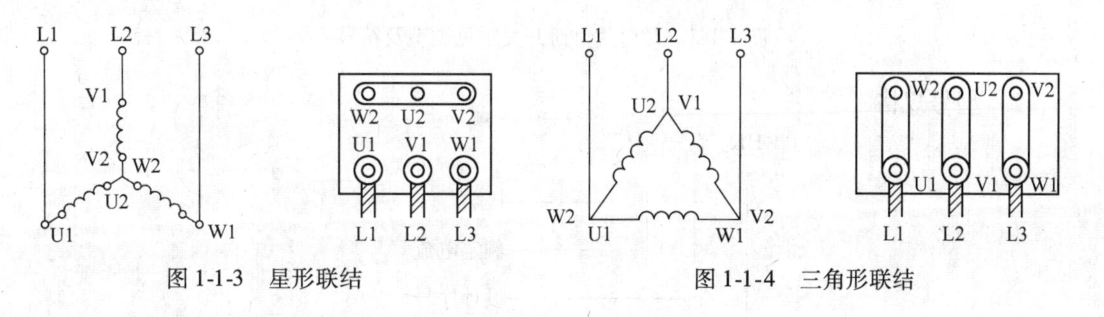

图 1-1-3　星形联结　　　　图 1-1-4　三角形联结

二、低压开关

低压开关是指交流额定工作电压不超过 1200V、直流额定工作电压不超过 1500V 的开关电器，主要作隔离、转换及接通和分断电路用，多数用作机床电路中的电源开关和局部照明电路的开关，有时也可用来直接控制小容量电动机的起动、停止和正反转。常用的有开启式负荷开关、组合开关和自动空气开关，这里先介绍前面两种。

1. 开启式负荷开关

开启式负荷开关俗称为瓷底胶盖刀开关，简称为刀开关。生产中常用的是 HK 系列开启式负荷开关，适用于照明、电热设备及小容量电动机控制线路，供手动及不频繁接通和分断电路并起短路保护作用。HK 系列负荷开关由刀开关和熔断器组合而成。开启式负荷开关的结构简单，价格便宜，在一般的照明电路和功率小于 5.5kW 的电动机控制线路中被广泛采用。但这种开关没有专用的灭弧装置，其刀式动触点和静触点易被电弧灼伤引起接触不良，因此不宜用于操作频繁的电路。

（1）结构及符号　如图 1-1-5 所示。

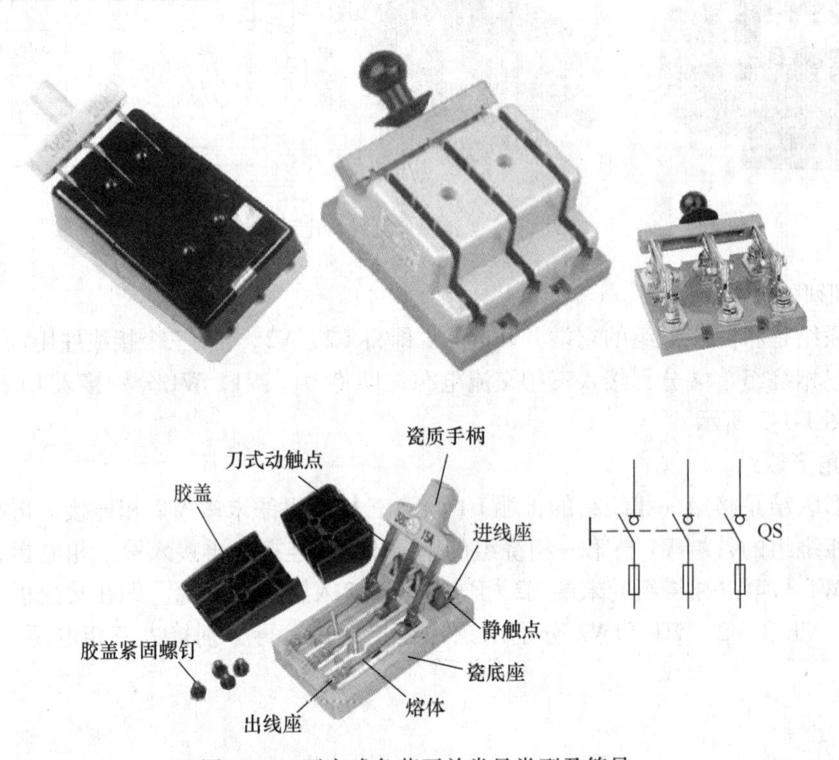

图 1-1-5　开启式负荷开关常见类型及符号

（2）型号规格

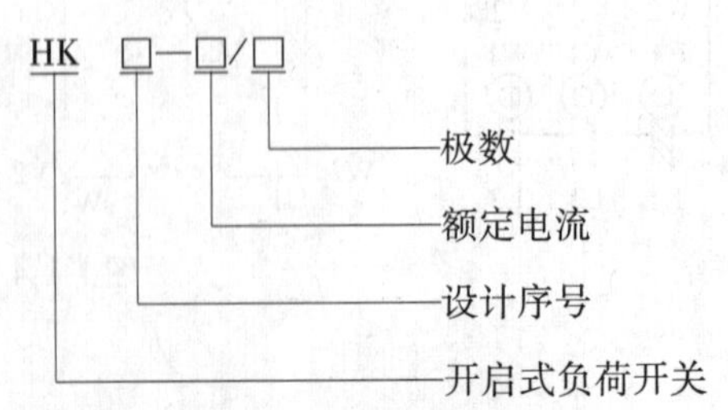

常见 HK1 系列开启式负荷开关的主要技术参数见表 1-1-1。

表 1-1-1　常见 HK1 系列开启式负荷开关的主要技术参数

型号	极数	额定电流/A	额定电压/V	可控制电动机最大功率/kW		配用熔丝规格			
				220V	380V	熔丝成分（%）			熔丝线径/mm
						铅	锡	锑	
HK1-15	2	15	220	—	—	98	1	1	1.45～1.59
HK1-30	2	30	220	—	—				2.30～2.52
HK1-60	2	60	220	—	—				3.36～4.00
HK1-15	3	15	380	1.5	2.2				1.45～1.59
HK1-30	3	30	380	3.0	4.0				2.30～2.52
HK1-60	3	60	380	4.5	5.5				3.36～4.00

2. 组合开关

组合开关，又称为转换开关，其特点是体积小、触点对数多，接线方式灵活，操作方便。组合开关适用于交流频率 50Hz、额定工作电压 380V 及以下，直流额定工作电压 220V 及以下、额定电流 100A 以下的电气线路中，用于手动不频繁地接通、分断电源电路，也可用作直接控制 5.5kW 以下小功率电动机的起动、停止和正反转。

（1）组合开关常见类型及符号　如图 1-1-6 所示。

图 1-1-6　组合开关常见类型及符号

（2）结构原理　HZ10-10/3 型组合开关的结构如图 1-1-7 所示，其静触点装在绝缘垫板

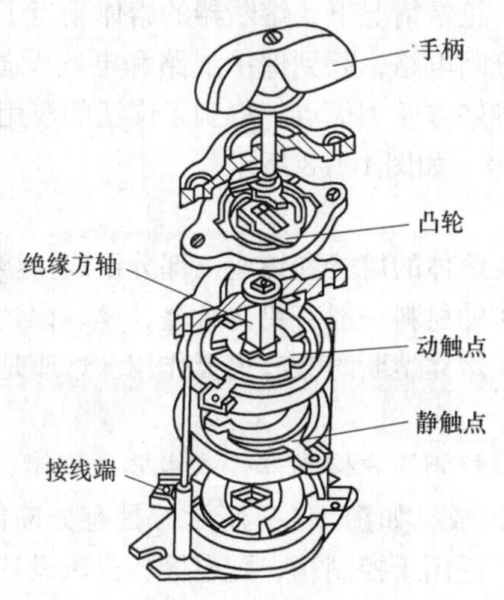

图 1-1-7　HZ10-10/3 型组合开关的结构

上，并附有接线柱用于与电源及负载相接，动触点装在能随转轴转动的绝缘垫板上，手柄和转轴能沿顺时针或逆时针方向转动90°，带动三个动触点分别与静触点接触或分离，实现接通和分断电路的目的。由于采用了扭簧储能结构，能快速闭合及分断开关，使开关的闭合和分断速度与手动操作快慢无关。

（3）型号规格

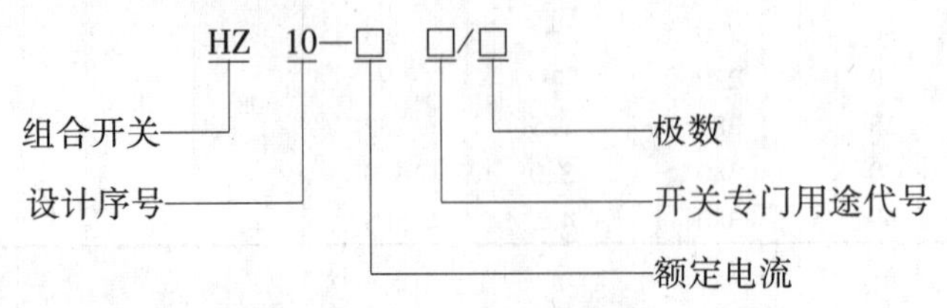

常见HZ10、HZ5系列组合开关的主要技术参数见表1-1-2。

表1-1-2 常见HZ10、HZ5系列组合开关的主要技术参数

<table>
<tr><th>型　号</th><th>额定电流/A</th><th colspan="2">可控制电动机的最大功率和额定电流</th><th>说　明</th></tr>
<tr><td rowspan="2">HZ10-10</td><td>6（单极）</td><td rowspan="2">3kW</td><td rowspan="2">7A</td><td rowspan="5">属于国标产品（建议使用）</td></tr>
<tr><td>10</td></tr>
<tr><td>HZ10-25</td><td>25</td><td>5.5kW</td><td>12A</td></tr>
<tr><td>HZ10-60</td><td>60</td><td colspan="2">—</td></tr>
<tr><td>HZ10-100</td><td>100</td><td colspan="2">—</td></tr>
<tr><td>HZ5-10</td><td>10</td><td>1.7kW</td><td></td><td rowspan="4">HZ1～HZ5系列为非国标产品</td></tr>
<tr><td>HZ5-20</td><td>20</td><td>4kW</td><td></td></tr>
<tr><td>HZ5-40</td><td>40</td><td>7.5kW</td><td></td></tr>
<tr><td>HZ5-60</td><td>60</td><td>10kW</td><td></td></tr>
</table>

三、熔断器

低压熔断器是低压配电网络和电力拖动系统中主要用作短路保护的电器。使用时，熔断器应串联在被保护的电路中。正常情况下，熔断器的熔体相当于一段导线；而当电路发生短路故障时，熔体能迅速熔断分断电路，起到保护线路和电气设备的作用。它具有结构简单、价格便宜、动作可靠、使用维修方便等优点，得到了广泛的应用。

1. 熔断器常见类型及符号　如图1-1-8所示。

2. 熔断器的结构

熔断器主要由熔体、安装熔体的熔管和熔座三部分组成。熔体是熔断器的核心，常做成丝状、片状或栅状，制作熔体的材料一般有铅锡合金、锌、铜、银等。熔管是熔体的保护外壳，用耐热绝缘材料制成，在熔体熔断时兼有灭弧作用。熔座是熔断器的底座，作用是固定熔管和外接引线。

螺旋式熔断器属于有填料封闭管式熔断器，这主要由瓷帽、熔体（熔断管）、瓷套、上接线座、下接线座及瓷座等组成，如图1-1-9所示，具有分断能力较强、结构紧凑、体积小、更换熔体方便等特点，广泛用于控制箱、配电屏、机床设备及振动较大的场合。

熔体内装有石英砂、熔丝和带小红点的熔断指示器，石英砂用以增强灭弧性能。如小红点脱落，表明熔丝熔断。

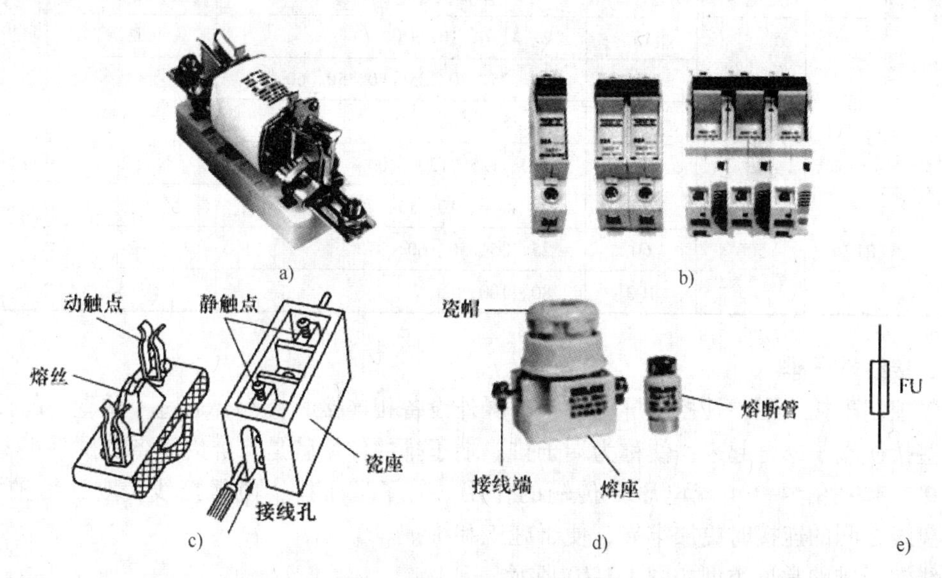

图 1-1-8　熔断器常见类型及符号

a）NT 系列刀形触点熔断器　b）RT 系列圆筒帽形熔断器　c）插瓷式熔断器　d）螺旋式熔断器　e）电路符号

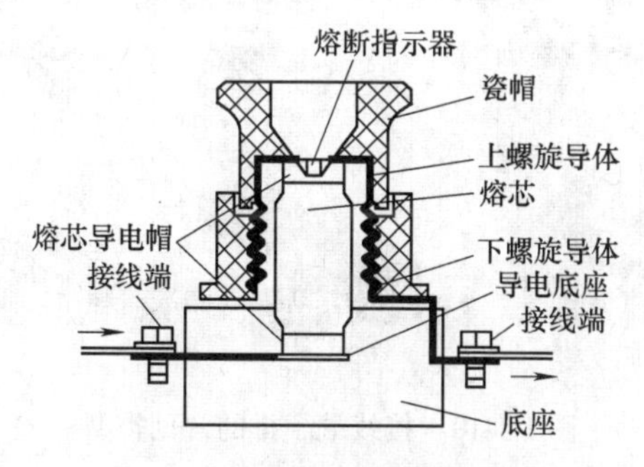

图 1-1-9　螺旋式熔断器的结构

3. 型号规格

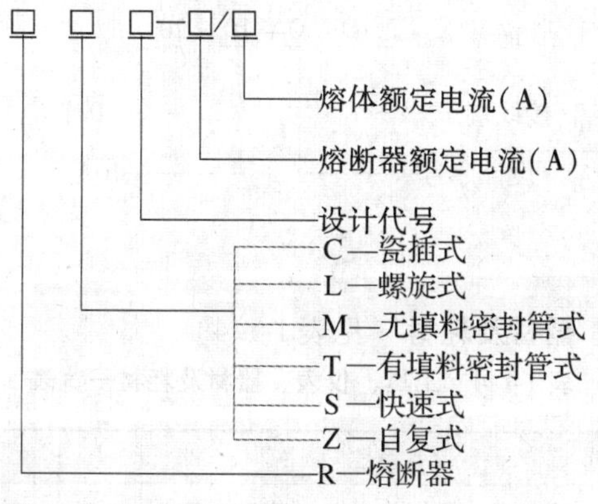

常见 RL 系列熔断器的主要技术参数见表 1-1-3。

表 1-1-3　常见 RL 系列熔断器的主要技术参数

类　别	型　号	额定电压/V	额定电流/A	熔体额定电流等级/A	极限分断能力/kA	功率因数
螺旋式熔断器	RL1	500	15	2、4、6、10、15	2	≥0.3
			60	20、25、30、35、40、50、60	3.5	
			100	60、80、100	20	
			200	100、125、150、200	50	
	RL2	500	25	2、4、6、10、15、20、25	1	
			60	25、35、50、60	2	
			100	80、100	3.5	

四、接线端子排

电气控制配接线中，凡控制屏内设备与屏外设备相连接时，都要通过一些专门的接线端子，这些接线端子组合起来，便称为端子排。端子排的作用就是将屏内设备和屏外设备的线路相连接，起到信号（电流电压）传输的作用。有了端子排，使得接线美观，维护方便，在远距离线之间的连接时更加牢靠，便于施工和维护。

接线端子排的常见类型如图 1-1-10 所示。

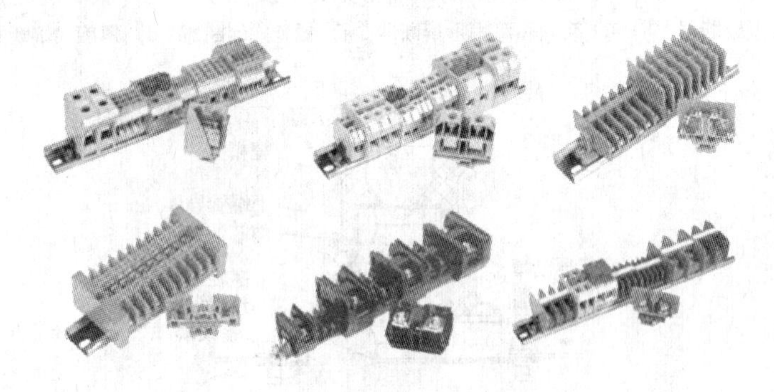

图 1-1-10　接线端子排的常见类型

接线端子有很多生产厂商制造，型号每家都不一样。下面以 JD0 系列接线端子为例说明其型号含义。

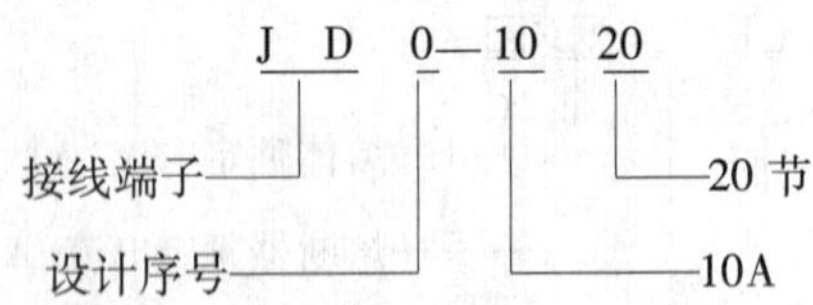

任务实施

一、准备工具、仪表、器材及耗材（见表 1-1-4）

表 1-1-4　工具、仪表、器材及耗材一览表

分　类	名　称	型号与规格	单　位	数　量	备　注
工具	电工通用工具	验电器、螺钉旋具（一字和十字）、电工刀、尖嘴钳、钢丝钳等	套	1	

（续）

分类	名称	型号与规格	单位	数量	备注
仪表	绝缘电阻表	ZC7（500V）型或自定	只	1	
	万用表	MF500 型或自定	只	1	
器材	三相异步电动机	Y112M-4、1.1kW、380V、2.41A、丫联结或 WDJ26（厂编）	台	1	M
	配线板	木质配电板 600mm×500mm×20mm	块	1	
	刀开关	HK1-15/3 15A	把	1	QS
	熔断器	RL1-15/10 15A 熔断器配 10A 熔体	只	3	FU1
	接线端子	JD0-1015	条	1	XT
耗材	主电路导线	BV-1.5mm^2	m	若干	
	板外连接导线	BVR-1.5mm^2	m	若干	
	接地线	接地线采用 BVR-1.5mm^2（黄绿双色）	m	若干	
	自攻螺钉	自定	颗	若干	

二、安装接线图的识读

安装接线图是用规定的图形符号，按各电器元件相对位置绘制的实际接线图。如图 1-1-11 所示是手动正转控制线路的安装接线图，这是多线法绘制而成。图中没有具体元器件间的距离，安装时 20 ~ 60mm 的间隔为宜，接线端子接在配电板边缘约 20mm 处。

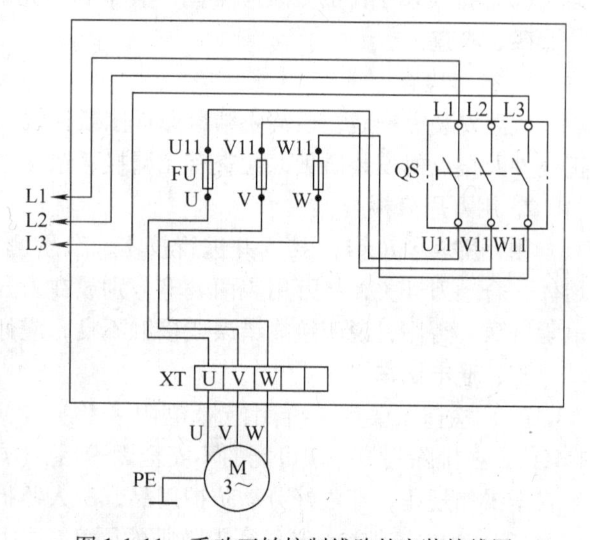

图 1-1-11　手动正转控制线路的安装接线图

三、安装接线的工艺要求

1. HK1 系列刀开关安装工艺要求

（1）线路有熔断器作短路保护，刀开关里面的熔丝可用 1mm^2 导线连接。

（2）刀开关要求装在配电板右上方；其上方不再安装其他电器，以防触电事故的发生。

（3）刀开关垂直地面安装，合闸时，操作手柄朝上，不得倒装与平装。

（4）接线时应将电源进线接在静接线桩上，负载侧引线接在刀触点一侧的接线桩上。

2. RL 系列熔断器的安装工艺要求

（1）熔断器的进出线接线桩应垂直布置，螺旋式熔断器电源进线应接在瓷底座的低接线桩上，负载侧出线应接在螺纹壳的高接线桩上。这样在更换熔体时，旋出螺帽后螺纹壳上不带电，可以保证操作者的安全，如图 1-1-12 所示。

（2）熔断器要安装合格的熔体。

（3）安装熔断器时，上下各级熔体应相互配合，做到下一级熔体规格小于上一级熔体规格。

（4）更换熔体或熔管时，必须切断电源，尤其不允许带负荷操作。

（5）若熔断器兼做隔离器件使用时，应安装在控制开关的电源进线端；若仅做短路保护用，应装在控制开关的出线端。

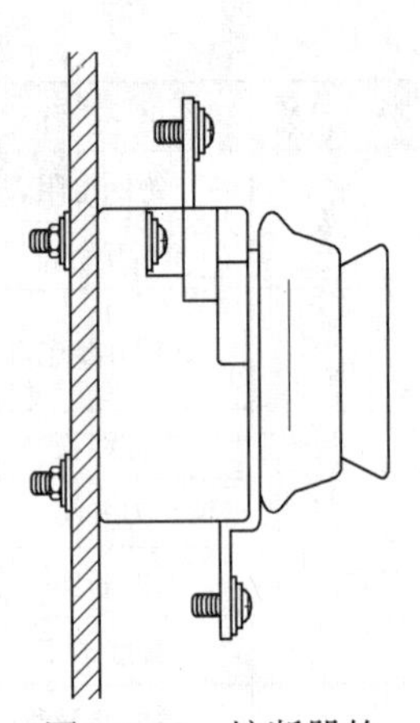

图 1-1-12　熔断器的正确安装

3. 电动机安装接线工艺要求

（1）控制板必须安装在操作时能看到电动机的地方，以保证安全，放在桌面时，应防止掉到地面。

（2）电动机在座墩或底座上的固定必须牢固。在紧固地脚螺栓时，必须按对角线均匀受力，依次交错逐步拧紧。

（3）电动机为Y联结，应先将 U2、V2、W2 短接，U1、V1、W1 分别接到端子排的 U、V、W。

（4）电动机外壳按照规定要求必须接到保护接地专用端子上。检查安装质量，并用绝缘电阻表检查绝缘。

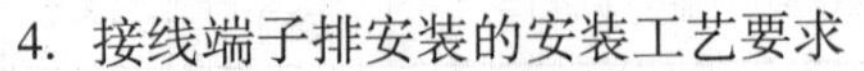

4. 接线端子排安装的安装工艺要求

（1）应排列整齐、合理，布置于控制板或控制柜边缘。

（2）接线端子排的安装应牢固，其金属外壳部分应可靠接地。

四、检查

1. 核对检查

线路安装完毕后，通常要结合原理图或接线图从电源端开始，根据编号逐一检查接线的正确性及接点的安装质量，检查有无漏接、错接之处。

2. 用万用表检查

用万用表“$R\times1$”挡，并进行校零，分别测量电动机直流电阻 R_{UV}、R_{UW}、R_{WV}，装好熔体，合上刀开关，将万用表两表笔分别放在刀开关的上接线座，测得阻值应与对应的直流电阻一致。否则，说明接线错误或接触不良，应仔细检查。

五、通电试车

（1）检查无误后，再用绝缘电阻表检查电动机及线路对地的绝缘电阻（不得小于 1MΩ），在排除其他一切可能的不安全因素后，方可通电试车。通电试车时，要严格执行电工安全操作规程，穿戴好劳动防护用品，一人监护、一人操作。

（2）通电试车前，必须征得教师的同意，并由指导教师接通三相电源 L1、L2、L3，同时在现场监护。学生用验电器检查工位的电源插座是否有电，确认有电后再插上电源插头→合上电源开关 QS→检验熔断器下桩是否带电，注意观察电动机的工作状况，如出现异常情况，应立即切断电源，并仔细记录故障现象，以作为故障分析的依据，并及时进行故障排除，待故障排除后再次通电试车。

（3）如出现故障后，学生应独立进行检修。若需带电检查时，教师必须在现场监护。检修完毕后，如需要再次试车，教师也应该在现场监护，并做好时间记录。

（4）通电校验完毕，切断电源，进行验电，在确保无电的情况下拔下插头或拆除电源连接线。

（5）拆除所装线路及元器件，做到工完场清。

（6）整理并归还器材。

任务拓展

安装与调试用组合开关控制的三相笼型异步电动机手动正转控制线路，如图1-1-13所示，对组合开关安装具体要求如下：

（1）组合开关装在配电板的右上方；其上方不再安装其他电器。

（2）组合开关的通断能力较低，不能用来分断故障电流；金属外壳可靠接地。

（3）当开关处于关断时，手柄处于水平位置；当开关接通时，手柄处于垂直位置。

比较开启式负荷开关控制的三相笼型异步电动机手动正转控制线路图，分析熔断器的作用有何不同。

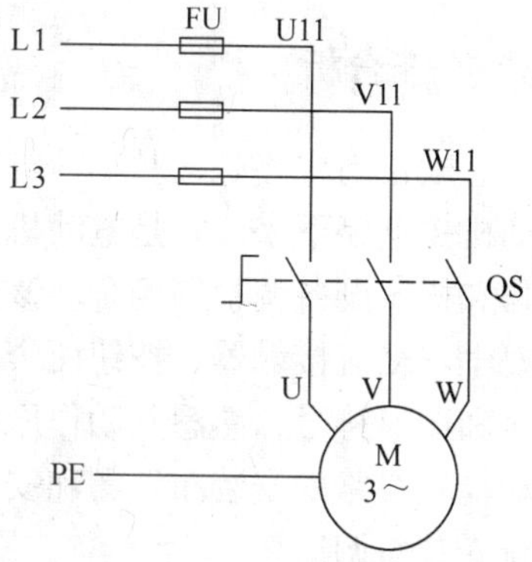

图1-1-13　组合开关控制的三相笼型异步电动机手动正转控制线路

任务2　三相笼型异步电动机点动控制线路的安装与调试

任务目标

1. 会正确识别、安装和使用交流接触器、按钮等常用低压电器。
2. 能分析三相笼型异步电动机点动控制线路的工作原理。
3. 能看懂三相异步电动机点动控制线路安装布置图和接线图，并会正确安装。
4. 能应用万用表检查线路，验证线路安装的正确性，并进行故障的排除。
5. 能查阅相关资料，提高独立工作的能力和团队协作的能力。
6. 遵守“7S”管理规定，做到安全文明操作。

任务描述

图1-2-1是三相笼型异步电动机的点动控制线路图，按照图进行配线板上的电气线路安装与调试。具体要求如下：

1. 根据三相笼型异步电动机点动控制线路原理图绘制布置图和接线图。

2. 对照三相笼型异步电动机点动控制线路布置图和接线图安装接线。

3. 板面导线敷设必须横平竖直，符合板前明线敷设工艺要求。

4. 正确使用电工工具和仪表，能用仪表测量线路和检测元件。

5. 按钮、电动机要通过端子排进出配线板，电动机要保护接地或接零。

6. 学员进入实训场地要穿戴好劳保用品并进行安全文明操作，通电调试时要有

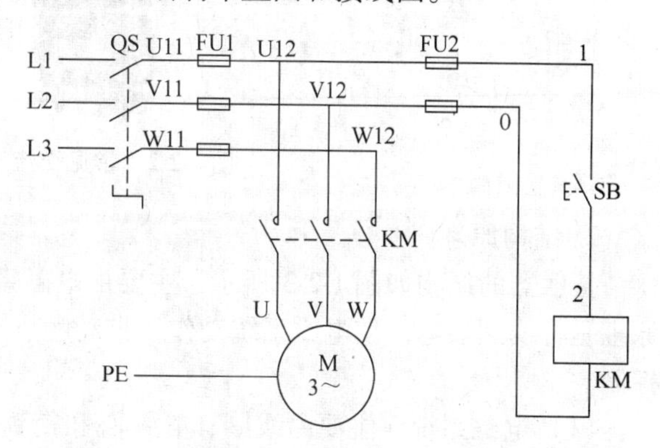

图1-2-1　三相笼型异步电动机的点动控制线路图

人监护。

7. 安装工时：80min。

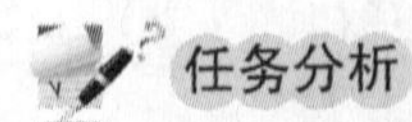

任务分析

点动控制线路是最基本的电气控制线路之一，按下按钮，电动机通电运转；松开按钮，电动机失电停下来，它是电动机运行时间较短的一种控制线路，广泛应用于设备试车、起吊重物和机床设备调整等场合。该任务是在完成本单元任务 1 的基础上实施的，完成该任务首先要学习交流接触器、按钮两个重要的低压电器，能识别它们的结构特征、记住它们的文字符号和图形符号，熟悉其动作原理和常用型号，才能分析点动控制线路的工作原理，能看懂点动控制线路的安装布置图和安装接线图，明确板前明线敷设的工艺要求，然后对这个线路进行安装与调试。

相关知识

一、交流接触器

交流接触器是一种自动的电磁式开关，适用于远距离频繁地接通或断开交流主电路及大容量控制线路。其主要控制对象是电动机，也可用于控制其他负载，如电热设备、电焊机以及电容器组等。它不仅能实现远距离自动操作和欠电压释放保护功能，而且具有控制容量大、工作可靠、操作频率高、使用寿命长等优点，在电力拖动系统中得到广泛应用。

1. 常见交流接触器及符号

常见交流接触器及符号如图 1-2-2 所示。

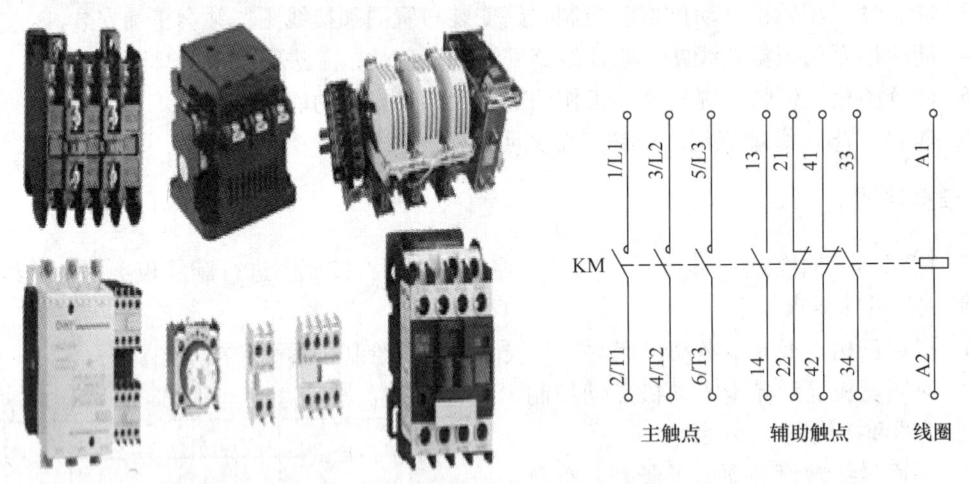

图 1-2-2　常见交流接触器及符号

2. 结构原理

接触器的结构如图 1-2-3 所示，主要由电磁系统、触点系统和灭弧装置等组成。其工作原理是将线圈通电，使电磁系统动作，带动触点动作，使触点闭合或断开，实现电路的通断控制。

（1）电磁系统　主要由线圈、静铁心和衔铁三部分组成。为了消除衔铁在铁心上的振动和噪声，交流接触器一般装有短路环，铁心由硅钢片叠压而成。

（2）触点系统　交流接触器采用双断点桥式触点，触点按功能不同分为主触点和辅助触点两类，主触点用以通断电流较大的主电路，辅助触点用通断电流较小的控制线路，通常有三对主触点、两对常开和两对常闭辅助触点。

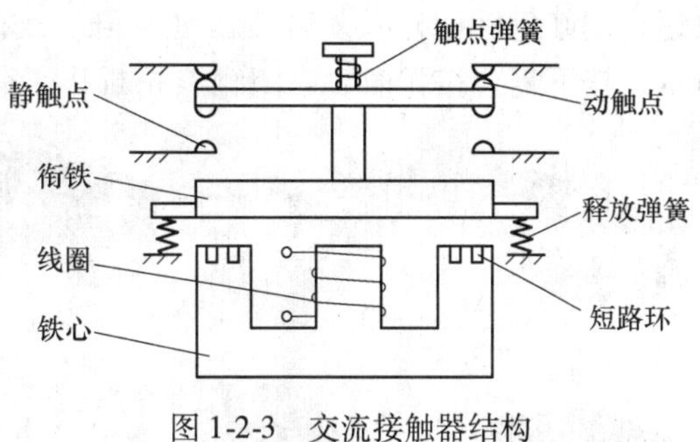

图1-2-3　交流接触器结构

（3）灭弧装置　交流接触器在分断较大电流电路时，在动、静触点之间将产生较强的电弧，它不仅会烧伤触点，严重时还会造成相间短路，通常主触点的额定电流在10A以上的接触器都带有灭弧装置，用以熄灭电弧。

3. 型号规格

CJT1系列交流接触器的型号及含义如下：

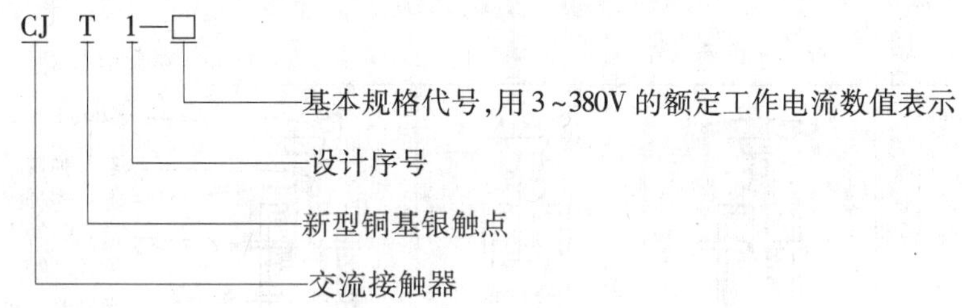

CJT1系列交流接触器的常见规格见表1-2-1。

表1-2-1　CJT1系列交流接触器的常见规格

型　号	主触点		线圈电压/V	可控制电动机最大功率/kW	
	额定电流/A	额定电压/V		220V	380V
CJT1-10	10	380	36、110、127、220、380	2.2	4
CJT1-20	20			5.8	10
CJT1-40	40			11	20
CJT1-60	60			17	30
CJT1-100	100			28	50
CJT1-150	150			43	75

二、按钮

按钮是主令电器的一种，常用的主令电器还有位置开关、万能转换开关和主令控制器。主令电器是用作接通或者断开控制电器，以发出指令或者作程序控制的开关电器。按钮的触点允许通过的电流较小，一般不超过5A，因此一般情况下它不直接控制主电路的通断，而是在控制线路中发出指令或者信号去控制接触器、继电器等电器，再由它们去控制主电路的通断、功能转换或者电气联锁。

1. 按钮的常见类型及标注（见图1-2-4）

2. 结构原理

按钮一般都是由按钮帽、复位弹簧、桥式触点、外壳及支柱连杆等组成。按钮图形符号按未受外力时触点分合状况，可分为常开按钮（起动按钮，用绿色标记）、常闭按钮（停止按钮，用红色标记）及复合按钮（常开、常闭组合为一体的按钮），结构及符号如图 1-2-5 所示，按下复合按钮时，常闭触点先断开，常开触点后闭合。

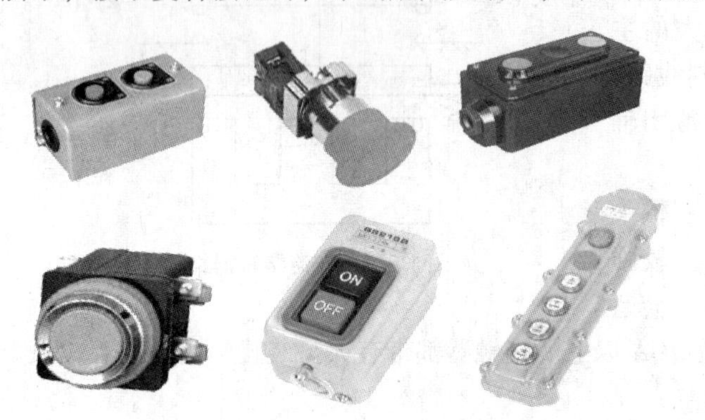

颜色	含　义
红	紧急
黄	异常
绿	安全
蓝	强制性的
白	未赋予特定含义
灰	
黑	

图 1-2-4　按钮的常见类型及标注

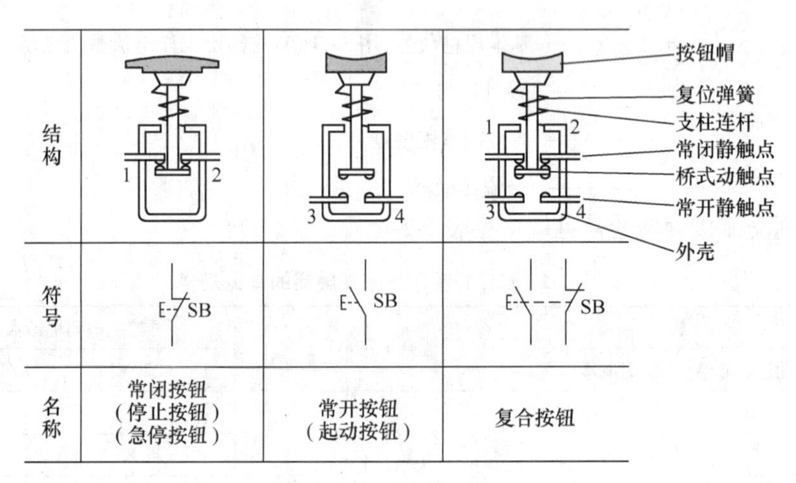

图 1-2-5　按钮结构及符号

3. 型号及含义

LA 系列按钮的型号及含义：

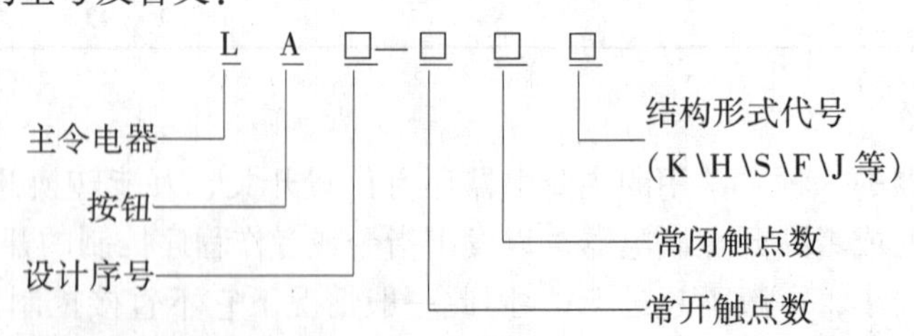

三、点动控制线路原理图识读

1. 电路原理图绘制的一般规定

图 1-2-1 是按照电路原理图绘制的一般规定绘制的，三相交流电源线 L1、L2、L3 依次水平画在图的上方，电源开关水平画出。由熔断器 FU1、接触器 KM 的三对主触点和电动机组成的主电路，垂直电源线画在图的左侧。由起动按钮 SB、接触器 KM 的线圈组成的控制线路跨接在 L1 和 L2 两条电源线之间垂直画在主电路的右侧，且耗能元件 KM 的线圈应画在

电路的下方，为表示同一电器，在图形符号旁边标注了相同的文字符号 KM。线路按规定在各接点处进行编号，主电路用 U、V、W 和数字表示，如 U11、V11、W11；控制线路用阿拉伯数字表示，编号原则是从左到右、从上到下数字递增。

2. 点动控制线路工作原理分析

先合上电源开关 QS。

（1）起动：按下 SB→KM 线圈得电→KM 主触点闭合→电动 M 全压起动运行（按钮 SB 不松开）。该控制即为点动控制。

（2）停止：松开 SB→KM 线圈失电→KM 主触点分断→电动机 M 断电惯性旋转至停止。

任务实施

一、准备工具、仪表、器材及耗材（见表 1-2-2）

表 1-2-2 工具、仪表、器材及耗材一览表

分类	名称	型号与规格	单位	数量	备注
工具	电工通用工具	验电器、螺钉旋具（一字和十字）、电工刀、尖嘴钳、钢丝钳、压线钳等	套	1	
仪表	绝缘电阻表	ZC7（500V）型或自定	块	1	
	万用表	MF500 型或自定	只	1	
器材	三相异步电动机	1.1kW、380V、2.41A 或 WDJ26（厂编）	台	1	M
	配线板	木质配电板 600mm×500mm×20mm	块	1	
	刀开关	HZ10-10/3 10A	把	1	QS
	主电路熔断器	RL1-15/10 15A 熔断器配 10A 熔体	只	3	FU1
	控制线路熔断器	RL1-15/2 15A 熔断器配 2A 熔体	只	2	FU2
	交流接触器	CJT1-10/3，线圈电压 380V	只	1	KM
	按钮	LA4-3H	只	1	SB
	接线端子	JD0-1015	条	1	XT
耗材	主电路导线	BV-1.5mm^2	m	若干	
	控制线路导线	BVR-1mm^2	m	若干	
	接地线	接地线采用 BVR-1.5mm^2（黄绿双色）	m	若干	
	自攻螺钉	自定	颗	若干	

二、元器件布置图的识读

元器件布置图（布局图）主要是用来表明电气系统中所有元器件的实际位置，为生产机械电气控制设备的制造、安装提供必要的资料。一般情况，电器布置图与电器安装接线图组合在一起使用。图 1-2-6 所示是点动控制的布置图。图中元器件的布置应整齐、对称。外形尺寸与结构类似的电器放在一起，以利加工、安装和布线，元器件之间的间距应适当，一般以 2～6cm 为宜，安装时要找到尺寸基准线，本图以配电板的上沿和右沿为基准。

三、安装接线图的识读

安装接线图是用规定的图形符号，按各元器件相对位置绘制的实际接线图。图 1-2-7 是

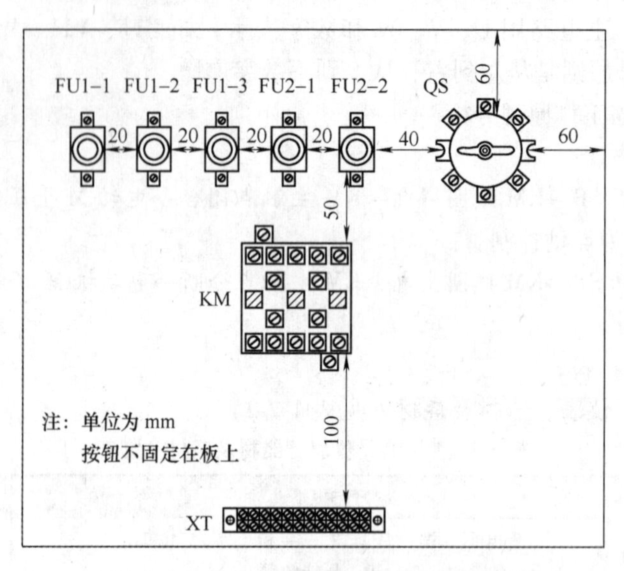

图 1-2-6　点动控制线路元器件安装布置图

用单线法绘制的点动控制安装接线图。图中的各元器件用规定的图形符号标记，同一元器件的各部件必须画在一起，各元器件在图中的位置与实际位置一致，如交流接触器 KM；不安装在同一控制板（柜、屏）上元器件的电气连接必须通过端子排 XT 进行连接；各元器件的文字符号及接线端子的编号是与原理图相一致的，并且是按原理图的连线进行连接；相同走向的多根导线用单线表示。

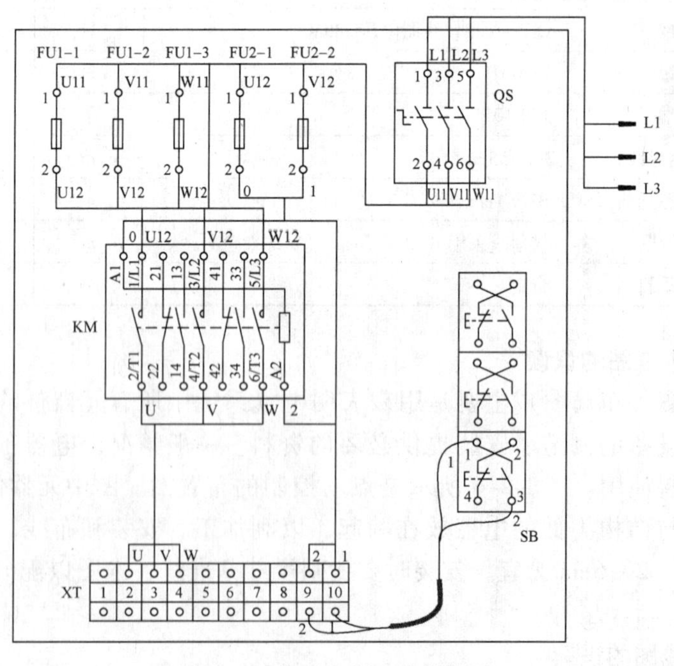

图 1-2-7　点动控制线路接线图

四、安装接线工艺要求

1. 电气控制线路安装接线的一般顺序

先根据原理图绘制电器布置图和安装接线图，列出元器件明细表，采购检验元器件，再根据电器布置图在配电板上安装固定元器件，然后根据安装接线图再配线，最后检验试车。接线时一般先接控制线路，再接主电路。

2. 交流接触器的安装工艺要求

（1）交流接触器的安装平面与垂直面倾斜度不应大于 ±5°。

（2）接触器上的散热孔应上下布置，接触器之间应留有适当的空间以利于散热。

（3）接触器的观察方孔便于观察里面线圈的参数，A1 标号在上面。

（4）远离冲击和振动的地方。

3. 按钮安装的工艺要求

（1）无需固定在配线板上，按钮接线和电源和电动机配线一样要通过端子排进出配线板。

（2）进出按钮接线桩的导线采用接线端子要有端子标号，便于检修。

（3）如果按钮的外壳是金属，则外壳应可靠接地。

4. 其他电器安装及接线工艺要求

参见任务 1。

5. 板前明线敷设的工艺要求

（1）布线通道尽可能少，同时并行导线按主电路、控制线路分类集中，单层密排，紧贴安装面布线。

（2）同一平面的导线应高低一致或前后一致，不能交叉，非交叉不可时，导线应在接线端子处引出。

（3）布线应横平竖直，分布均匀。

（4）布线时严禁损伤线芯和导线绝缘。

（5）布线顺序一般以接触器为中心，由里向外，由低至高，以不影响后续布线为原则。

（6）导线与接线端子或接线桩连接时，不得压绝缘层，不得反圈，不得露铜过长。

（7）同一元器件，同一回路的不同节点的导线间距应保持一致。

（8）一个元器件的接线端子的连接导线不得多于两根，每节接线端子板上连接导线一般只允许连接一根。

五、检查

1. 核对检查

线路安装完毕后，通常要结合原理图或接线图从电源端开始，根据编号逐一检查接线的正确性及接点的安装质量，检查有无漏接、错接之处。

2. 用万用表检查

控制线路的检查通常采用万用表电阻挡检查法。将万用表转换开关打到电阻“$R\times1\text{k}$”或“$R\times100$”挡，并进行欧姆调零，首先测量同型号未安装使用和接线的接触器线圈电阻，并记录其电阻值，目的是在后面的万用表检查过程中，能根据万用表显示的电阻值结合控制线路图进行正确的分析和判断。

然后用万用表电阻挡测量控制回路熔断器上接线桩（U12、V12）的电阻值（装 FU2 熔断器的熔体），正常情况下电阻值应该为无穷大，再按下起动按钮 SB（按住不放），此时万用表显示的电阻值应该为接触器线圈的电阻值。

独立进行电气控制线路的通电试车所需的线路板外围电路的连接，如连接电源线、连接负载线及电动机，并注意正确的连接顺序，同时要做好熔断器及熔体的可靠安装（可在通电试车前用万用表电阻挡测量）。

六、通电试车

（1）检查无误后，再用绝缘电阻表检查电动机和线路对地的绝缘电阻（不得小于 1MΩ），在排除其他一切可能不安全因素后，方可通电试车。通电试车时，要严格执行电工安全操作规程，穿戴好劳动防护用品，一人监护、一人操作。

（2）通电试车分无载（不接电动机）试车和有载（接电动机）试车两个环节，先进行无载试车。通电试车前，必须征得教师的同意，并由指导教师接通三相电源 L1、L2、L3，同时在现场监护。学生用验电器检查工位的电源插座是否有电，确认有电后再插上电源插头→合上电源开关 QS→检验熔断器下桩是否带电→按下起动按钮 SB 后，注意观察接触器的工作状况，如出现异常情况，应立即切断电源，并仔细记录故障现象，以作为故障分析的依据，及时进行故障排除，待故障排除后再次通电试车，直到无载试车成功为止。然后接上电动机进行有载试车，观察电动机的工作状况。

（3）如出现故障后，学生应独立进行检修。若需带电检查时，教师必须在现场监护。检修完毕后，如需要再次试车，教师也应该在现场监护，并做好时间记录。

（4）通电校验完毕，切断电源，进行验电，在确保无电的情况下拔下插头或拆除电源连接线。

（5）拆除所装线路及元器件，做到工完场清。

（6）整理并归还器材。

任务拓展

对照结构图（见图 1-2-8）或仿真软件拆装 CJT1—20/3 交流接触器，观察和检测交流接触器，并把观察和检测结果填入表 1-2-3。

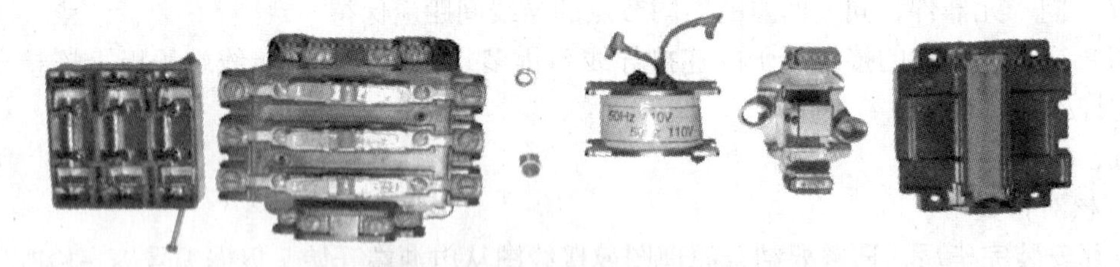

图 1-2-8　CJT1—20/3 交流接触器结构

表 1-2-3　观察和检测交流接触器记录表

工　序	工作任务	工作记录
1	识读交流接触器型号	型号为＿＿＿＿＿＿＿＿＿＿＿＿。
2	观察交流接触器结构	主要结构名称＿＿＿＿＿＿＿＿＿＿＿＿＿＿＿＿＿＿＿＿。
3	找到三对主触点接线端子	主触点接线端子编号＿＿＿＿，＿＿＿＿，＿＿＿＿。

（续）

工　序	工作任务	工作记录
4	找到两对常开辅助触点接线端子	常开辅助触点接线端子编号______，______。
5	找到两对常闭辅助触点接线端子	常闭辅助触点接线端子编号______，______。
6	找到线圈接线端子、识读线圈电压	线圈接线端子编号________；线圈额定电压__________。
7	检测线圈阻值	万用表置于________挡，阻值________。
8	检测常开触点	万用表置于________挡，阻值________。
9	检测常闭触点	万用表置于________挡，阻值________。
10	压下接触器触点架，观察触点	观察到________触点先断开__________触点后闭合。

任务3　三相笼型异步电动机自锁正转控制线路的安装与调试

任务目标

1. 会正确识别、安装和使用热继电器。
2. 能分析三相笼型异步电动机自锁正转控制线路的工作原理。
3. 明确电动机连续运转的保护形式。
4. 能看懂三相笼型异步电动机自锁正转控制线路安装布置图和接线图，并会正确安装。
5. 能应用万用表检查线路，验证线路安装的正确性，并进行故障的排除。
6. 能查阅相关资料，提高独立工作的能力和团队协作的能力。
7. 遵守“7S”管理规定，做到安全文明操作。

任务描述

依照图1-3-1所示三相笼型异步电动机自锁正转控制线路进行配线板上的电气线路安装与调试。具体要求如下：

1. 根据三相笼型异步电动机自锁正转控制线路原理图绘制布置图和接线图。
2. 对照三相笼型异步电动机自锁正转控制线路布置图和接线图安装接线。
3. 板面导线敷设必须横平竖直，符合板前明线敷设工艺要求。
4. 正确使用电工工具和仪表，能用仪表测量线路和检测元件。
5. 按钮、电动机要通过端子排进出配线板，电动机外壳要保护接地或接零。
6. 学员进入实训场地要穿戴好劳保用品并进行安全文明操作，通电调试有人监护。
7. 安装工时：80min。

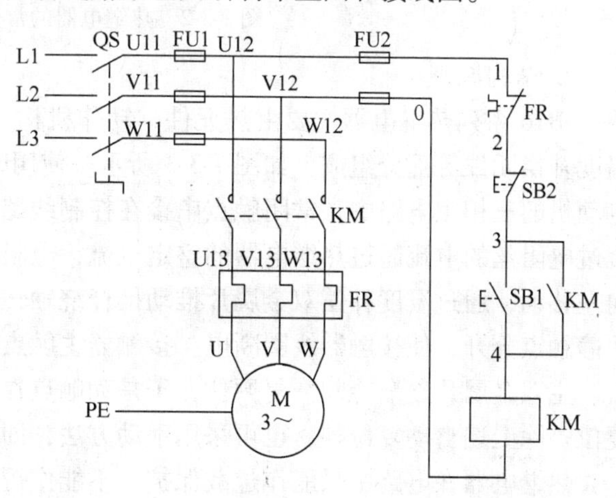

图1-3-1　三相笼型异步电动机自锁正转控制线路

任务分析

三相笼型异步电动机自锁正转控制线路，又称为电动机单向连续运转控制线路，是生产机械连续运转最常见的控制形式，如车床、砂轮机等生产机械要求拖动的电动机能够长时间运转。由于电动机是长时间工作，为防止长期负载过大、起动操作频繁、或断相运行等原因导致电动机过载，电动机必须加热继电器以实现过载保护。完成该任务首先要学习热继电器这个重要的低压电器，能识别它的结构特征、记住它的文字符号和图形符号，熟悉其动作原理和常用型号，才能分析自锁正转控制线路的工作原理，明确电动机连续运转必须具备的自锁、欠电压保护、失电压保护和过载保护的概念，能看懂自锁正转控制线路的安装布置图和安装接线图，明确板前明线敷设的工艺要求，然后对这个线路进行安装与调试。

相关知识

一、热继电器

热继电器是利用流过继电器的电流所产生的热效应而反时限动作的自动保护电器，用作电动机的过载保护、断相保护、电流不平衡运行的保护及其他电气设备发热状态的控制。

1. 热继电器的常见类型及符号（见图 1-3-2）

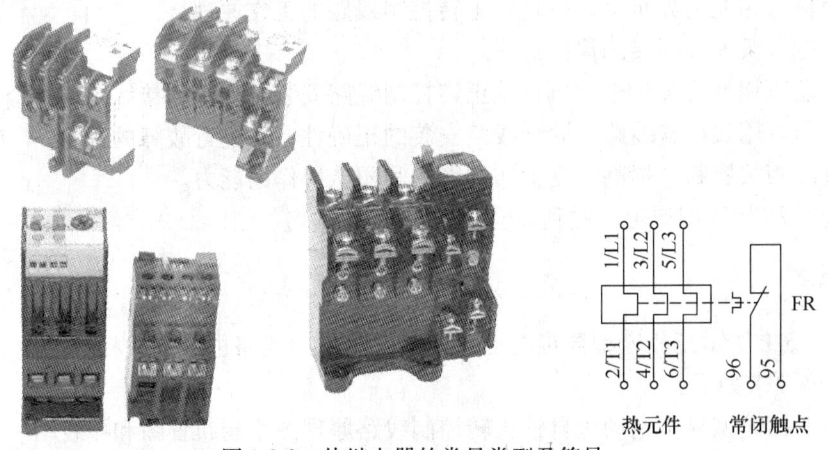

图 1-3-2　热继电器的常见类型及符号

2. 结构原理

JR16 系列热继电器主要由热元件、动作机构、触点系统、电流整定装置、复位机构和温度补偿元件等部分组成，如图 1-3-3 所示。使用时，将热继电器的三相热元件分别串接在电动机的三相主电路中，常闭触点串接在控制线路的接触器线圈回路中。当电动机过载时，流过电阻丝的电流超过热继电器的整定电流，电阻丝发热，主双金属片向左弯曲，推动导板向左移动，通过温度补偿双金属片推动推杆绕轴转动，从而推动触点系统动作，动触点与常闭静触点分开，使接触器线圈断电，接触器主触点断开，将电源切除起保护作用。电源切除后，主双金属片逐渐冷却恢复原位，于是动触点在失去作用力的情况下，靠弓簧的弹性自动复位。除上述自动复位外，也可采用手动方法，即按一下复位按钮。

热继电器在电路中只能作过载保护，不能作短路保护，因为双金属片从升温到发生弯曲直到断开常闭触点需要一个时间过程，不可能在短路瞬间分断电路。

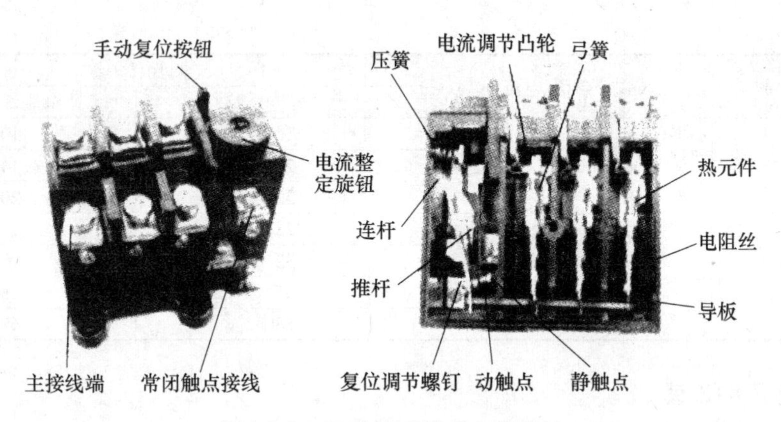

图1-3-3 JR16系列热继电器结构

热继电器整定电流的大小可通过旋转电流整定旋钮来调节，旋钮上刻有整定电流值标尺。所谓热继电器的整定电流，是指热继电器连续工作而不动作的最大电流，超过整定电流，热继电器将在负载未达到其允许的过载极限之前动作。

在选用热继电器时应注意，首先选择热继电器的额定电流时应根据电动机或其他用电设备的额定电流来确定；其次，热继电器的热元件有两相或三相两种形式，在一般工作机械电路中可选用常见的三相热继电器，但是，当电动机作三角形联结时，则应选用带断相保护装置的三相热继电器。

3. 型号规格

热继电器的型号及含义：

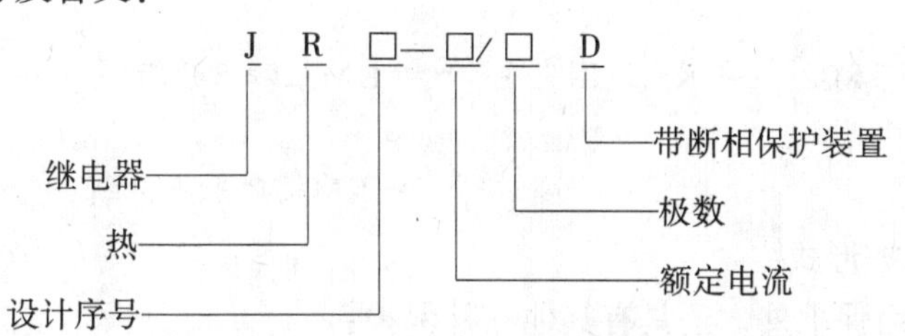

常见JR36系列（JR16系列替代品）的主要技术参数见表1-3-1。

表1-3-1 JR36系列的主要技术参数

热继电器型号	热继电器额定电流/A	热元件等级	
		热元件额定电流/A	电流调节范围/A
JR36-20	20	0.35	0.25～0.35
		0.5	0.45～0.5
		0.72	0.45～0.72
		1.1	0.68～1.1
		1.6	1～1.6
		2.4	1.5～2.4
		3.5	2.2～3.5
		5	3.2～5
		7.2	4.5～7.2
		11	6.8～11
		16	10～16
		22	14～22

（续）

热继电器型号	热继电器额定电流/A	热元件等级	
		热元件额定电流/A	电流调节范围/A
JR36-32	32	16	10 ~ 16
		22	14 ~ 22
		32	20 ~ 32
JR36-63	63	22	14 ~ 22
		32	20 ~ 32
		45	28 ~ 45
		63	40 ~ 63

二、原理图的识读

1. 工作原理分析

当按下起动按钮 SB1 时，接触器 KM 线圈通电，主触点闭合，电动机 M 起动旋转，当松开按钮时，电动机不会停转，因为这时接触器 KM 线圈可以通过其自身常开辅助触点闭合，继续维持通电，保证主触点 KM 仍处在接通状态，电动机 M 就不会失电停转。这种松开按钮仍然自行保持线圈通电的功能叫做自锁（或自保）。与 SB1 并联的接触器常开触点 KM 称为自锁触点。

自锁正转控制线路工作原理分析，先合上电源开关 QS。

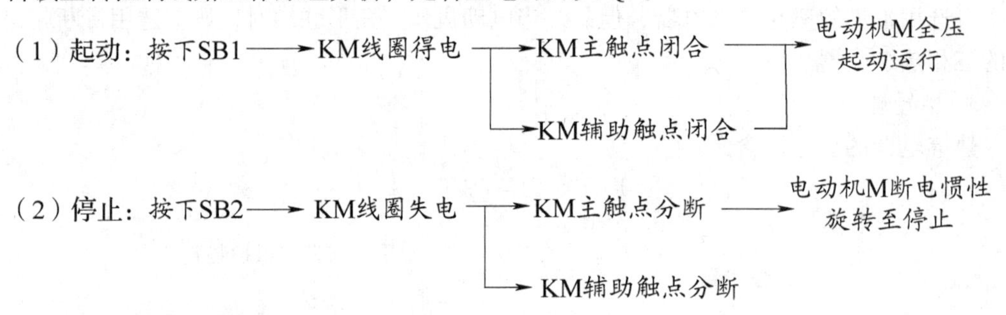

2. 本线路的保护形式

本线路除有短路保护外，还具有其他三种保护：

（1）欠电压保护　欠电压是指电路电压低于电动机应加的额定电压。这样的后果是电动机转矩要降低，转速随之下降，会影响电动机的正常运行，欠电压严重时会损坏电动机，发生事故。在具有接触器自锁的控制线路中，当电动机运转时，电源电压降低到一定值时（一般低到 85% 额定电压以下），由于接触器线圈磁通减弱，电磁吸力克服不了反作用弹簧的拉力，动铁心因而释放，从而使接触器主触点分开，自动切断主电路，电动机停转，达到欠电压保护的作用。

（2）失电压保护　当生产设备运行时，由于其他设备发生故障，引起瞬时断电，而使生产机械停转。当故障排除后，恢复供电时，由于电动机的重新起动，很可能引起设备与人身事故的发生。采用具有接触器自锁的控制线路时，即使电源恢复供电，由于自锁触点仍然保持断开，接触器线圈不会通电，所以电动机不会自行起动，从而避免了可能出现的事故。这种保护称为失电压保护或零电压保护。

（3）过载保护　具有自锁的控制线路虽然有短路保护、欠电压保护和失电压保护的作用，但实际使用中还不够完善。因为电动机在运行过程中，若长期负载过大或操作频繁，或三相电路断掉一相运行等原因，都可能使电动机的电流超过它的额定值，往往熔断器在这种情况下尚不会熔断，这将会引起电动机绕组过热，损坏电动机绝缘，因此，应对电动机设置过载保护，通常由三相热继电器来完成过载保护。

任务实施

一、准备工具、仪表、器材及耗材（见表1-3-2）

表1-3-2 工具、器材及耗材一览表

分类	名称	型号与规格	单位	数量	备注
工具	电工通用工具	验电器、螺钉旋具（一字和十字）、电工刀、尖嘴钳、钢丝钳等	套	1	
仪表	绝缘电阻表	ZC7（500V）型或自定	块	1	
	万用表	MF500型或自定	块	1	
器材	三相异步电动机	1.1kW、380V、2.41A或WDJ26（厂编）	台	1	M
	配线板	木质配电板600mm×500mm×20mm	块	1	
	刀开关	HZ10-10/3 10A	把	1	QS
	主电路熔断器	RL1-15/10 15A熔断器配10A熔体	只	3	FU1
	控制线路熔断器	RL1-15/2 15A熔断器配2A熔体	只	2	FU2
	交流接触器	CJT1-10/3，线圈电压380V	只	1	KM1
	热继电器	JR36-20/3 整定电流4.5-7.2A	只	1	FR
	按钮	LA4-3H	只	1	SB
	接线端子	JD0-1010	条	1	XT
耗材	主电路导线	BV-1.5mm^2	m	若干	
	控制线路导线	BVR-1mm^2	m	若干	
	接地线	BVR-1.5mm^2（黄绿双色）	m	若干	
	自攻螺钉	自定	颗	若干	

二、布置图的识读

自锁正转控制线路的布置图如图1-3-4所示。

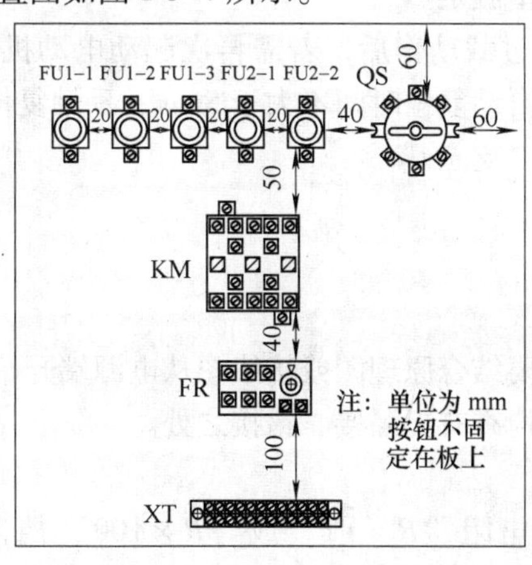

图1-3-4 自锁正转控制线路的布置图

三、安装接线图的识读

自锁正转控制线路的接线图如图 1-3-5 所示。

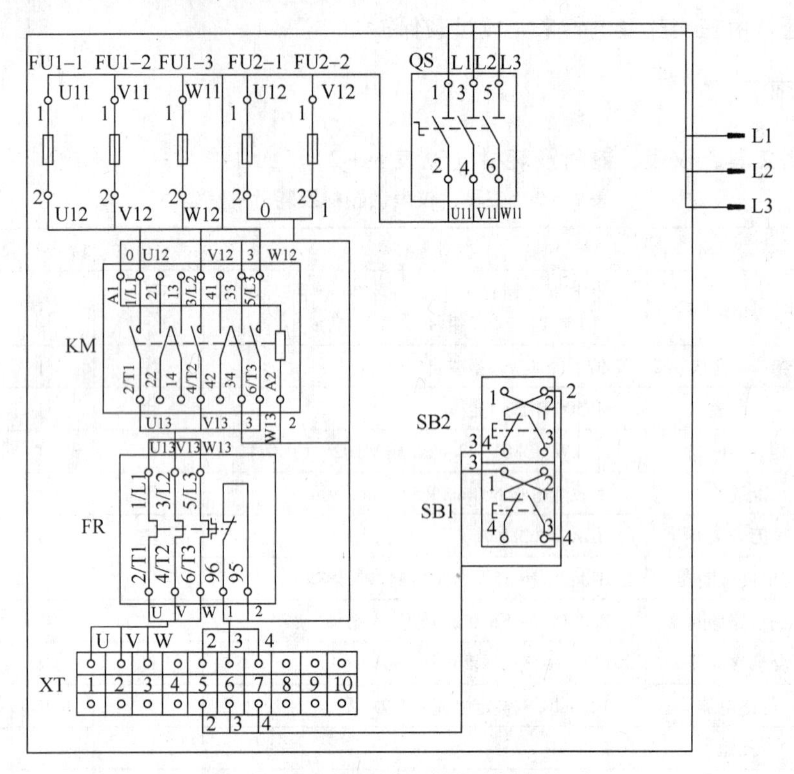

图 1-3-5　自锁正转控制线路的接线图

四、安装接线工艺要求

1. 热继电器的安装工艺要求

（1）热继电器的热元件应串接在主电路中，常闭触点应串接在控制线路中。

（2）热继电器的下方不应装其他电器，尤其是发热电器。

（3）在一般情况下，热继电器应置于手动复位的位置上。若需要自动复位时，可将复位调节螺钉沿顺时针方向向里旋足。

（4）热继电器因电动机过载动作后，若需再次起动电动机，必须待热元件冷却后，才能使热继电器复位。一般，自动复位时间不大于 5min；手动复位时间不大于 2min。

2. 其他电器安装及接线工艺要求

参见任务 1、任务 2。

五、检查

1. 核对检查

线路安装完毕后，通常要结合原理图或接线图从电源端开始，根据编号逐一检查接线的正确性及接点的安装质量，检查有无漏接、错接之处。

2. 用万用表检查

将万用表转换开关打到电阻“$R\times1\text{k}$”或“$R\times100$”挡，并进行欧姆调零，首先测量同型号未安装使用和接线的接触器线圈电阻，并记录其电阻值，目的是能根据控制线路图进行分析和判断读数的正确性。同时，如果测量的阻值与正确值有差异，则应采用核对检查方法再进行逐步排查，以确定最后错误点。万用表检测本线路过程对照表参见表1-3-3。

表1-3-3　万用表检测本线路过程对照表

测量要求	测量过程				正确阻值	测量结果
	测量任务	总工序	工序	操作方法		
空载	测量主电路	断开QS，取下熔断器FU2的熔体，万用表置于“$R\times1$”挡（调零后），分别测量三相电源U11、V11、W11三相之间的阻值	1	未操作任何电器	∞	
			2	压下KM触点架	∞	
	测量控制线路	断开QS，装好熔断器FU2的熔体，万用表置于“$R\times100$”挡或“$R\times1k$”挡（调零后）将两支表笔搭在U12、V12间测量控制线路的阻值	3	未操作任何电器	∞	
			4	按下SB1	1.8kΩ	
			5	压下KM触点架	1.8kΩ	
			6	先压下KM再按SB2	1.8kΩ→∞	

注：CJT1—10/3交流接触器线圈参考阻值为1.8kΩ。

六、通电试车

（1）检查无误后，再用绝缘电阻表检查电动机和线路的绝缘电阻不得小于1MΩ，在排除其他一切可能不安全因素后，方可通电试车。通电试车时，要严格执行电工安全操作规程，穿戴好劳动预防用品和安全保护用品，一人监护，一人操作。

（2）通电试车分无载（不接电动机）试车和有载（接电动机）试车两个环节。先进行无载试车。通电试车前，必须征得教师的同意，并由指导教师接通三相电源L1、L2、L3，同时在现场监护。学生用验电器检查工位的电源插座是否有电，确认有电后再插上电源插头，合上电源开关QS，检验熔断器下桩是否带电，按下起动按钮SB1后，注意观察接触器是否吸合，再按下停止按钮，注意观察接触器是否释放（复位），如出现异常情况，应立即切断电源，并仔细记录故障现象，以作为故障分析的依据，并及时进行故障排除，待故障排除后再次通电试车，直到无载试车成功为止，再接上电动机进行有载试车，观察电动机的工作状况。

（3）出现故障后，学生应独立进行检修。若需带电检查时，教师必须在现场监护。检修完毕后，如需要再次试车，教师也应该在现场监护，并做好时间记录。

（4）通电校验完毕，切断电源后，进行验电，确保无电情况下拆除电源连接线。

（5）试车成功后拆除线路与元件，清理工位，归还器材。

任务拓展

安装与调试三相笼型异步电动机点动与连续控制线路，如图1-3-6所示，分析SB2是点动操作还是连续运行操作。

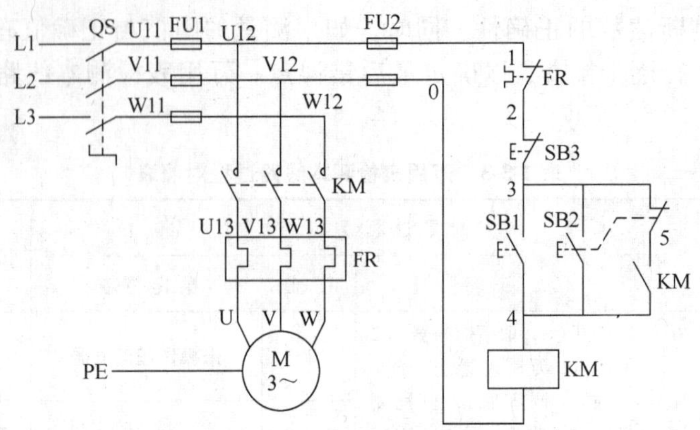

图 1-3-6　三相笼型异步电动机点动与连续控制线路

任务 4　三相笼型异步电动机正反转控制线路的安装与调试

任务目标

1. 会正确识别、安装和使用倒顺开关，了解基本结构、工作原理及型号。

2. 能分析三相笼型异步电动机正反转控制线路，区分接触器联锁、按钮联锁、双重联锁控制线路的特点。

3. 能看懂三相笼型异步电动机正反转控制线路的安装布置图和接线图，并会正确安装。

4. 能应用万用表检查线路，验证线路安装的正确性，并进行故障的排除。

5. 能查阅相关资料，提高独立工作的能力和团队协作的能力。

6. 遵守“7S”管理规定，做到安全文明操作。

任务描述

依照图 1-4-1 所示三相笼型异步电动机接触器联锁正反转控制线路图进行配线板上的电气线路安装与调试。具体要求如下：

1. 根据三相笼型异步电动机接触联锁正反转控制线路原理图绘制布置图和接线图。

2. 对照三相笼型异步电动机接触联锁正反转控制线路布置图和接线图安装接线。

3. 能用工具和仪表测量调整元件，正确、熟练地对电路进行调试

4. 接线符合板前明线敷设的工艺要求。

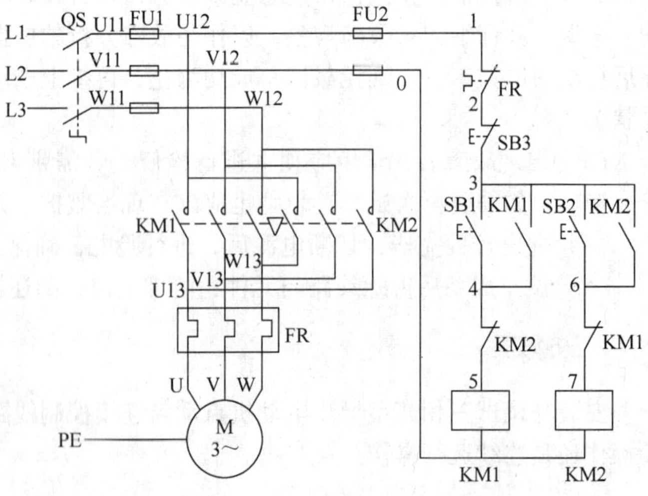

图 1-4-1　三相笼型异步电动机接触器联锁正反转控制线路

5. 按钮、电动机等的导线必

须通过端子排引出，电动机并有保护接地或接零。

6. 如遇故障自行排除。

7. 安装工时：120min。

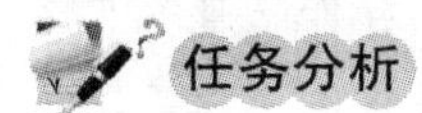

任务分析

电动机自锁正转控制线路只能带动生产机械的运动部件朝一个方向旋转，但许多生产机械往往要求运动部件能向正、反两个方向运动。如机床工作台的前进与后退、机床主轴的正转与反转、起重机吊钩的上升与下降等，这些生产机械都要求电动机实现正反转控制。那么，如何使电动机正、反转运转呢？根据三相异步电动机原理：只要当改变接入电动机定子绕组的三相电源相序，即把接入电动机三相电源进线中的任意两相对调接线时，就可使三相电动机反转。完成该任务首先学习倒顺开关控制线路、按钮联锁控制线路、接触器联锁正反转控制线路和双重联锁正反转控制线路，分清各自线路的特点，看懂三相笼型异步电动机正反转控制线路的安装布置图和安装接线图，明确板前明线敷设的工艺要求，然后对这个线路进行安装与调试。

相关知识

一、倒顺开关控制的正反转线路

倒顺开关是组合开关的一种，也称为可逆转换开关，是专为控制小功率三相异步电动机的正反转而设计的。倒顺开关手柄有“倒”、“停”、“顺”三个位置，手柄只能从“停”位置左转45°或右转45°。

1. 倒顺开关的结构及符号（见图1-4-2）

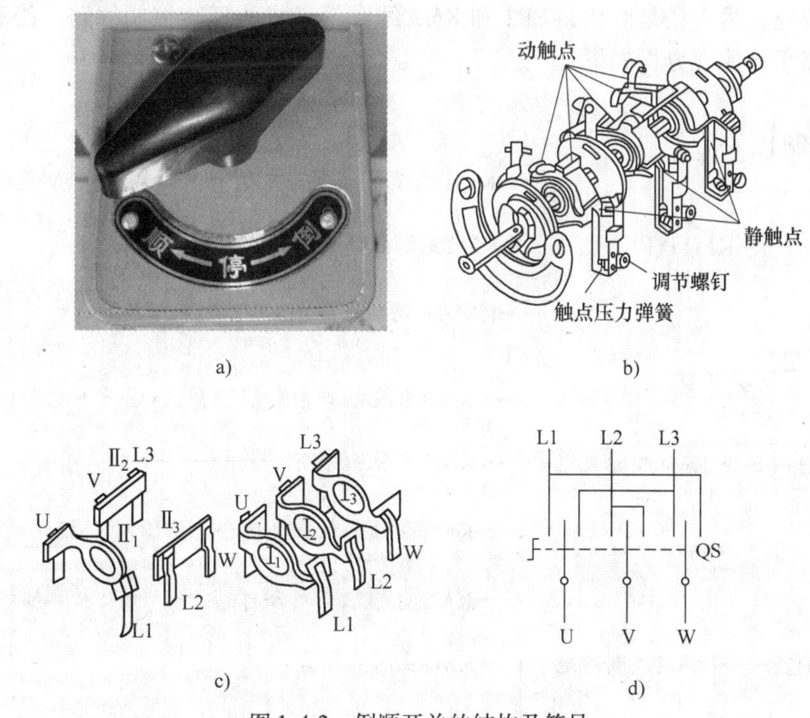

图1-4-2　倒顺开关的结构及符号

a）外形　b）结构　c）触点结构　d）符号

2. 倒顺开关控制的正反转电路及工作原理

图 1-4-3 是倒顺开关控制的正反转线路，其工作原理如下：接通交流电源，QS 扳到“正转”位置，动触点与左边的静触点相接触，此时 L1 与 U、L2 与 V、L3 与 W 接通，电动机即正转起动。若要使电动机反转，则应把 QS 扳到“停”位置，此时，动、静触点不接触，电动机则断电停转，然后将手柄扳到“反转”位置，动触点与右边的静触点相接触，此时，L1 与 W、L2 与 V、L3 与 U 接通，电动机应起动反转。若不能正常工作，则应分析排除故障，使线路能正常工作。

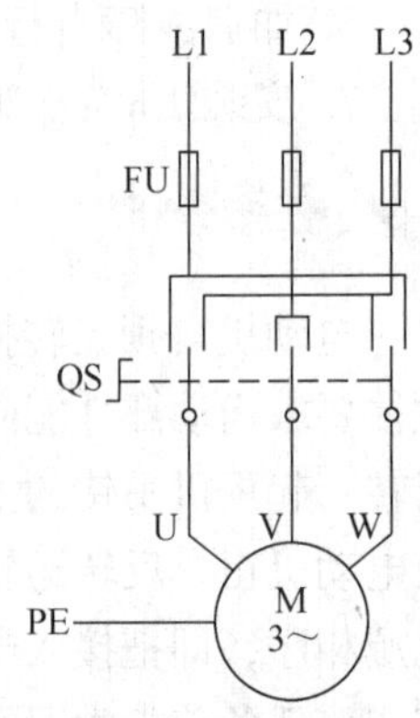

图 1-4-3　倒顺开关控制的正反转线路

二、原理图的识读

1. 接触器联锁的正反转控制线路

图 1-4-1 所示接触器联锁的正反转控制线路特点如下：接触器 KM1 和 KM2 的主触点绝对不允许同时闭合，否则将造成两相电源（L1 和 L3）短路事故。为避免两个接触器 KM1 和 KM2 同时得电动作，就在正、反转控制线路中分别串接了对方接触器的一对常闭辅助触点，这样，当一个接触器得电动作时，通过其常闭辅助触点使另一个接触器不能得电动作，接触器间这种相互制约的作用称为接触器联锁（或互锁）。实现联锁作用的常闭辅助触点称为联锁触点（或互锁触点）。线路中采用了两个接触器，即正转用的接触器 KM1 和反转用的接触器 KM2，它们分别由正转按钮 SB1 和反转按钮 SB2 控制。从主电路图中可以看出，这两个接触器的主触点所接通的电源相序不同，KM1 按 L1-L2-L3 相序接入电动机 U、V、W，KM2 按 L3-L2-L1 相序接入电动机 U、V、W。相应的控制线路有两条：一条是由按钮 SB1 和 KM1 线圈等组成的正转控制线路；另一条是由按钮 SB2 和 KM2 线圈等组成的反转控制线路。接触器联锁正反转控制线路工作原理分析如下：

合上 QS：

【正转控制】

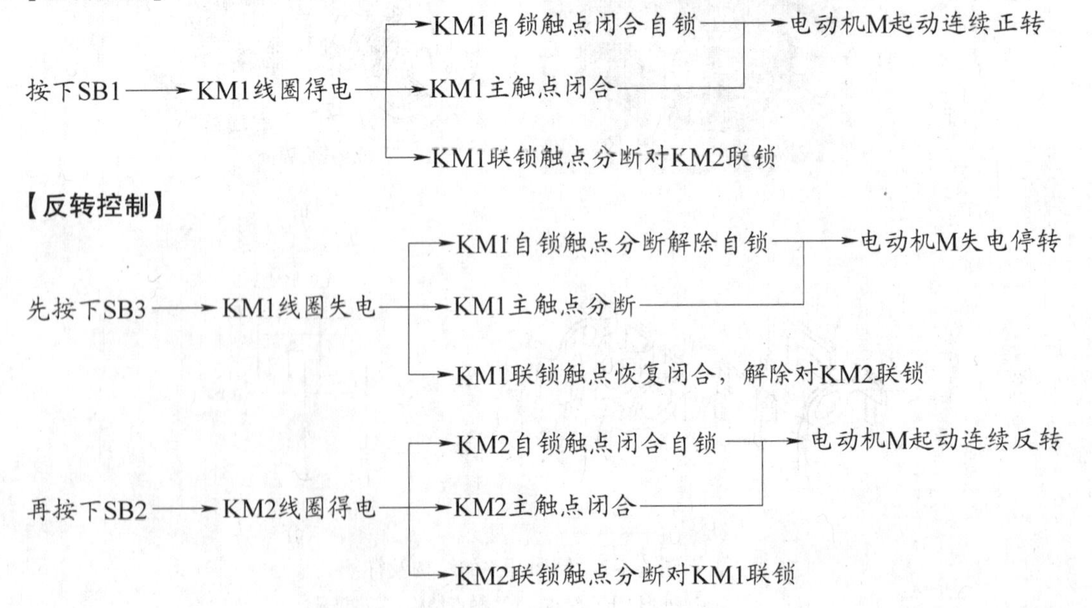

(3) 停止

按下停止按钮 SB3，整个控制线路失电，KM1（或 KM2）主触点分断，电动机 M 失电停转。

想一想： 正在正转时若按下反转按钮会产生什么现象？此电路需要改进的地方？

2. 按钮联锁的正反转控制线路

按钮联锁控制与接触器联锁控制原理基本一样，区别在于接触器联锁是采用接触器自身的常闭辅助触点来联锁接触器的主触点，使电动机工作，而按钮联锁是采用按钮自身的常闭触点来联锁接触器的主触点，使电动机工作。两者的操作步骤和动作过程基本上是一样的，按钮联锁的三相异步电动机正反转控制线路如图 1-4-4 所示，合上 QS：

(1) 正转控制

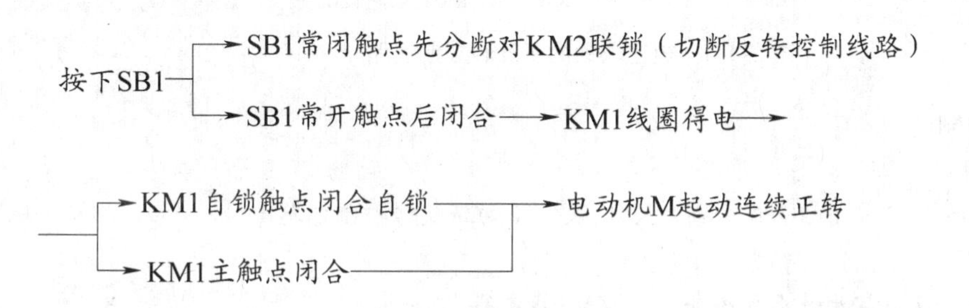

(2) 反转控制

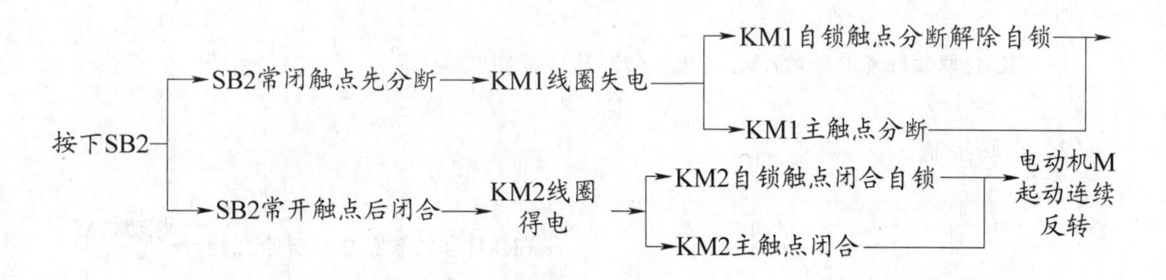

(3) 停止　按下 SB3，整个控制线路失电，主触点分断，电动机 M 失电停转。

想一想： 假如某接触器发生触点熔焊（断电时，触点无法复位），这种控制线路会发生什么故障现象，如何改进？

3. 双重联锁的正反转控制线路

双重联锁的正反转控制线路是结合了按钮联锁与接触器联锁的优点，安全可靠、操作方便。图 1-4-5 是双重联锁的正反转控制线路，其工作原理如下：合上 QS：

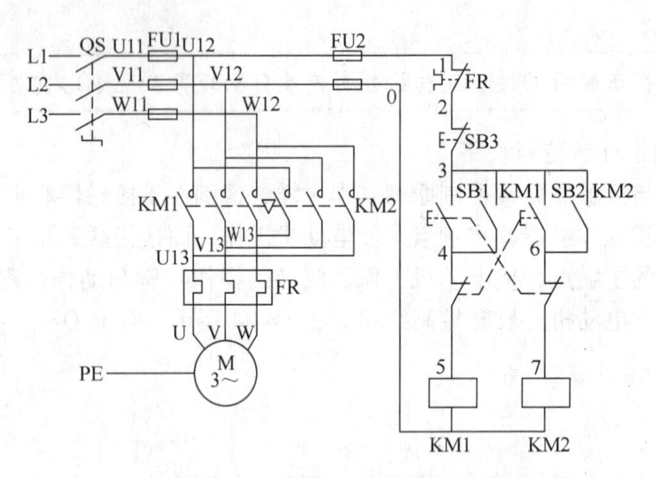

图 1-4-4　按钮联锁的正反转控制线路

（1）正转控制

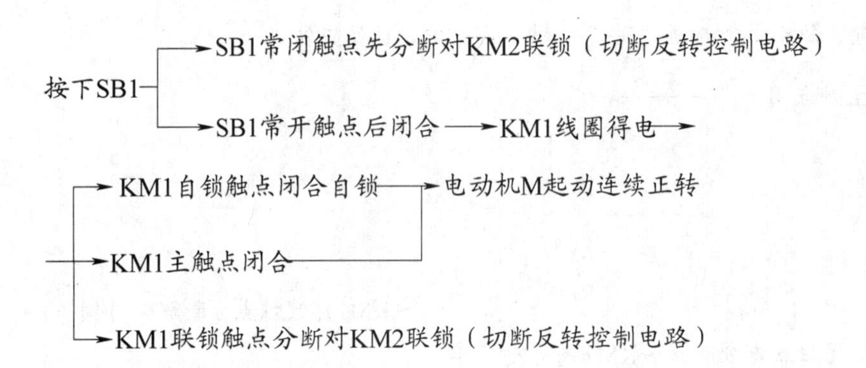

（2）反转控制

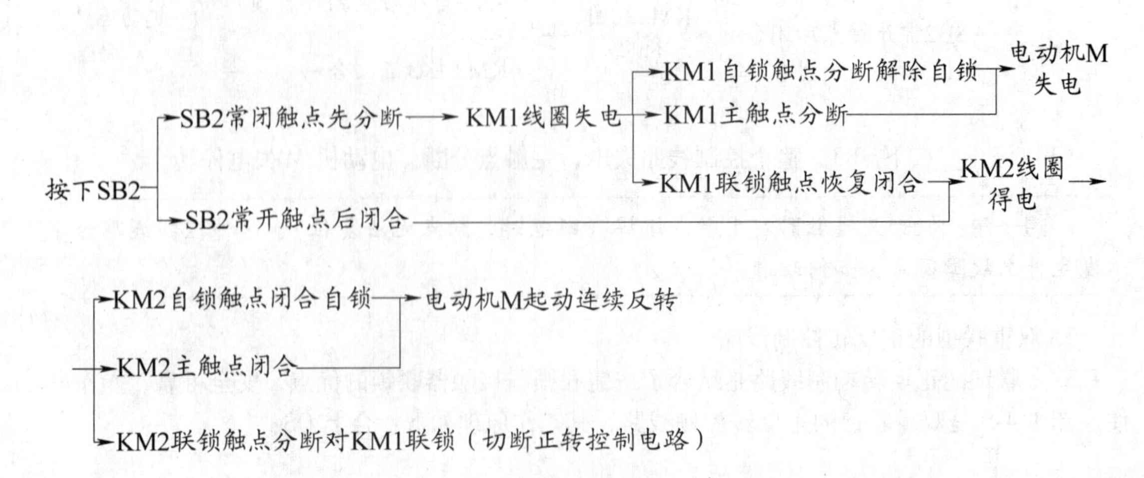

（3）停止 按下SB3，整个控制线路失电，主触点分断，电动机M失电停转。

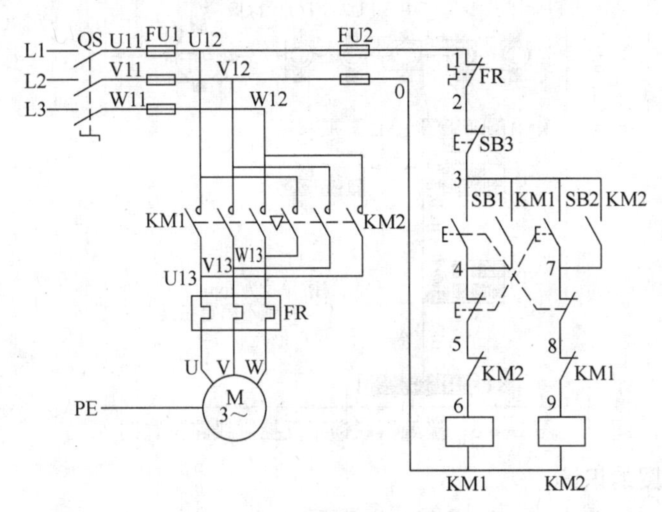

图1-4-5 双重联锁的正反转控制线路

任务实施

一、准备工具、仪表、器材及耗材（见表1-4-1）

表1-4-1 工具、仪表、器材及耗材一览表

分 类	名 称	型号与规格	单 位	数 量	备 注
工具	电工通用工具	验电器、螺钉旋具（一字和十字）、电工刀、尖嘴钳、钢丝钳等	套	1	
仪表	绝缘电阻表	ZC7（500V）型或自定	块	1	
	万用表	MF500型或自定	只	1	
器材	三相异步电动机	1.1kW、380V、2.41A或WDJ26（厂编）	台	1	M
	配线板	木质配电板600mm×500mm×20mm	块	1	
	刀开关	HZ10-25/3 25A	把	1	QS
	主电路熔断器	RL1-15/15 15A熔断器配15A熔体	只	3	FU1
	控制线路熔断器	RL1-15/2 15A熔断器配2A熔体	只	2	FU2
	交流接触器	CJT1-10/3，线圈电压380V	只	2	KM1、KM2
	热继电器	JR36-20/3 整定电流4.5～7.2A	只	1	FR
	按钮	LA4-3H	只	1	SB1～SB3
	接线端子	JD0-1015	条	1	XT
耗材	主电路导线	BV-1.5mm^2	m	若干	
	控制线路导线	BVR-1mm^2	m	若干	
	接地线	BVR-1.5mm^2（黄绿双色）	m	若干	
	自攻螺钉	自定	颗	若干	

二、位置图的识读

本控制线路的位置图，如图1-4-6所示。

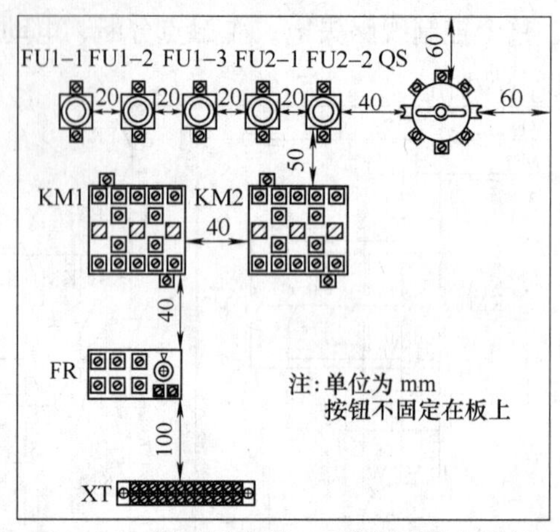

图 1-4-6　接触器联锁正反控制线路位置图

三、安装接线图的识读

本控制线路的安装接线图，如图 1-4-7 所示。

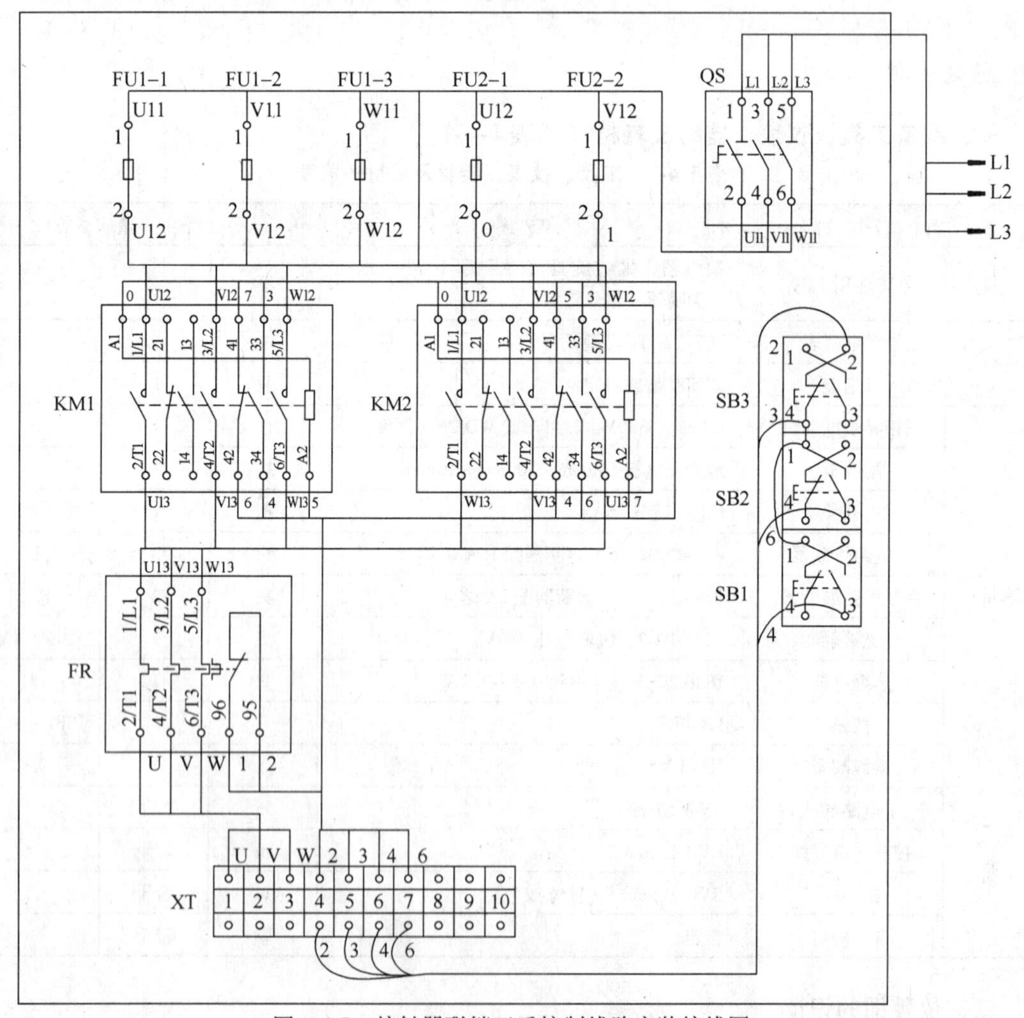

图 1-4-7　接触器联锁正反控制线路安装接线图

四、安装接线工艺要求

（1）绘制并读懂双重联锁正、反转电动机控制线路电路图，给线路元器件编号，明确线路所用元器件及作用。

（2）按表1-4-1配置所用元器件并检验型号及性能。元器件安装参照前面任务。

（3）在控制板上按布置图1-4-6安装元器件，并标注上醒目的文字符号。

（4）按接线图1-4-7进行板前明线敷设，板前明线敷设的工艺要求参照任务2。

五、检查

安装完成后，必须按要求进行检查。该功能检查可以分为两种：

1. 核对检查

按照电路图进行检查。对照电路图逐步检查是否错线、掉线，检查接线是否牢固等。

2. 用万用表检查

将万用表转换开关拨到电阻“$R\times1$k”或“$R\times100$”挡，并进行欧姆调零，首先测量同型号未安装使用和接线的接触器线圈电阻，并记录其电阻值，目的是能根据控制线路图进行分析和判断读数的正确性。同时，如果测量的阻值与正确值有差异，则应采用核对检查方法再进行逐步排查，以确定最后错误点。万用表检测电路过程对照表参见表1-4-2。

表1-4-2 万用表检测电路过程对照表

测量要求	测量过程				正确阻值	测量结果
	测量任务	总工序	工序	操作方法		
空载	测量主电路	断开QS，取下熔断器FU2的熔体，万用表置于“$R\times1$”挡（调零后），分别测量三相电源U11、V11、W11三相之间的阻值	1	未操作任何电器	∞	
			2	压下KM1触点架	∞	
			3	压下KM2触点架	∞	
	测量控制线路	断开QS，装好熔断器FU2的熔体，万用表置于“$R\times100$”挡或“$R\times1$k”挡（调零后），将两支表笔搭在U12、V12间测量控制线路阻值	4	未操作任何电器	∞	
			5	按下SB1	1.8kΩ	
			6	按下SB2	1.8kΩ	
			7	压下KM1触点架	1.8kΩ	
			8	压下KM2触点架	1.8kΩ	
			9	同时压下KM1和KM2	∞	
			10	先压下KM1再按SB3	1.8kΩ→∞	
			11	先压下KM2再按SB3	1.8kΩ→∞	

注：1. 有载时，应考虑电动机绕组的电阻值。
2. CJT1—10/3交流接触器线圈参考阻值为1.8kΩ。

六、通电试车

（1）检查无误后，再用绝缘电阻表检查线路的绝缘电阻（不得小于1MΩ），在排除其他一切可能的不安全因素后，方可通电试车。通电试车时，要严格执行电工安全操作规程，穿戴好劳动预防用品和安全保护用品，一人监护，一人操作。

（2）通电试车分无载（不接电动机）试车和有载（接电动机）试车两个环节，先进行无载试车。通电试车前，必须征得教师同意，并由指导教师接通三相电源L1、L2、L3，同时在现场监护。学生用验电器检查工位的电源插座是否有电，确认有点后再插上电源插头，合上电源开关QS，检验熔断器下桩是否带电，按下起动按钮SB1（或SB2）后，注意观察KM1（或KM2）是否吸合，按下停止按钮SB3，观察接触器是否复位，如出现异常错误，应立即切断电源，并仔细记录故障现象，以作为故障分析的依据，并及时回到工位进行故障检查与排除，待故障排除后再次通电试车，直到无载试车成功为止。

（3）如出现故障后，学生应独立进行检修。若需带电检查时，教师必须在现场监护。检修完毕后，如需要再次试车，教师也应该在现场监护，并做好时间记录。

（4）通电校验完毕，切断电源后，进行验电，确保无电情况下拆除电源连接线。

（5）试车成功后拆除线路与元件，清理工位，归还器材。

任务拓展

安装与调试双重联锁正反转控制线路如图 1-4-5 所示。要求按图接线；接线符合板前明线敷设的工艺要求；按钮、电动机等的导线必须通过端子排引出，电动机并有保护接地或接零。分析该线路按钮引到接线端子排有几根线，能否改动接线以减少按钮到接线端子排的引线，如果可以，请画出电气线路图。

任务 5　三相笼型异步电动机位置控制线路的安装与调试

任务目标

1. 会正确识别、安装和使用低压断路器、行程开关。
2. 能分析三相笼型异步电动机位置控制线路的工作原理。
3. 能看懂三相笼型异步电动机位置控制线路的安装布置图，学会根据原理图接线。
4. 能应用万用表检查线路，验证线路安装的正确性，并进行故障的排除。
5. 能查阅相关资料，提高独立工作的能力和团队协作的能力。
6. 遵守“7S”管理规定，做到安全文明操作。

任务描述

依照图 1-5-1 所示三相笼型异步电动机位置控制线路图进行配线板上的电气线路安装与

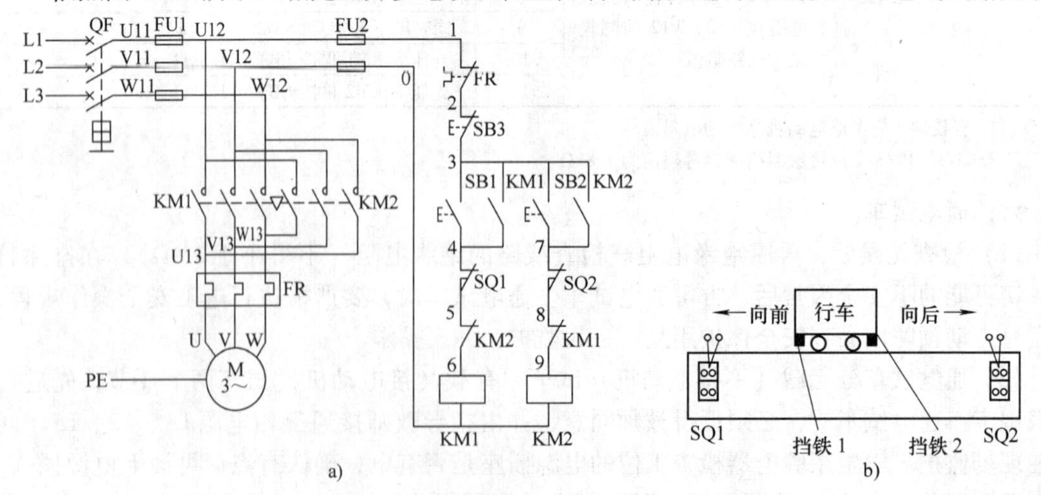

图 1-5-1　三相笼型异步电动机位置控制线路

a）控制线路图　b）行车运动示意图

调试。具体要求如下：

1. 根据三相笼型异步电动位置控制线路原理图进行安装接线。
2. 能用工具和仪表测量调整元件，正确、熟练地对电路进行调试。
3. 按槽板配线的工艺要求接线。
4. 按钮、行程开关、电动机等导线必须通过接线端子排引出，电动机有保护接地或接零。
5. 装接完毕后，提请指导教师到位方可通电试车，穿戴好劳动防护用品，文明操作。
6. 如遇故障自行排除。
7. 安装工时：120min。

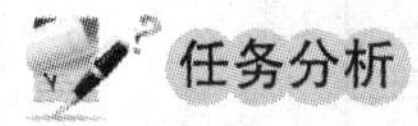

任务分析

在生产过程中，一些生产机械运动部件的行程或位置要受限制，如在摇臂钻床、万能铣床、镗床、桥式起重机及各种自动半自动控制的机床中就需要这种控制要求。位置控制又称为行程控制或限位控制，是利用生产机械运动部件上的挡铁与行程开关碰撞，使其触点动作，以接通或断开电路。实现这种控制要求的主要电器是行程开关。要完成该任务首先要学习低压断路器、行程开关这两个重要的低压电器，能识别它们的结构特征、记住它们的文字符号和图形符号，熟悉其动作原理和常用型号，能分析位置控制线路的原理图，在明确板前槽板配线的工艺要求的基础上，对线路进行安装与调试。

相关知识

一、低压断路器

低压断路器又叫自动空气开关，简称为断路器。它集控制和多种保护功能于一体，当电路中发生短路、过载和失电压等故障时，它能自动跳闸切断故障电路。低压断路器具有操作安全、安装使用方便、工作可靠、动作值可调、分断能力较强、动作后不需要更换元件等优点，因此得到了广泛应用。

1. 常用低压断路器的类型及图形符号（见图1-5-2）

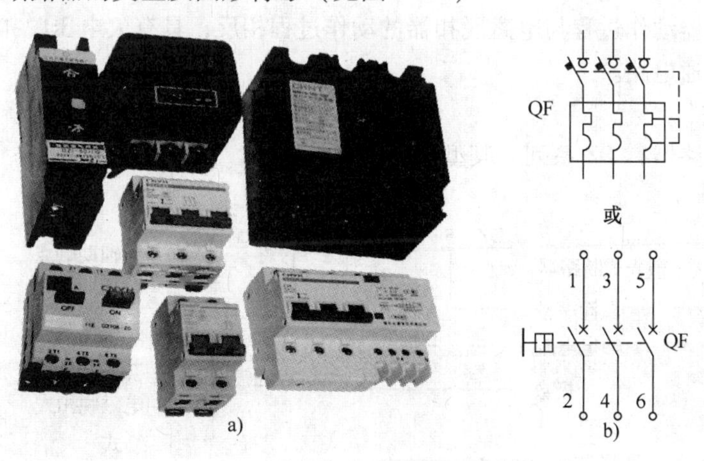

图1-5-2　常用低压断路器的类型及图形符号

a）类型　b）图形符号

2. 结构原理

常用的低压断路器是 DZ 系列塑壳式断路器，如 DZ5 系列、DZ10 系列、DZ47 系列，如图 1-5-3a 是 DZ5 系列断路器结构图，有三对主触点，一对常开辅助触点和一对常闭辅助触点。

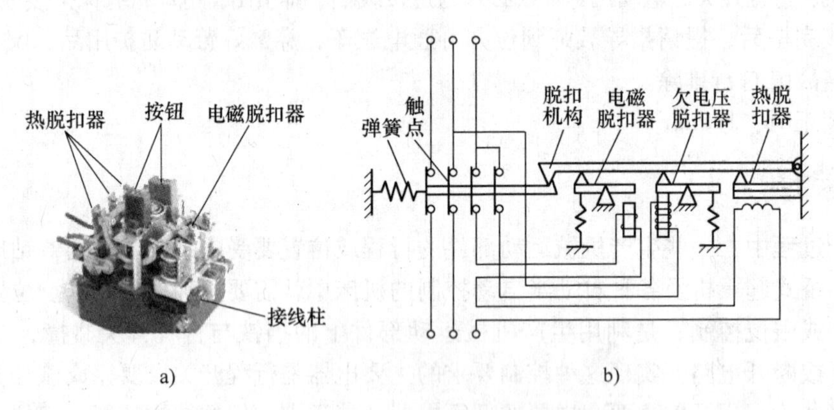

图 1-5-3　低压断路器的结构及工作原理
a）结构　b）工作原理

按下绿色“合”按钮时接通电路；按下红色“分”按钮时切断电路；当电路出现短路、过载等故障时，断路器会自动跳闸切断电路。

当线路发生过载时，过载脱扣器的热元件产生足够的热量，使双金属片受热向上弯曲，通过杠杆推动搭钩与锁扣脱开，在反作用弹簧的作用下，动、静触点分开，从而切断电路，保护电气设备。

当线路发生短路故障时，短路电流使电磁脱扣器产生强大的吸力将衔铁吸合，通过杠杆推动搭钩与锁扣脱开，从而切断电路，实现短路保护。低压断路器出厂时，电磁脱扣器瞬时整定电流一般为 10 倍的额定电流。

欠电压脱扣器动作过程与电磁脱扣器的动作过程相反，具有欠电压脱扣器的断路器电压过低时，不能接通电路。

3. 型号规格

常用低压断路器有 DZ 系列。其型号及含义如下：

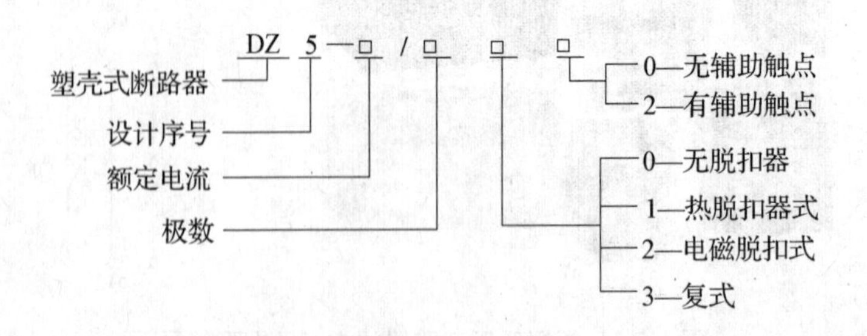

DZ5—20 型低压断路器的技术数据见表 1-5-1。

表 1-5-1　DZ5—20 型低压断路器的技术数据

<table>
<tr><th>型　号</th><th>额定电压/V</th><th>主触点额定电流/A</th><th>极　数</th><th>脱扣器形式</th><th>热脱扣器的额定电流（括号内为整定电流调节范围）/A</th><th>电磁脱扣器的瞬时动作整定值</th></tr>
<tr><td>DZ5—20/330
DZ5—20/230</td><td>AC380
DC220</td><td>20</td><td>3
2</td><td>复式</td><td rowspan="3">0. 15（0. 10～0. 15）
0. 20（0. 15～0. 20）
0. 30（0. 20～0. 30）
0. 45（0. 30～0. 45）
0. 65（0. 45～0. 65）
1（0. 65～1）
1. 5（1～1. 5）
2（1. 5～2）
3（2～3）
4. 5（3～4. 5）
6. 5（4. 5～6. 5）
10（6. 5～10）
15（10～15）
20（15～20）</td><td rowspan="3">为电磁脱扣器额定电流的 8～12 倍（出厂时整定于 10 倍）</td></tr>
<tr><td>DZ5—20/320
DZ5—20/220</td><td>AC380
DC220</td><td>20</td><td>3
2</td><td>电磁式</td></tr>
<tr><td>DZ5—20/310
DZ5—20/210</td><td>AC380
DC220</td><td>20</td><td>3
2</td><td>热脱扣器式</td></tr>
<tr><td>DZ5—20/300
DZ5—20/200</td><td>AC380
DC220</td><td>20</td><td>3
2</td><td>无脱扣器式</td><td></td><td></td></tr>
</table>

二、行程开关

行程开关是一种将机械信号转换为电信号，以控制运动部件的位置和行程的自动控制电器。行程开关的种类很多，以运动形式可分为直动式和转动式。

1. 行程开关的常见类型及图形符号（见图 1-5-4）

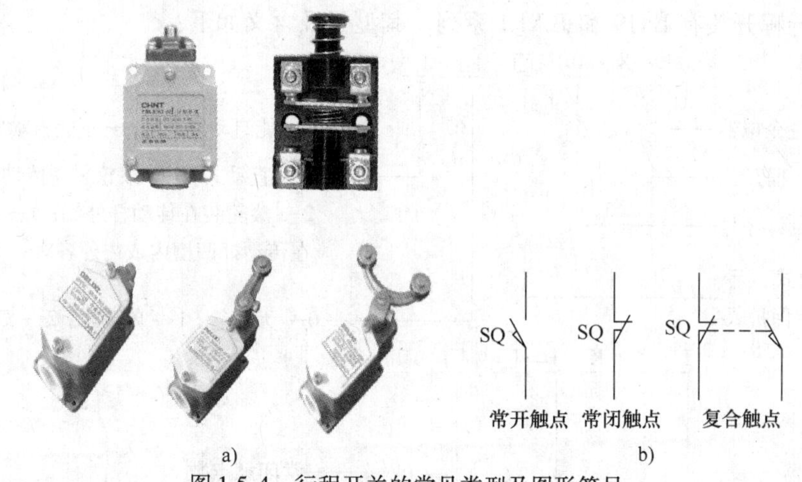

图 1-5-4　行程开关的常见类型及图形符号

a）类型　b）图形符号

2. 结构原理

JLXK1 型行程开关的结构及动作原理如图 1-5-5a 所示，各种行程开关的基本结构大体相同，都是由触点系统、操作机构和外壳组成。

JLXK1—111 型行程开关的动作原理如图 1-5-5b 所示。当运动部件的挡铁碰压行程开关的滚轮时，杠杆连同转轴一起转动，使凸轮推动撞块，当撞块被压到一定位置时，推动微动开关快速动作，使其常闭触点断开，常开触点闭合。

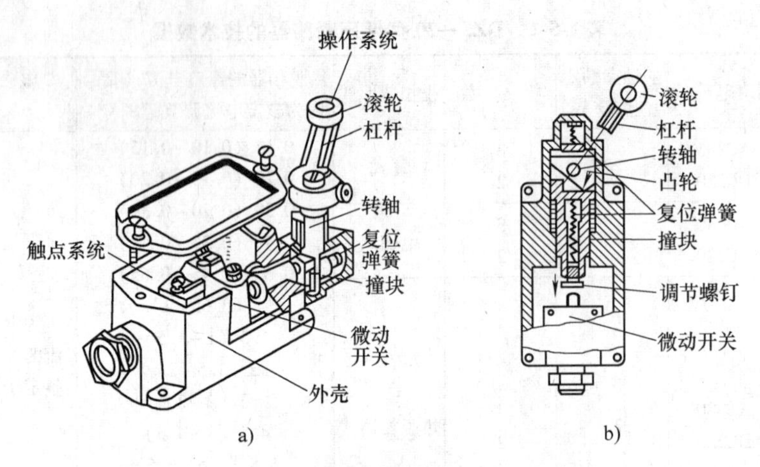

图 1-5-5　JLXK1 型行程开关的结构及动作原理

a）结构　b）动作原理

行程开关按其触点动作方式可分为蠕动型和瞬动型，两种类型的触点动作速度不同。

JLXK1—111 型行程开关分合速度取决于生产机械挡块触动操作头的移动速度，其缺点是：当移动速度低于 0.4m/s 时，触点分合太慢易受电弧烧灼，从而降低触点使用寿命。

为了使行程开关触点在生产机械缓慢运动时仍能快速分合，将触点动作设计成跳跃式瞬动结构，这样不但可以保证动作的可靠性及行程控制的位置精度，同时还可减少电弧对触点的灼伤。

3. 型号规格

常用的行程开关有 LX19 和 JLXK1 系列。其型号及含义如下：

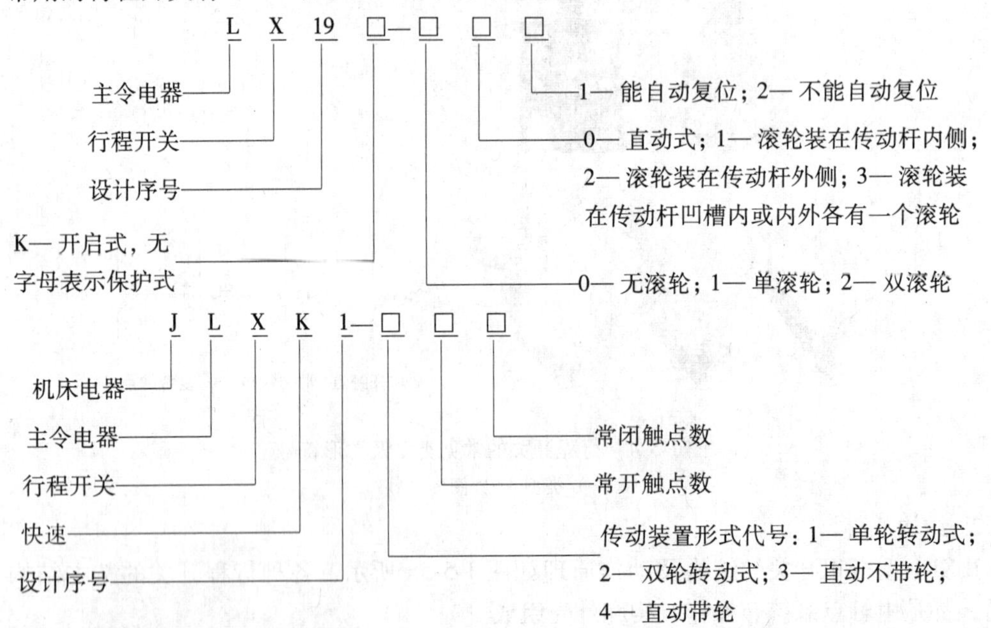

三、位置控制线路的工作原理

图 1-5-1 所示是工厂车间里的行车常采用的位置控制线路图，图的右下角是行车运动示意图，在行车线路的两头终点处各安装一个行程开关 SQ1 和 SQ2，它们的常闭触点分别串接

在正转控制线路和反转控制线路中。当安装在行车前后的挡铁 1 或挡铁 2 撞击行程开关的滚轮时，行程开关的常闭触点分断，切断控制线路，使行车自动停止。

1. 行车向前运行

先合上电源开关 QS。

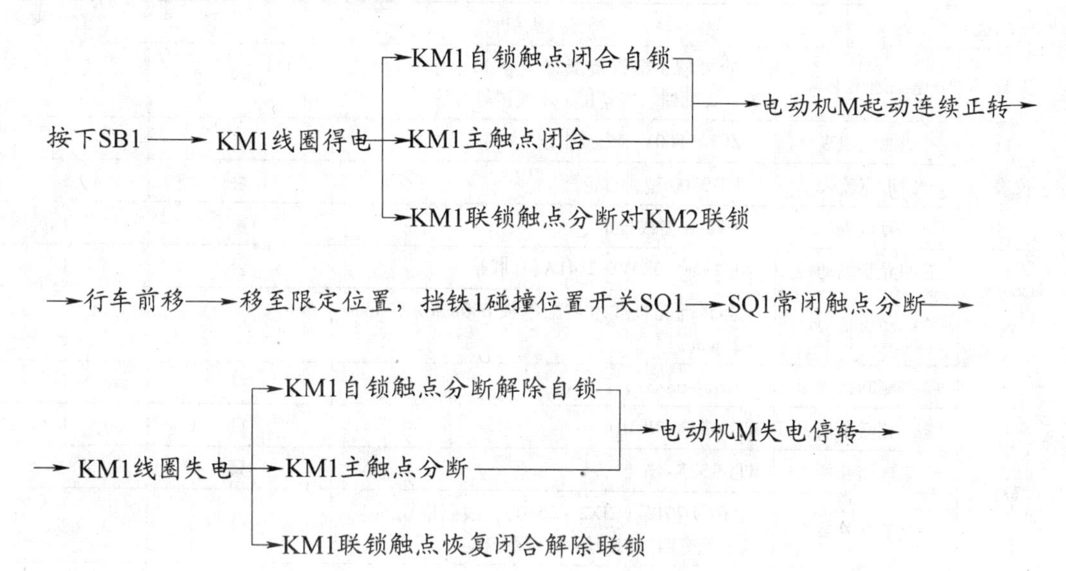

此时，即使再按下 SB1，由于 SQ1 常闭触点分断，接触器 KM 线圈也不会得电，保证了小车不会超过 SQ1 所在位置。

2. 行车向后运动

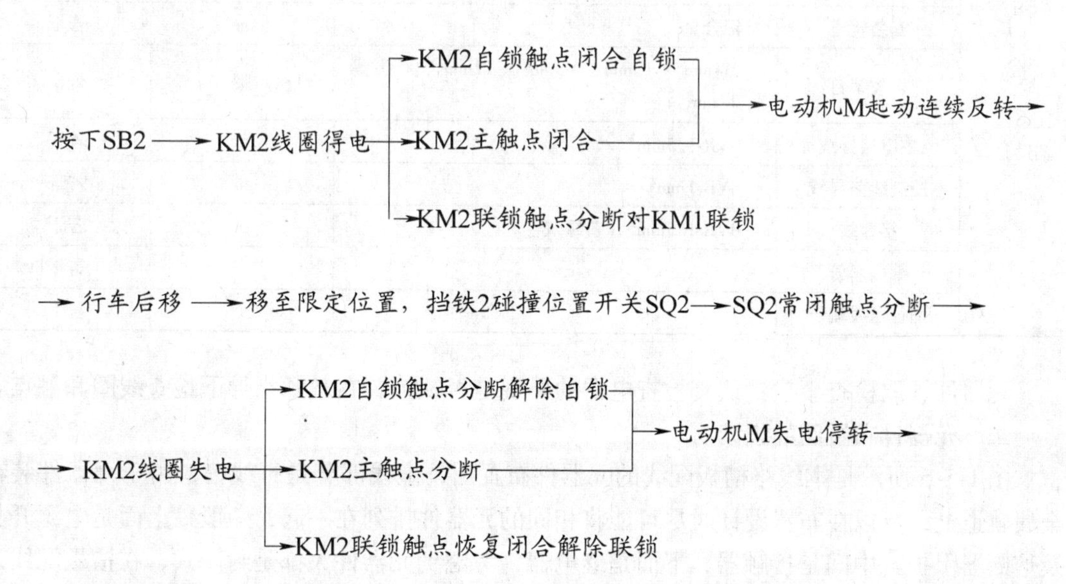

停车时只需按下 SB3 即可。

任务实施

一、准备工具、仪表、器材及辅助材料（见表1-5-2）

表1-5-2　工具、仪表、器材及辅助材料一览表

分　类	名　称	型号与规格	单　位	数　量
工具	电工通用工具	验电器、螺钉旋具（一字和十字）、电工刀、尖嘴钳、钢丝钳、压线钳等	套	1
仪表	绝缘电阻表	ZC7（500V）型或自定	块	1
	钳形电流表	DT-9700型或自定	块	1
	万用表	MF500型或自定	块	1
器材	三相异步电动机	1.1kW、380V、2.41A、Y联结	台	1
	配线板	金属网孔板或木质配电板600mm×500mm×20mm	块	1
	三相断路器	DZ47-63/3P，D25A	只	1
	三相熔断器	RT18-32X/3P-10A	只	1
	单极熔断器	RT18-32X-4A	只	2
	交流接触器	LC1-D2510（CJX2－2510），线圈电压38V，其中配有四只辅助触点：F4-22	只	2
	热继电器	JRS10-25，带独立安装座	只	2
	控制按钮	LAY16-11，红色1只，绿色1只	只	2
	接线端子	JD-2520	条	1
	行程开关	LX19	只	2
辅助材料	线槽	20mm×40mm	m	若干
	安装轨道	铝合金	m	若干
	自攻螺钉	M4mm×12mm，M3mm×12mm，大头螺杆12mm	颗	若干
	主电路导线	BVR-1.5mm^2	m	若干
	控制线路导线	BVR-1mm^2	m	若干
	接地线	BVR-1.5mm^2（黄绿双色）	m	若干
	编码套管		个	若干
	别径压线端子		个	若干

元器件领取检查事项：认真检查电器的外观是否缺损，在教师指导下检查线圈和触点。

二、元器件布置图的识读

图1-5-6所示是本线路槽板配线的元器件布置图，虚线部分是行线槽，由于元器件装在金属轨道上，所以在布置设计时尽可能将相同的元器件排列在一起，一般最上面是电源开关及熔断器保护，中间是接触器，下面是继电器，考虑到元器件大都是封闭式，在槽板配线训练中，电源开关都采用低压断路器，放在槽板的左上方。SQ1、SQ2行程开关固定在配电板上，但接线时和按钮一样要经过接线端子。

三、安装接线工艺要求

1. 低压断路器安装工艺要求

（1）低压断路器应垂直于配电板安装，电源引线接到上端，负载引线接到下端。

（2）低压断路器用做电源总开关或电动机的控制开关时，在电源进线侧必须加装刀开关或熔断器等，以形成明显的断开点。

（3）低压断路器在使用前应将脱扣器工作面的防锈油脂擦干净，各脱扣器动作值一经调整好，不允许随意变动，以免影响其动作值。

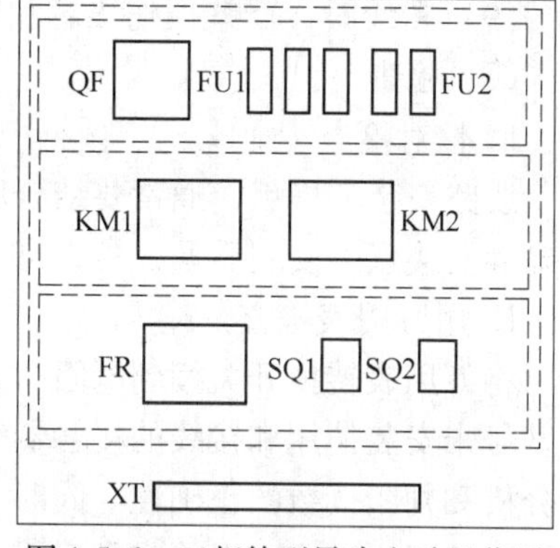

图1-5-6　三相笼型异步电动机位置控制线路布置图

2. 行程开关安装工艺要求

（1）行程开关安装时，安装位置要准确，安装要牢固；滚轮的方向不能装反，挡铁与其碰撞的位置应符合控制线路的要求，并确保能与挡铁可靠碰撞。

（2）行程开关在使用中，要定期检查和保养，除去油垢及粉尘，清理触点，经常检查其动作是否灵活、可靠。有故障时要及时排除故障，防止由此产生误动作而导致设备和人身安全事故。

3. 槽板配线工艺要求

在控制板上安装走线槽和所有元器件，按照原理图或接线图进行板前槽板配线，板前线槽布线工艺要求如下：

（1）线槽内的导线要尽可能避免交叉，槽内装线不要超过其容量的70%，并能方便盖上线槽盖，以便装配和维修。线槽外的导线也应做到横平竖直、整齐、走线合理。

（2）各元器件与走线槽之间的外露导线要尽量做到横平竖直，变换走向要垂直。同一元器件位置一致的端子和相同型号元器件中位置一致的端子上引入、引出的导线，要敷设在同一平面上，并应做到高低一致、前后一致，不得交叉。

（3）在元器件接线端子上，除间距很小或元器件机械强度较差的引出或引入的导线，允许直接架空敷设外，其他导线必须经过走线槽进行连接。

（4）元器件接线端子引出导线的走向，以元器件的水平中心线为界限，水平中心线以上接线端子引出的导线，必须进入元器件上面的线槽；水平中心线以下接线端子引出的导线，必须进入元件下面的线槽。任何导线都不允许从水平方向进入线槽内。

（5）导线与接线端子的连接，必须牢靠，不得松动。在任何情况下，接线端子必须与导线截面积和材料性质相适应，并且所有连接在接线端子上的导线，其端头套管上的编码要与原理图上节点的线号相一致。

（6）所有导线必须要采用多芯软线，其截面积要大于0.75mm^2。电子逻辑及类似低电平的电路，可采用0.2mm^2的硬线。

（7）当接线端子不适合连接软线或较小截面积的软线时可以在导线端头穿上针形或叉形轧头并压紧后再进行连接。

（8）一般一个接线端子只能连接一根导线，如果采用专门设计的端子，可以连接两根或多根导线，但导线的连接方式必须采用工艺上成熟的连接方式，如夹紧、压接、焊接和绕接等，并且连接工艺应严格按照工序要求进行。

（9）布线时，严禁损伤线芯和导线绝缘部分。

四、检查

1. 核对检查

线路安装完毕后，通常要结合原理图或接线图从电源端开始，根据编号逐一检查接线的正确性及接点的安装质量，检查有无漏接、错接之处。

2. 用万用表检查

将万用表转换开关拨到电阻“$R\times1$k”或“$R\times100$”挡，并进行欧姆调零，首先测量同型号未安装使用和接线的接触器线圈电阻，并记录其电阻值，目的是能根据控制线路图进行分析和判断读数的正确性。同时，如果测量的阻值与正确的有差异，则应采用核对检查方法再进行逐步排查，以确定最后错误点。万用表检测电路过程对照表参见表1-5-3。

表1-5-3　万用表检测电路过程对照表

测量要求	测量过程				正确阻值	测量结果
	测量任务	总工序	工序	操作方法		
空载	测量主电路	断开QS，取下熔断器FU2的熔体，万用表置于“$R\times1$”挡（调零后），分别测量三相电源U11、V11、W11三相之间的阻值	1	未操作任何电器	∞	
			2	压下KM1触点架	∞	
			3	压下KM2触点架	∞	
	测量控制线路	断开QS，装好熔断器FU2的熔体，万用表置于“$R\times100$”挡或“$R\times1$k”挡（调零后），将两支表笔搭在U12、V12间测量控制线路的阻值	4	未操作任何电器	∞	
			5	按下SB1	1.8kΩ	
			6	按下SB2	1.8kΩ	
			7	压下KM1触点架	1.8kΩ	
			8	压下KM2触点架	1.8kΩ	
			9	同时压下KM1和KM2	∞	
			10	先压下KM1再按SB3	1.8kΩ→∞	
			11	先压下KM2再按SB3	1.8kΩ→∞	
			12	先压下KM1再按SQ1	1.8kΩ→∞	
			13	先压下KM2再按SQ2	1.8kΩ→∞	

注：1. 有载时，应考虑电动机绕组的电阻值。
2. CJT1—10/3交流接触器线圈参考阻值为1.8kΩ。

五、通电试车

（1）检查无误后，用绝缘电阻表检查线路的绝缘电阻（不得小于1MΩ），在排除其他一切可能不安全因素后，方可通电试车。通电试车时，要严格执行电工安全操作规程，穿戴好劳动防护用品，一人监护、一人操作。

（2）通电试车分无载（不接电动机）试车和有载（接电动机）试车两个环节。先进行无载试车，通电试车前，必须征得教师的同意，并由指导教师接通三相电源L1、L2、L3，同时在现场监护。学生用验电器检查工位的电源插座是否有电，确认有电后再插上电源插头。合上电源开关QF，检验熔断器下桩是否带电，按下SB1，观察KM1应该吸合，表明电动机正转（工作台向前运行），用手代替挡块按压SQ1并使KM1自动复位，表明电动机停转；按下 SB2，观察 KM2 应该吸合，表明电动机反转（工作台向后运行），用手代替挡块按压 SQ2 并使 KM2 自动复位，表明电动机停转；按下 SB3，则原先吸合的接触器均复位。无载试车正常情况下，再接上电动机进行有载试车。

（3）如出现故障后，学生应独立进行检修。若需带电检查时，教师必须在现场监护。检修完毕后，如需要再次试车，教师也应该在现场监护，并做好时间记录。

（4）通电校验完毕，切断电源，进行验电，在确保无电的情况下拔下插头或拆除电源连接线。

（5）拆除所装线路及元器件，做到工完场清。

（6）整理并归还器材。

任务拓展

安装与调试三相笼型异步电动机自动往返控制线路，参照图 1-5-7 分析工作原理，图中 SQ1、SQ2、SQ3、SQ4 各起到什么作用？

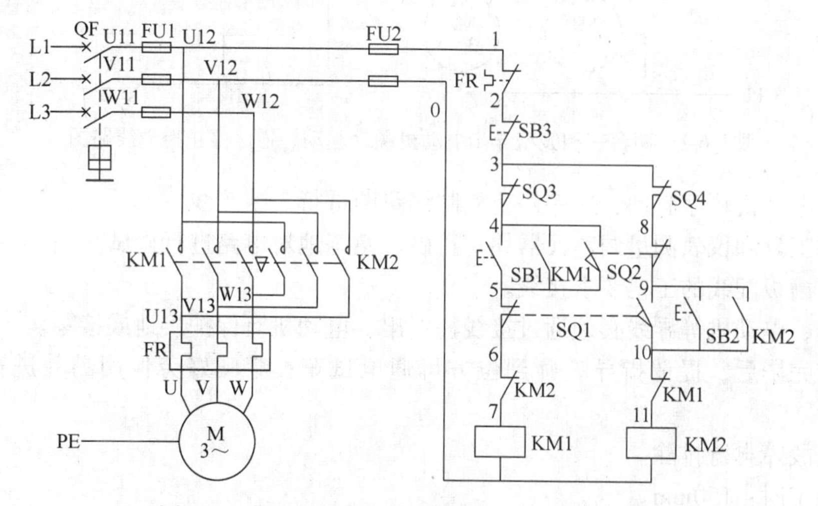

图 1-5-7　三相笼型异步电动机自动往返控制线路

任务6　三相笼型异步电动机顺序控制线路的安装与调试

任务目标

1. 能分析两台三相笼型异步电动机顺序起动控制线路的工作原理。
2. 能分析三相笼型异步电动机多地控制线路的工作原理。
3. 能根据三相笼型异步电动机顺序起动、逆序停止控制线路原理图进行安装调试。
4. 能应用仪表检查线路，验证线路安装的正确性，并进行故障的排除。
5. 能查阅相关资料，提高独立工作的能力和团队协作的能力。
6. 遵守“7S”管理规定，做到安全文明操作。

任务描述

依照图 1-6-1 两台三相笼型异步电动机顺序起动、逆序停止控制线路图进行配线板上的电气线路安装与调试。具体要求如下：

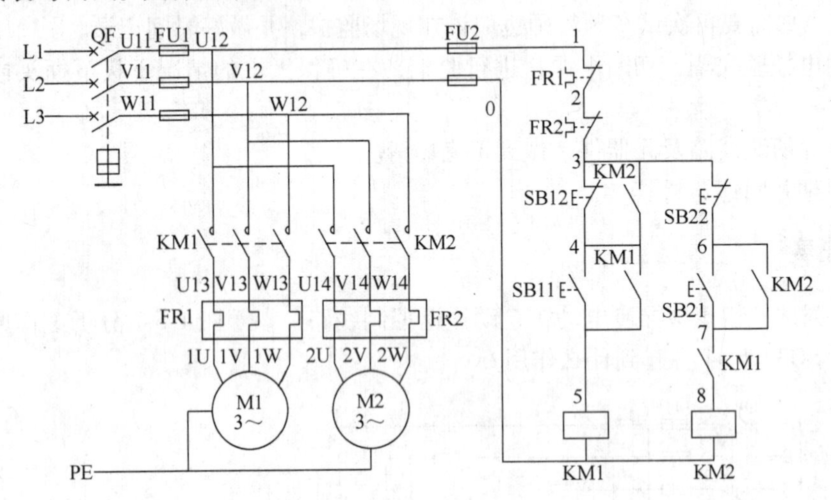

图 1-6-1　两台三相笼型异步电动机顺序起动、逆序停止控制线路图

1. 根据电动机顺序起动、逆序停止控制线路图进行安装接线。
2. 能用工具和仪表测量调整元器件，正确、熟练地对电路进行调试。
3. 符合槽板配线的工艺要求接线。
4. 按钮、电动机等导线必须通过接线柱引出，电动机有保护接地或接零。
5. 装接完毕后，提请指导教师到位方可通电试车；穿戴好劳保用品并进行安全文明操作。
6. 如遇故障自行排除。
7. 安装工时：150min。

任务分析

在装有多台电动机的生产机械上，各电动机所起的作用是不同的，有时需按一定的顺序起动或停止，如车床主轴转动时，要求油泵先给润滑油，主轴停止后，油泵方可停止润滑，即要求油泵电动机先起动，主轴电动机后起动，主轴电动机停止后，才允许油泵电动机停止，实现这种控制功能的电路就是顺序控制线路。两台三相笼型异步电动机顺序起动控制线路是生产机械上常用的电气控制线路，要完成该任务首先要会分析两台三相笼型异步电动机顺序起动、逆序停止控制线路的工作原理，明确板前槽板配线的工艺要求，然后对这个线路进行安装与调试。

相关知识

1. 主电路实现顺序控制

如图 1-6-2 所示，电动机 M2 主电路的交流接触器 KM2 接在接触器 KM1 之后，只有 KM1 的主触点闭合后，KM2 才可能闭合，这样就保证了 M1 起动后，M2 才能起动的顺序控制要求。其线路工作过程如下：

合上电源开关QS。按下SB1→KM1线圈得电→KM1主触点闭合→电动机M1起动连续运转→再按下SB2→KM2线圈得电→KM2主触点闭合→电动机M2起动连续运转。

按下SB3→KM1和KM2主触点分断→电动机M2和M1同时停转。

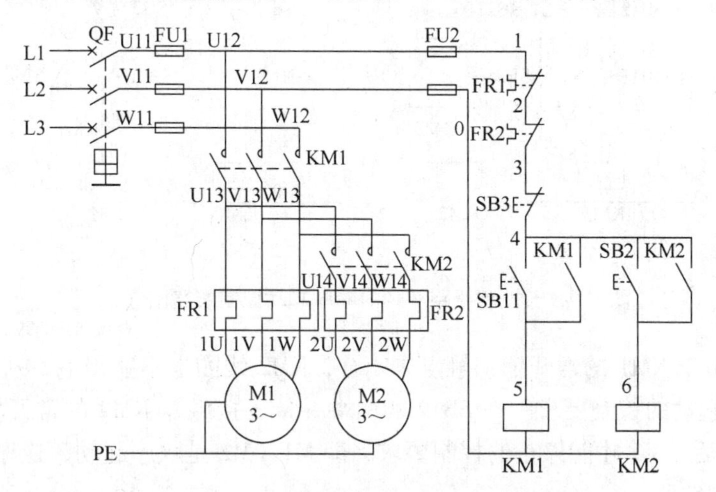

图1-6-2　主电路实现的顺序起动控制线路图

2. 控制线路实现顺序控制

下面是几种在控制线路实现电动机顺序控制的电路。

（1）如图1-6-3所示，电动机M2的控制线路先与接触器KM1的线圈并接后再与KM1的自锁触点串接，这样保证了M1起动后，M2才能起动的顺序控制要求。

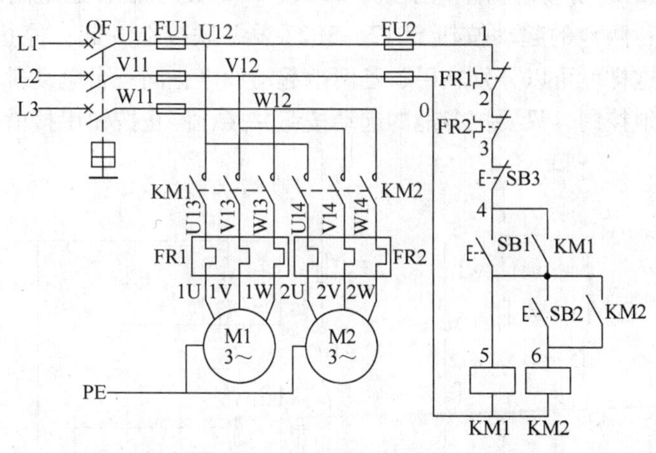

图1-6-3　控制线路实现的顺序起动控制线路图（一）

（2）如图1-6-4a所示，在电动机M2的控制线路中串接了接触器KM1的常开辅助触点。显然，只要M1不起动，即使按下SB21，由于KM1的常开辅助触点未闭合，KM2线圈也不能得电，从而保证了M1起动后，M2才能起动的控制要求。线路中停止按钮SB12控制两台电动机同时停止，SB22控制M2的单独停止。

（3）如图1-6-4b所示，这是两台电动机顺序起动、逆序停转控制的电路图。该电路是在电动机M2的控制线路中串接了接触器KM1的常开辅助触点。显然，只要M1不起动，即

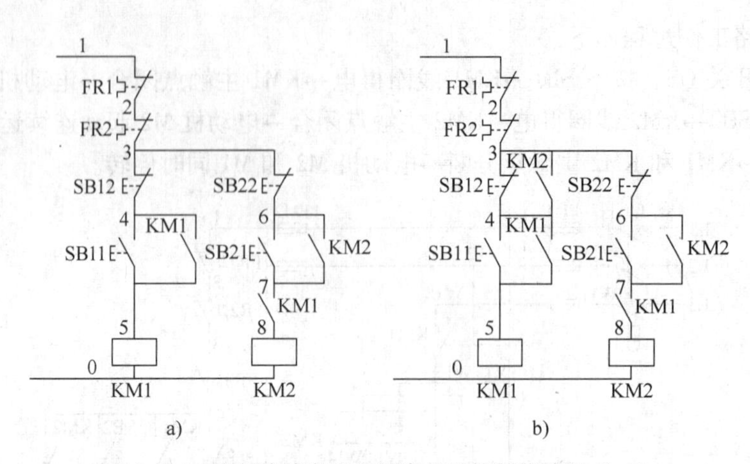

图 1-6-4　控制线路实现的顺序起动控制线路图（二）

使按下 SB21，由于 KM1 的常开辅助触点未闭合，KM2 线圈也不能得电，从而保证了 M1 起动后，M2 才能起动的控制要求。在 SB12 的两端并接了接触器 KM2 的常开辅助触点，从而实现了 M2 停止后，M1 才能停止的控制要求，即 M1、M2 是顺序起动，逆序停止。

3. 多地控制线路

有些生产设备为了操作方便，需要在两地或多地控制一台电动机，例如普通铣床的控制线路，就是一种多地控制线路。这种能在两地或多地控制一台电动机的控制方式，称为电动机的多地控制。在实际应用中，大多为两地控制。

图 1-6-5 所示为两地控制的具有过载保护接触器自锁正转控制线路图。其中，SB12、SB11 为安装在甲地的起动按钮和停止按钮；SB22、SB21 为安装在乙地的起动按钮和停止按钮。线路的特点是：两地的起动按钮 SB12、SB22 要并联接在一起；停止按钮 SB11、SB21 要串联接在一起。这样就可以分别在甲、乙两地起动和停止同一台电动机，达到操作方便的目的。对三地或多地控制，只要把各地的起动按钮并接、停止按钮串接就可以实现。

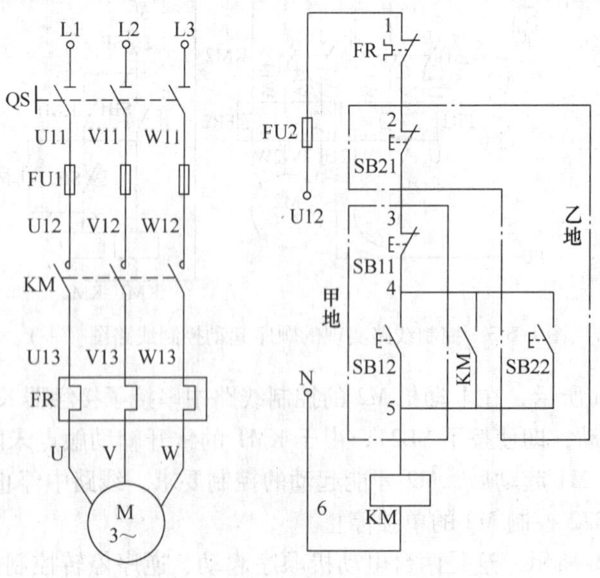

图 1-6-5　电动机两地控制线路图

任务实施

一、准备工具、仪表、器材及辅助材料（见表1-6-1）

表1-6-1 工具、仪表、器材及辅助材料一览表

分类	名称	型号与规格	单位	数量
工具	电工通用工具	验电器、螺钉旋具（一字和十字）、电工刀、尖嘴钳、钢丝钳、压线钳等	套	1
仪表	绝缘电阻表	ZC7（500V）型或自定	块	1
	万用表	MF500型或自定	块	1
器材	三相异步电动机	1.1kW、380V、2.41A、Y联结	台	1
	配线板	金属网孔板或木质配电板 600mm×500mm×20mm	块	1
	三相断路器	DZ47-63/3P，D25A	只	1
	三相熔断器	RT18-32X/3P-10A	只	1
	单极熔断器	RT18-32X-4A	只	2
	交流接触器	LC1-D2510（CJX2－2510），线圈电压38V，其中配有四只辅助触点：F4-22	只	2
	热继电器	JRS10-25，带独立安装座	只	2
	控制按钮	LAY16-11，红色1只，绿色1只	只	4
	接线端子	JD-2520	条	1
辅助材料	线槽	20mm×40mm	m	若干
	安装轨道	铝合金	m	若干
	自攻螺钉	M4mm×12mm，M3mm×12mm，大头螺杆12mm	颗	若干
	主电路导线	BVR-1.5mm^2	m	若干
	控制线路导线	BVR-1mm^2	m	若干
	接地线	接地线采用BVR-1.5mm^2（黄绿双色）	m	若干
	编码套管		个	若干
	别径压线端子		个	若干

元器件领取检查事项：认真检查元器件的外观是否缺损，在教师指导下检查线圈和触点。

二、元器件位置图的识读

两台三相笼型异步电动机顺序起动、逆序停止控制线路元器件布置图如图1-6-6所示，分三个区域，最上面区域是电源开关及熔断器，中间区域是接触器，下面区域是热继电器，在槽板配线训练中，电源开关采用低压断路器，放在左上方，按钮经端子排与电器连接。

三、安装接线的工艺要求

1. 接线要点

（1）要求控制回路接触器 KM1 动作后接触器 KM2 才能动作，则将 KM1 接触器的常开触点串接在接触器 KM2 的线圈电路。

（2）要求接触器 KM2 停止后接触器 KM1 才能停止，则将接触器 KM2 的常开触点并接在 M1 停止按钮的两端。

2. 槽板配线的工艺要求

参见任务 5。

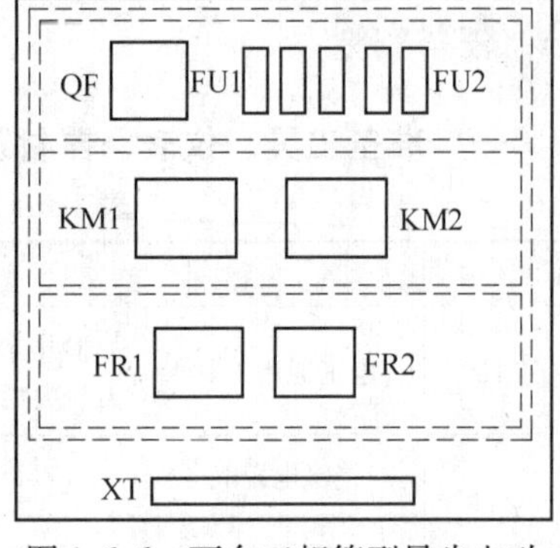

图 1-6-6　两台三相笼型异步电动机顺序起动、逆序停止控制线路布置图

四、检查

1. 核对检查

线路安装完毕后，通常要结合原理图或接线图从电源端开始，根据编号逐一检查接线的正确性及接点的安装质量，检查有无漏接、错接之处。

2. 用万用表检查

将万用表转换开关拨到电阻“$R\times1\text{k}$”或“$R\times100$”挡，并进行欧姆调零，首先测量同型号未安装使用和接线的接触器线圈电阻，并记录其电阻值，目的是能根据控制线路图进行分析和判断读数的正确性。同时，如果测量的阻值与正确值有差异，则应采用核对检查方法再进行逐步排查，以确定最后错误点。万用表检测电路过程对照表参见表 1-6-2。

表 1-6-2　万用表检测电路过程对照表

测量要求	测量过程				正确阻值	测量结果
	测量任务	总工序	工序	操作方法		
空载	测量主电路	断开 QS，取下熔断器 FU2 的熔体，万用表置于“$R\times1$”挡（调零后），分别测量三相电源 U11、V11、W11 三相之间的阻值	1	未操作任何电器	∞	
			2	压下 KM1 触点架	∞	
			3	压下 KM2 触点架	∞	
	测量控制线路	断开 QS，装好熔断器 FU2 的熔体，万用表置于“$R\times100$”挡或“$R\times1\text{k}$”挡（调零后），将两支表笔搭在 U12、V12 间测量控制线路的阻值	4	未操作任何电器	∞	
			5	按下 SB11	1.8kΩ	
			6	按下 SB21	∞	
			7	压下 KM1 触点架	1.8kΩ	
			8	压下 KM2 触点架	∞	
			9	先压下 KM1，再按 SB21	1.8kΩ→0.9kΩ	
			10	先压下 KM1，再压下 KM2	1.8kΩ→0.9kΩ	
			11	先压下 KM1，再按 SB12	1.8kΩ→∞	
			12	同时按下 KM1、KM2，再按 SB12	0.9kΩ→1.8kΩ	
			13	同时按下 KM1、KM2，再按 SB22	0.9kΩ→1.8kΩ	

注：1. 有载时，应分析电动机绕组的电阻值是否串入其中。

2. CJT1—10/3 交流接触器线圈参考阻值 1.8kΩ。

五、通电试车

（1）检查无误后，再用绝缘电阻表检查线路的绝缘电阻（不得小于1MΩ），在排除其他一切可能 不安全因素后，方可通电试车。通电试车时，要严格执行电工安全操作规程，穿戴好劳动防护用品，一人监护、一人操作。

（2）通电试车分无载（不接电动机）试车和有载（接电动机）试车两个环节，先进行无载试车。通电试车前，必须征得教师的同意，并由指导教师接通三相电源 L1、L2、L3，同时在现场监护。学生用验电器检查工位的电源插座是否有电，确认有电后再插上电源插头，合上电源开关 QS，检验熔断器下桩是否带电，操作按钮，观察接触器吸合情况，记录现象，并填写于表1-6-3。

表1-6-3　现象记录表

起动	先按 SB11	再按 SB21	
	先按 SB21	再按 SB11	
停止	先按 SB12	再按 SB22	
	先按 SB22	再按 SB12	

接触器的动作情况符合要求，则接上电动机进行有载试车。

（3）如出现故障后，学生应独立进行检修。若需带电检查时，教师必须在现场监护。检修完毕后，如需要再次试车，教师也应该在现场监护，并做好时间记录。

（4）通电校验完毕，切断电源，验电，在确保无电的情况下拔下插头或拆除电源连接线。

（5）拆除所装线路及元器件，做到工完场清。

（6）整理并归还器材。

任务拓展

安装与调试两地控制的顺序起动、逆序停止控制线路，如图1-6-7所示。要求如下：

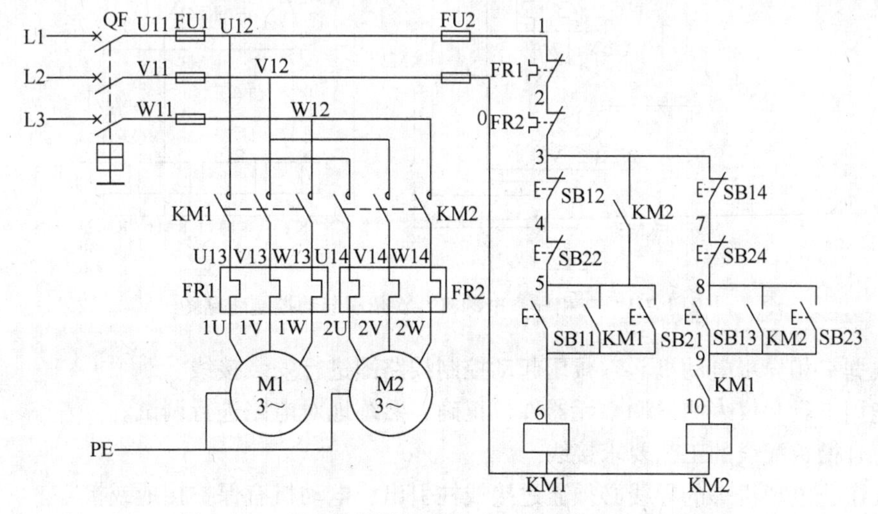

图1-6-7　两地控制的顺序起动、逆序停止控制线路

（1）根据电动机顺序起动、逆序停止控制线路图进行安装接线。

（2）能用工具和仪表测量调整元器件，正确、熟练地对电路进行调试。

（3）按槽板配线的工艺要求接线。

任务7　三相笼型异步电动机减压起动控制线路的安装与调试

任务目标

1. 会正确识别、安装和使用时间继电器等常用低压电器。
2. 能分析三相笼型异步电动机的减压起动控制线路的工作原理。
3. 能看懂三相笼型异步电动机的减压起动控制线路的安装布置图和接线图，并正确安装。
4. 能应用仪表检查线路，验证线路安装的正确性，并进行故障的排除。
5. 能查阅相关资料，提高独立工作的能力和团队协作的能力。
6. 遵守“7S”管理规定，做到安全文明操作。

任务描述

依照图1-7-1三相异步电动机Y-△减压起动控制线路图进行配线板上的电气线路安装与调试。具体要求如下：

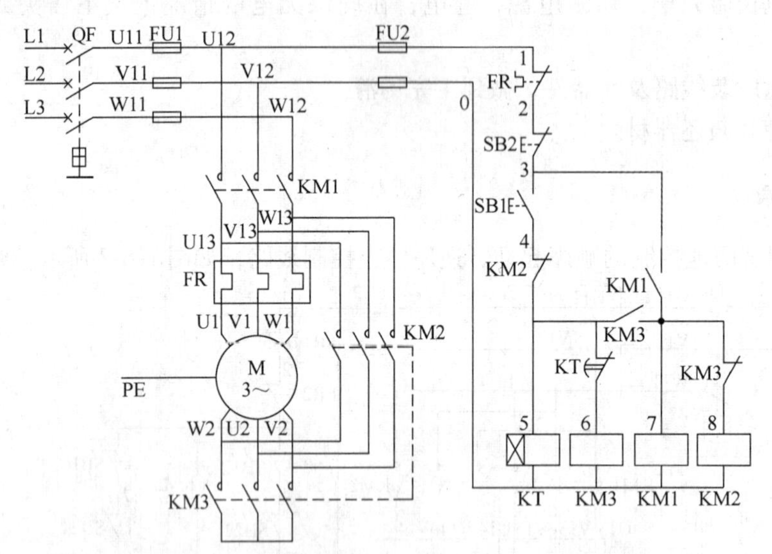

图1-7-1　三相异步电动机Y-△减压起动控制线路图

1. 根据三相异步电动机Y-△减压起动控制线路图进行安装接线。
2. 能用工具和仪表测量调整元器件，正确、熟练地对电路进行调试。
3. 符合槽板配线的工艺要求接线。
4. 按钮、电动机等的导线必须通过接线柱引出，电动机有保护接地或接零。
5. 装接完毕后，提请指导教师到位方可通电试车；穿戴好劳保用品并进行安全文明操作。

6. 如遇故障自行排除。

7. 安装工时：180min。

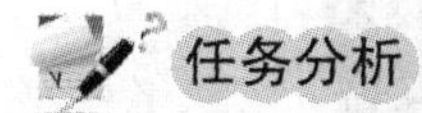

任务分析

三相异步电动机起动时，加在电动机定子绕组上的电压为电动机的额定电压，属于全压起动，也称为直接起动。直接起动的优点是电气设备少，线路简单，维修量较小。异步电动机直接起动时，起动电流一般为额定电流的4～7倍。在电源变压器容量不够大而电动机功率较大的情况下，直接起动将导致电源变压器输出电压下降，不仅减小电动机本身的起动转矩，而且会影响同一供电线路中其他电气设备的正常工作。因此，较大功率的电动机需要采用减压起动。本任务主要介绍三相笼型异步电动机减压起动控制线路，完成该任务首先要学习时间继电器这个重要的低压电器，能识别它的结构特征、记住它的文字符号和图形符号，熟悉动作原理和常用型号，能分析Y-△减压起动控制线路的工作原理。能看懂Y-△减压起动控制线路的安装布置图和安装接线图，明确槽板敷设的工艺要求，然后对这个线路进行安装与调试。

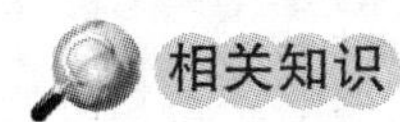

相关知识

一、减压起动

减压起动是利用起动设备将电压适当降低后加到电动机定子绕组上进行起动，待电动机起动运转后，再使其电压恢复到额定值正常运转，由于电流随电压的降低而减小，所以减压起动达到了减小起动电流的目的，又由于起动转矩与电压的二次方成正比，在降低电压和电流的同时，起动转矩大幅度地下降，所以，减压起动需要在空载或轻载下进行。

通常规定电源容量在180kV·A以上，电动机功率在7.5kW以下的三相异步电动机可采用直接起动。凡不满足直接起动条件的，均需采用减压起动。减压起动分为硬起动和软起动两大类，常见的硬起动方法有四种：定子绕组串接电阻减压起动、自耦变压器（补偿器）减压起动、Y-△减压起动和延边三角形减压起动。

二、时间继电器

时间继电器是一种利用电磁原理或机械动作原理等来实现触点延时闭合或分断的自动控制电器。常用的时间继电器主要有电磁式、电动式、空气阻尼式和晶体管式等。目前，电气控制线路中应用较多的是空气阻尼式时间继电器。随着电子技术的发展，近年来晶体管式时间继电器应用研究日益广泛。

1. 时间继电器的常见类型及图形符号（见图1-7-2）

2. ST3P系列晶体管时间继电器

（1）种类及接线图

1）种类：晶体管时间继电器也称为半导体时间继电器和电子式时间继电器，它具有结构简单、延时范围广、精度高、消耗功率小、调整方便及寿命长等优点，所以发展很迅速，其应用范围越来越广。

ST3P系列晶体管时间继电器具有体积小、重量轻、结构紧凑、延时精度高、可靠性好、寿命长等特点。它适用于各种高精度、高可靠性自动控制场合作为延时控制元件。ST3P系列晶体管时间继电器按延时方式可分为：通电延时、断电延时、星三角起动延时、往复循环定时；按电源和电压种类可分为：AC：50Hz，36V、110V、127V、220V、380V；DC：

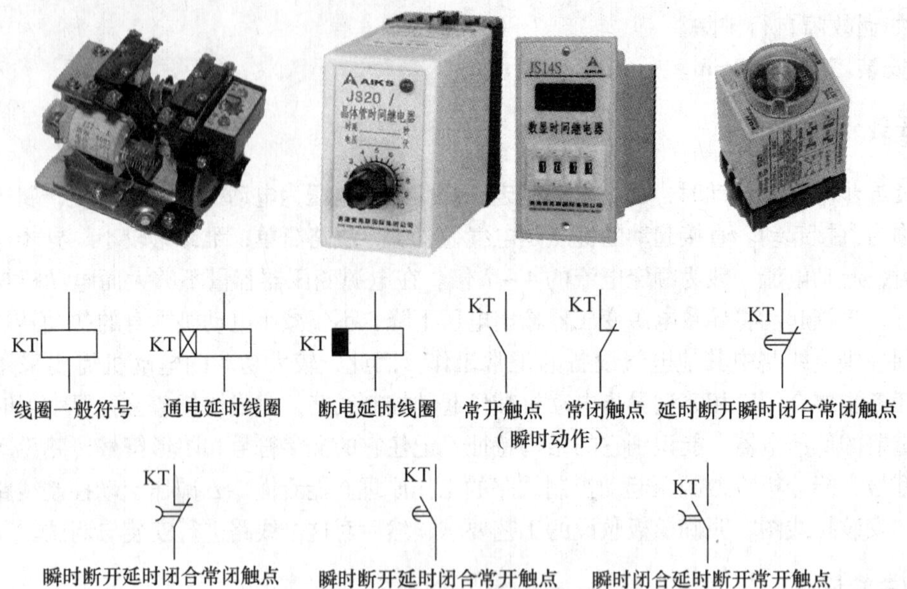

图 1-7-2　时间继电器的常见类型及符号

24V、12V 等。

2）ST3P 系列晶体管时间继电器的接线图如图 1-7-3 所示，这是通电延时型的时间继电器，2 脚与 7 脚接电源（相当于电磁式继电器的线圈），两对延时断开常闭触点，分别是 1 脚与 4 脚、8 脚与 5 脚；两对延时闭合常开触点，分别是 1 脚与 3 脚、8 脚与 6 脚。

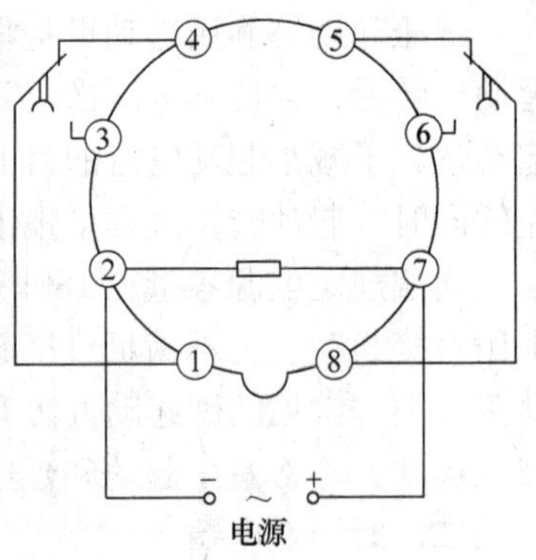

图 1-7-3　ST3P 系列晶体管时间继电器接线图

（2）使用说明　ST3P 系列晶体管时间继电器多挡式规格具有四种不同的延时挡，可以由时间继电器前部的转换开关很方便地转换。当需要变换延时挡时，首先取下设定旋钮，接着卸下刻度板，然后参照铭牌上的延时范围示意图拨动转换开关，再按原样装上刻度板与设定旋钮即可。注意：转换开关位置应与刻度板上开关位置标记相一致。

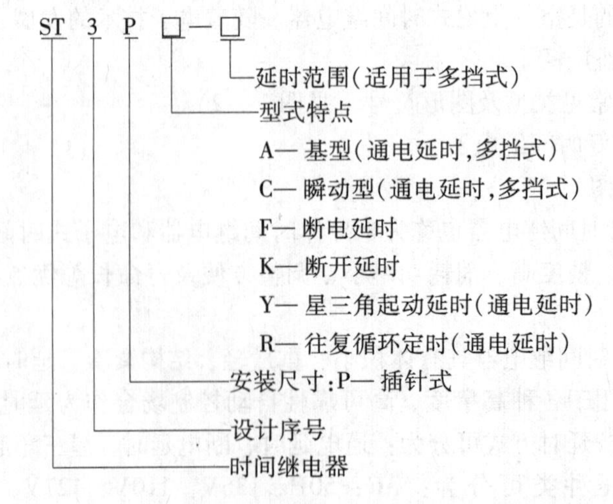

(3) ST3P 系列晶体管时间继电器的规格型号

延时范围：

A：0.05～0.5s/5s/30s/3min

B：0.01～1s/10s/60s/6min

C：0.5～5s/50s/5min/30min

D：1～10s/100s/10min/60min

E：5s～60min/10min/60min/6h

F：0.25～2min/20min/2h/12h

G：0.5～4min/40min/4h/24h

3. JS7—A 系列空气阻尼式时间继电器

空气阻尼式时间继电器又称气囊式时间继电器，主要由电磁系统、延时机构和触点系统三部分组成，电磁系统为直动式双 E 形电磁铁，延时机构采用气囊式阻尼器，触点系统借用 LX5 型微动开关。其结构如图 1-7-4 所示。

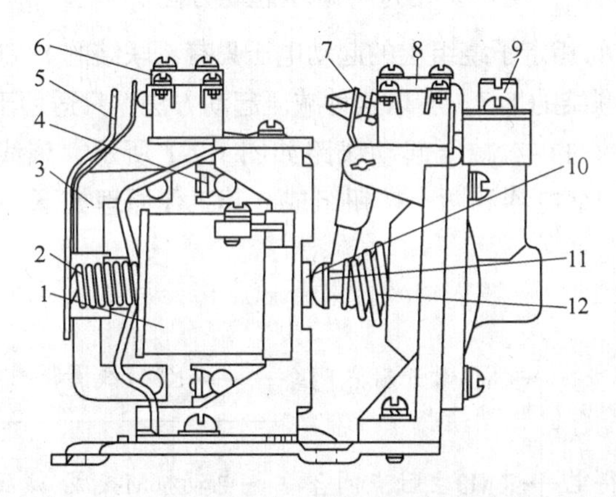

图 1-7-4　JS7—A 系列空气阻尼式时间继电器结构图

1—线圈　2—反力弹簧　3—衔铁　4—铁心　5—弹簧片　6—瞬时触点　7—杠杆　8—延时触点　9—调节螺钉　10—推杆　11—活塞杆　12—宝塔形弹簧

4. JS7—A 系列时间继电器

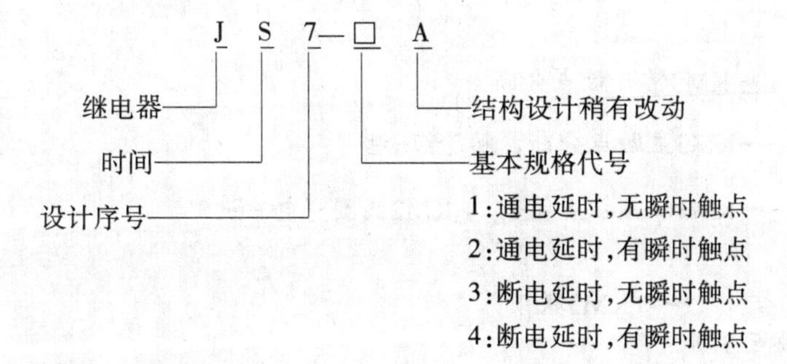

JS7—A 系列时间继电器的规格见表 1-7-1。

表 1-7-1　JS7—A 系列时间继电器的规格

型　号	瞬时动作触点对数		有延时的触点对数				触点额定电压/V	触点额定电流/A	线圈电压/V	延时范围/s	额定操作频率/(次/h)
			通电延时		断电延时						
	常开	常闭	常开	常闭	常开	常闭					
JS7—1A	—	—	1	1	—	—	380	5	24、36、110、127、220、380、420	0.4～60 及 0.4～180	600
JS7—2A	1	1	1	1	—	—					
JS7—3A	—	—	—	—	1	1					
JS7—4A	1	1	—	—	1	1					

三、三相笼型异步电动机减压起动控制线路原理图识读

1. Y-△减压起动控制线路

Y-△减压起动是指电动机起动时，把定子绕组接成Y，以降低起动电压，限制起动电流。待电动机起动后，再把定子绕组改接成△，使电动机全压运行。凡是在正常运行时定子绕组作△联结的异步电动机，均可采用这种减压起动方法。

起动时接成Y，加在每相定子绕组上的起动电压只有△联结的 $1/\sqrt{3}$，起动电流为△联结的 1/3，起动转矩也只有△联结的 1/3。所以这种减压起动方法，只适用于轻载或空载下起动。

时间继电器自动控制的Y-△减压起动线路如图 1-7-1 所示，该线路由三个交流接触器、一个热继电器、一个时间继电器和两个按钮组成，其工作原理如下：

先合上电源开关 QF。

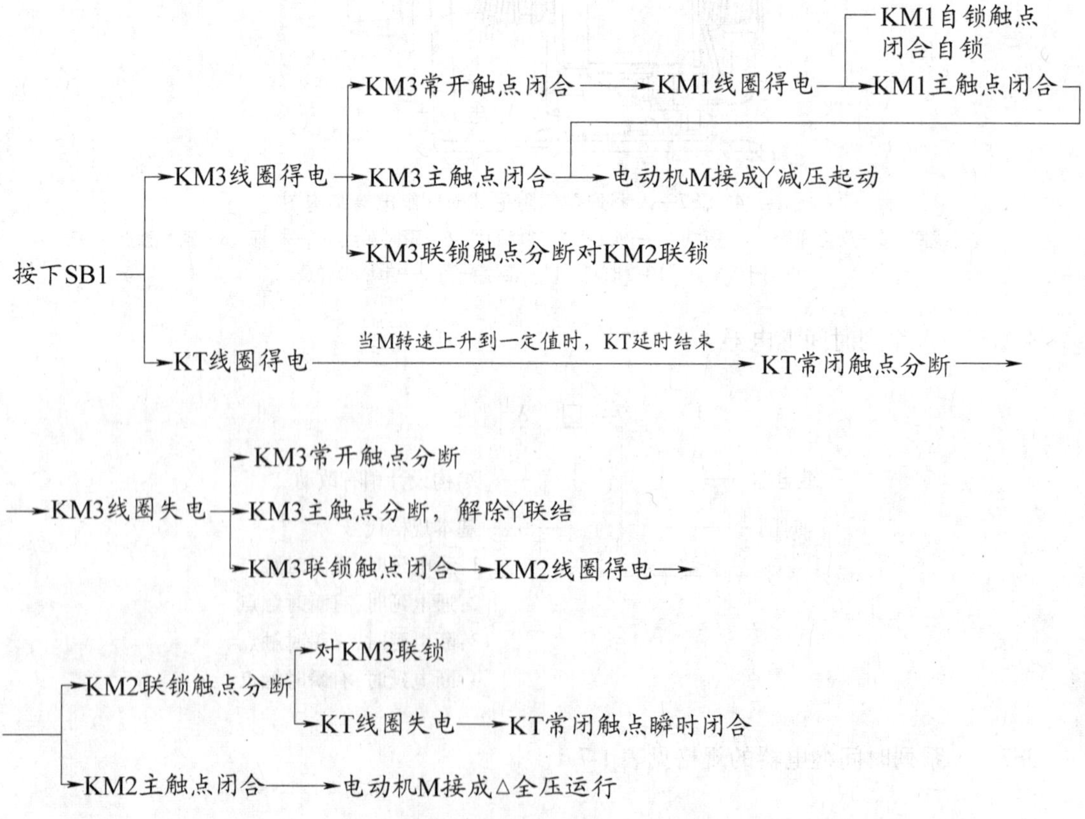

按下SB1 —
- →KM3线圈得电 —
  - →KM3常开触点闭合 ——→KM1线圈得电 —
    - KM1自锁触点闭合自锁
    - →KM1主触点闭合
  - →KM3主触点闭合 ——→电动机M接成Y减压起动
  - →KM3联锁触点分断对KM2联锁
- →KT线圈得电 ——（当M转速上升到一定值时，KT延时结束）——→KT常闭触点分断 ——→

——→KM3线圈失电 —
- →KM3常开触点分断
- →KM3主触点分断，解除Y联结
- →KM3联锁触点闭合 ——→KM2线圈得电 ——→

—
- →KM2联锁触点分断 —
  - →对KM3联锁
  - →KT线圈失电 ——→KT常闭触点瞬时闭合
- →KM2主触点闭合 ——→电动机M接成△全压运行

停止时，按下 SB2 即可。

想一想：该线路中，KM3 主触点闭合是否带电，这样设计有何好处？

2. 自耦变压器（补偿器）减压起动控制线路

自耦变压器减压起动是在电动机起动时利用自耦变压器来降低加在电动机定子绕组上的起动电压。待电动机起动后，再使电动机与自耦变压器脱离，从而在全压下正常运行。

图 1-7-5 所示是 XJ01 型自动控制自耦变压器减压起动控制线路，广泛应用于交流 50Hz、电压 380V、功率 14 ~75kW 的三相笼型异步电动机的减压起动。

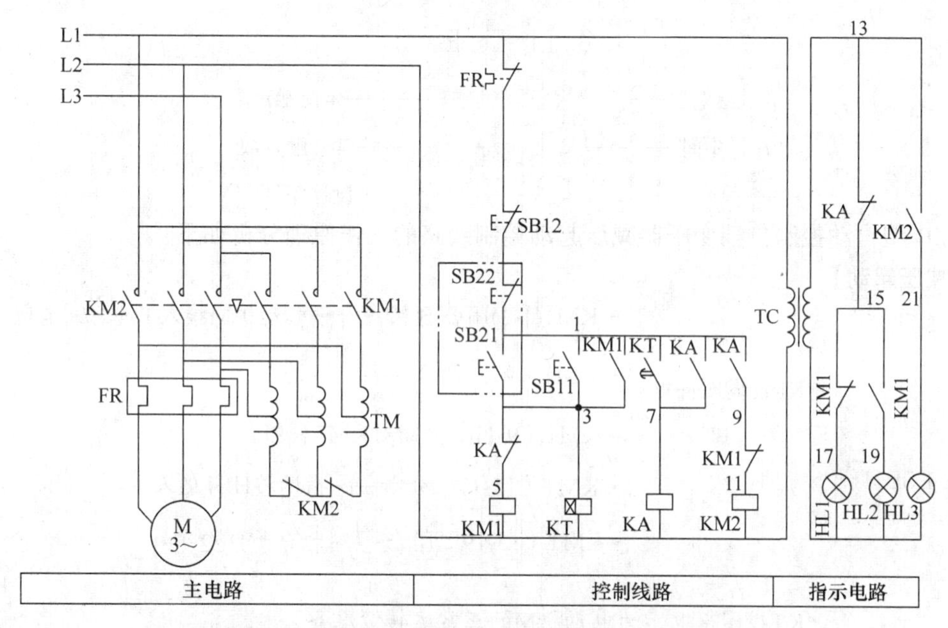

图 1-7-5 XJ01 型自动控制自耦变压器减压起动控制线路

XJ01 型自动控制补偿器是由自耦变压器、交流接触器、中间继电器、热继电器、时间继电器和按钮等元器件组成。

自耦变压器备有额定电压 60% 及 80% 两挡抽头。补偿器具有过载和失电压保护，最大起动时间为 2min（包括一次或连续数次起动时间的总和）。XJ01 型自动控制补偿器减压起动线路分为主电路、控制线路和指示电路，点画线框内的按钮是异地控制按钮。

中间继电器是将一个输入信号变成一个或多个输出信号的继电器，它的输入信号为线圈的通电和断电，它的输出信号是触点的动作。图 1-7-6 所示为中间继电器的外形和图形符号。

中间继电器的基本结构及工作原理与接触器基本相同，所不同的是中间继电器的触点较多，并且没有主、辅之分，各对触点允许通过的电流大小相同，其额定电流为 5A 及以下。

中间继电器的型号含义如下：

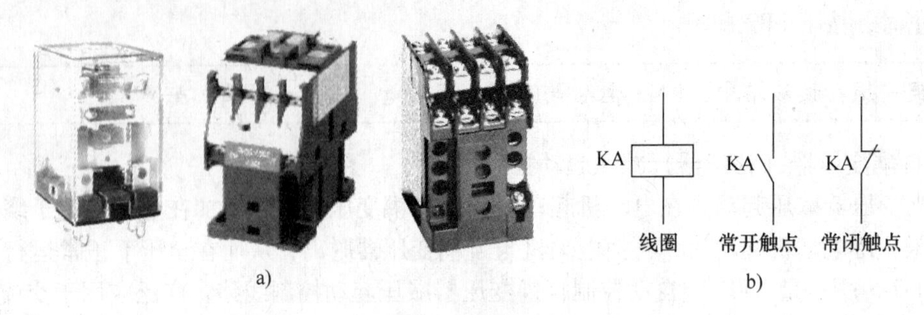

图 1-7-6 中间继电器和外形和图形符号
a）外形 b）图形符号

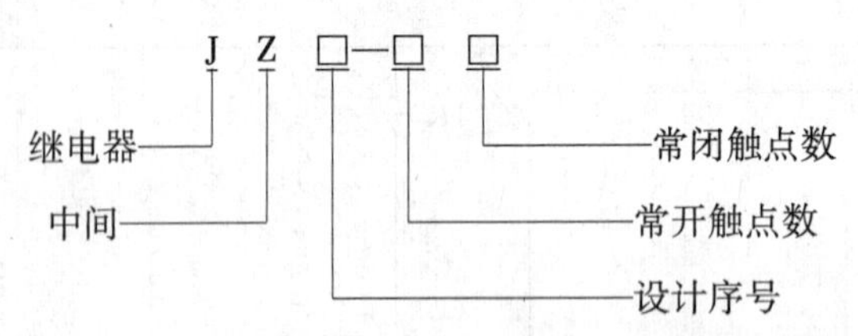

XJ01 型自动控制自耦变压器减压起动控制线路的工作原理分析如下：

【减压起动】

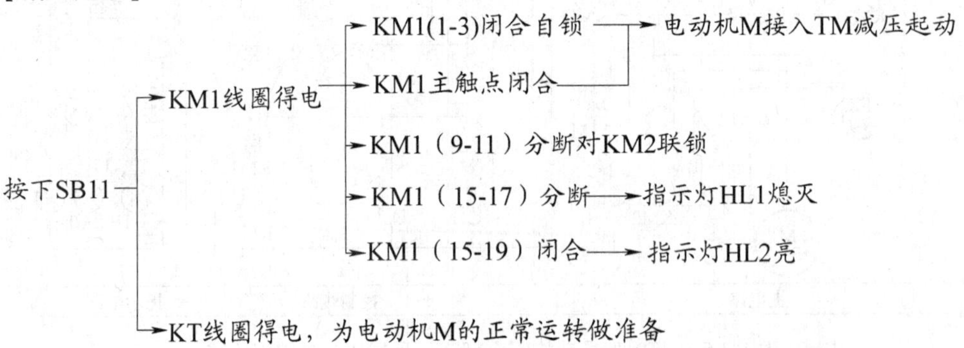

【全压运转】

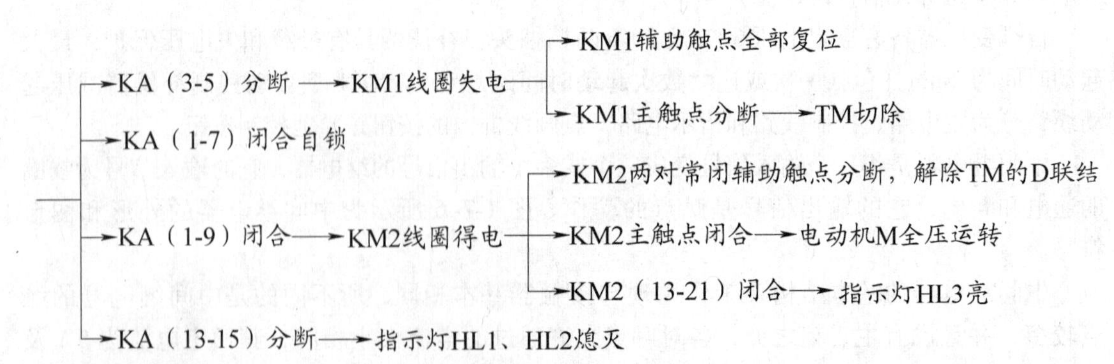

3. 软起动控制

软起动是采用软起动控制器控制电动机起/停的一项新技术。SINOCO-SS2 系列软起动控制器如图 1-7-7 所示，它采用微机控制技术，可以实现交流异步电动机的软起动、软停车和轻载节能，同时还具有过载、断相、过电压、欠电压等多种保护功能。

软起动控制器主要部分是一组串接于电源与被控电动机之间的三相反并联晶闸管及其电子控制线路，其控制原理是通过控制软件（程序），控制三相反并联晶闸管的导通角，使被控电动机的输入电压按设定的某种函数关系变化，从而实现电动机软起动或软停车的控制功能。引脚接线示意图如图 1-7-8 所示。

图 1-7-7　软起动控制器外观图

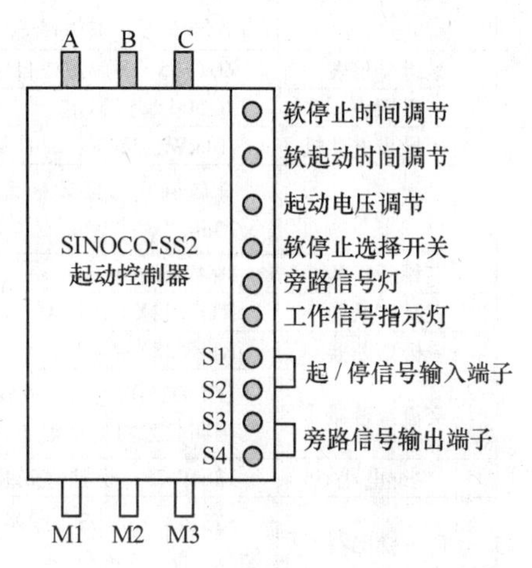

图 1-7-8　起动控制器引脚接线示意图

按图 1-7-9 所示的软起动控制器电路图，分析如下：

【**软起动**】按 SB2→KA 得电并自锁→KA 常开触点闭合，通过起动器起/停信号输入端子 S1-S2 给控制器送“1”→电动机按设定过程起动，起动完成→起动器输出旁路信号使 S3-S4 闭合→KM 得电并自锁→KM 主触点旁路起动器，电动机在全压下运行。

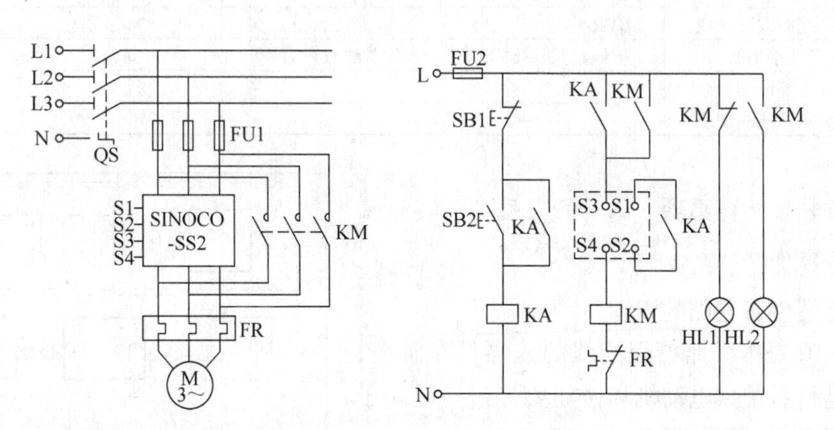

图 1-7-9　软起动控制器电路图

【**软停止**】按 SB1→KA 失电→KA 常开触点断开，通过 S1-S2 给控制器送“0”→起动器使 S3-S4 断开→KM 失电→KM 主触点断开，使起动器接入→电动机按设定过程停车。

查一查：软件起动器接线时要注意什么问题？

任务实施

一、准备工具、仪表、器材及辅助材料（见表1-7-2）

表1-7-2　工具、仪表、器材及辅助材料一览表

分　类	名　称	型号与规格	单　位	数　量
工具	电工通用工具	验电器、螺钉旋具（一字和十字）、电工刀、尖嘴钳、钢丝钳、压线钳等	套	1
仪表	绝缘电阻表	ZC7（500V）型或自定	块	1
	万用表	MF500型或自定	块	1
器材	三相异步电动机	1.1kW、380V、2.41A、Y联结	台	1
	配线板	金属网孔板或木质配电板600mm×500mm×20mm	块	1
	三相断路器	DZ47-63/3P，D25A	只	1
	三相熔断器	RT18-32X/3P-10A	只	1
	单极熔断器	RT18-32X-4A	只	2
	交流接触器	LC1-D2510（CJX2-2510），线圈电压380V，其中四只配有辅助触点：F4-22	只	3
	热继电器	JRS10-25，带独立安装座	只	1
	时间继电器	ST3P-A-1S/10S，线圈电压380V，带独立安装座	只	1
	控制按钮	LAY16-11，红色1只，绿色1只	只	2
	接线端子	JD-2520	条	1
辅助材料	线槽	20mm×40mm	m	若干
	安装轨道	铝合金	m	若干
	自攻螺钉	M3mm×12mm，M4mm×12mm，大头螺杆12mm	颗	若干
	主电路导线	BVR-1.5mm^2	m	若干
	控制线路导线	BVR-1mm^2	m	若干
	接地线	接地线采用BVR-1.5mm^2（黄绿双色）	m	若干
	编码套管		个	若干
	别径压线端子		个	若干

元器件领取检查事项：认真检查元器件的外观是否缺损，在教师指导下检查线圈和触点。

二、元器件布置图的识读

图1-7-10是本线路槽板配线的元器件布置图，虚线部分是行线槽，电动机和按钮要经过接线端子排，不需要固定在配电板上。

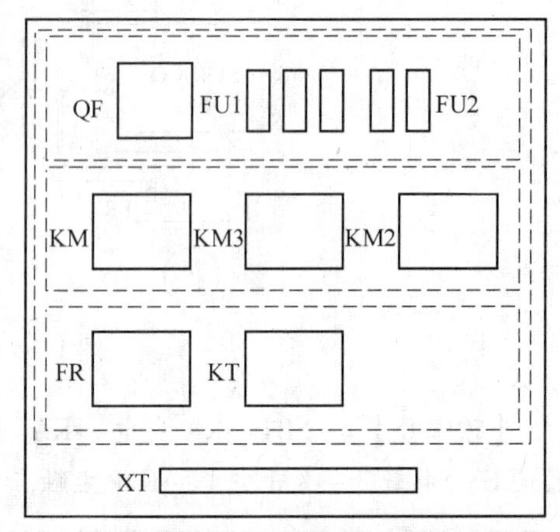

图1-7-10　时间继电器自动控制的Y-△减压起动线路布置图

三、安装接线图的识读

图1-7-11所示是按国家标准用中断线表示的时间继电器自动控制的Y-△减压起动线路安装接线图，图中各元器件的端子号及中断线所画的接线图虽然画起来比用连续线画的接线图复杂，但接线很

直观（每个端子应接一根还是两根线，每根线应接在哪个元器件的哪个端子上），查线也简单（从上到下、从左到右，用万用表分别检查端子①及端子②直至全部端子都查一遍）。因此，电工技术人员要学会看懂这种接线图，并安装接线。

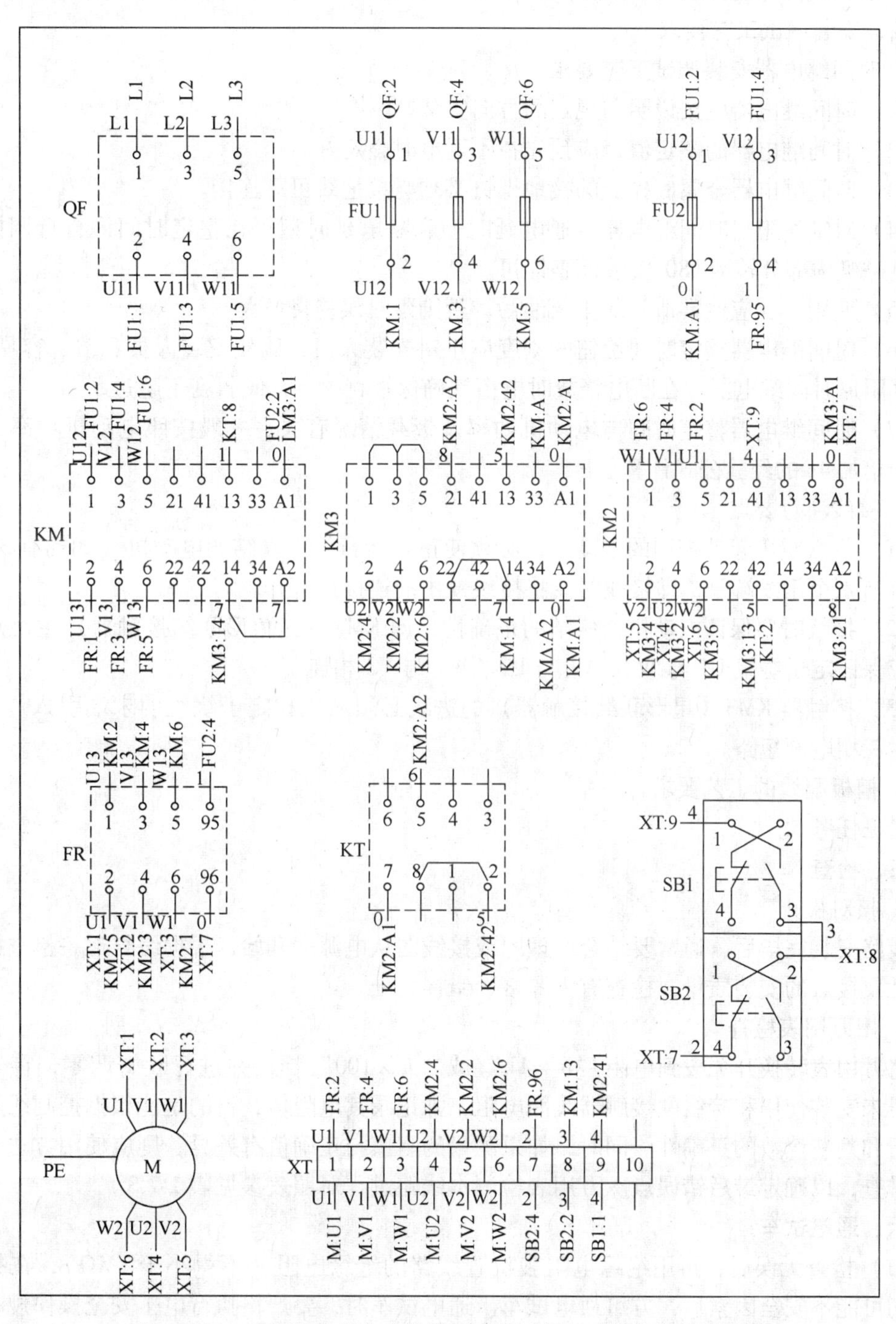

图 1-7-11 时间继电器自动控制的Y-△减压起动线路安装接线图

注：图中 KM 就是原理图中的 KM1。

图中，元器件的各端子的编号法有两种：①用元器件的实际编号，如 KM 的 1、3、5、A1；FR 的 95 等；②用元器件端子的人为编号，如 FU1 的 1、3、5 等。一般元器件的端子已有实际编号应优先采用，因为编号本身就表示了元器件的结构，如 KM1 的 1 与 2、3 与 4 代表常开主触点（或者用 L1 与 T2、L3 与 T4 来表示）。

四、安装调试工艺要求

1. 时间继电器安装调试工艺要求

（1）时间继电器应按说明书规定的方向安装。

（2）时间继电器的整定值，应预先在不通电时整定好。

（3）时间继电器金属底板上的接地螺钉必须与接地线可靠连接。

（4）对空气阻尼时间继电器，通电延时型和断电延时型可在整定时间内自行调换，只要将电磁机构部分转动 180°安装调整即可。

（5）使用时，应经常清除灰尘及油污，否则延时误差将增大。

（6）时间继电器整定时间旋钮的刻度应正对安装人员，以便安装人员看清、容易调整，对空气阻尼时间继电器，在断电释放时电衔铁确保垂直向下，倾斜度不超过 5°。

（7）时间继电器整定时间与电动机功率及带载情况有关，一般按照电动机功率二次方根的两倍加 4s 的经验公式计算。

2. 接线注意要点

（1）Y-△减压起动控制的电动机，必须使正常运行为△联结的电动机（如标有 380V△联结）有六个出线端子，即接线时要将接线盒中的连接片打开。

（2）接线时要保证电动机△联结的正确性，即 KM2（三角形联结接触器）主触点闭合时，应保证定子绕组 U1 与 W2、V1 与 U2、W1 与 V2 相连。

（3）接触器 KM3（星形联结接触器）的进线必须从三相定子绕组的末端引入，否则，会产生三相电源短路。

3. 槽板配线的工艺要求

参见任务 5。

五、检查

1. 核对检查

线路安装完毕后，通常要结合原理图或接线图从电源端开始，根据编号逐一检查接线的正确性及接点的安装质量，检查有无漏接、错接之处。

2. 用万用表检查

将万用表转换开关拨到电阻“$R\times1\text{k}$”或“$R\times100$”挡，并进行欧姆调零，首先测量同型号未安装使用和接线的接触器线圈电阻，并记录其电阻值，目的是能根据控制线路图进行分析和判断读数的正确性。同时，如果测量的阻值与正确值有差异，则应使用方法一进行逐步排查，以确定最后错误点。万用表检测本线路过程对照表参见表 1-7-3。

六、通电试车

（1）检查无误后，再用绝缘电阻表检查线路的绝缘电阻（不得小于 1MΩ），在排除其他一切可能不安全因素后，方可通电试车。通电试车时，要严格执行电工安全操作规程，穿戴好劳动防护用品，一人监护、一人操作。

表 1-7-3　万用表检测线路过程对照表

测量要求	测量过程				正确阻值	测量结果
	测量任务	总　工　序	工　序	操作方法		
空载	测量主电路	断开 QS，取下熔断器 FU2 熔体，万用表置于“$R\times1$”挡（调零后）分别测量三相电源 U11、V11、W11 三相之间的阻值	1	未操作任何电器	∞	
			2	同时压下 KM、KM2 触点架	∞	
			3	同时压下 KM、KM3 触点架	∞	
	测量控制线路	断开 QS，装好熔断器 FU2 的熔体，万用表置于“$R\times100$”挡或“$R\times1$k”挡（调零后）将两支表笔搭在 U12、V12 间测量控制线路阻值	4	未操作任何电器	∞	
			5	按下 SB1	1.8kΩ	
			6	压下 KM 触点架	0.9kΩ	
			7	压下 KM、再压下 KM3 触点架	0.9kΩ→1.8kΩ→0.9kΩ	
			8	先压下 KM 再按 SB2	0.9kΩ→∞	
			9	先压下 KM 再按 KM2	1.8kΩ→0.9kΩ	

注：1. 有载时，应分析电动机绕组的电阻值是否串入其中。

2. CJT1—10/3 交流接触器线圈的参考阻值为 1.8kΩ，ST3P 时间继电器的线圈阻值为∞。

（2）通电试车分无载（不接电动机）试车和有载（接电动机）试车两个环节，先进行无载试车。通电试车前，必须征得教师的同意，并由指导教师接通三相电源 L1、L2、L3，同时在现场监护。学生用验电器检查工位的电源插座是否有电，确认有电后再插上电源插头→合上电源开关 QS→检验熔断器下桩是否带电→按下起动按钮 SB1 后，注意观察接触器的工作状况，正确情况下，KT、KM3、KM1 先得电动作，过一段时间，KM3、KT 断电复位，而 KM2、KM1 保持通电吸合状态，直到按下 SB2 为止。如出现异常情况，应立即切断电源，并仔细记录故障现象，以作为故障分析的依据，并及时进行故障排除，待故障排除后再次通电试车，直到无载试车成功为止，再接上电动机进行有载试车，观察电动机的工作状况。

（3）如出现故障后，学生应独立进行检修。若需带电检查时，教师必须在现场监护。检修完毕后，如需要再次试车，教师也应该在现场监护，并做好时间记录。

（4）通电校验完毕，切断电源，验电，在确保无电的情况下拔下插头或拆除电源连接线。

（5）拆除所装线路及元器件，做到工完场清。

（6）整理并归还器材。

任务拓展

安装与调试三相笼型异步电动机自动控制Y-△减压起动控制线路，如图 1-7-12 所示，分析工作原理，本线路的时间继电器是断电延时还是通电延时，说明 KA 的作用。

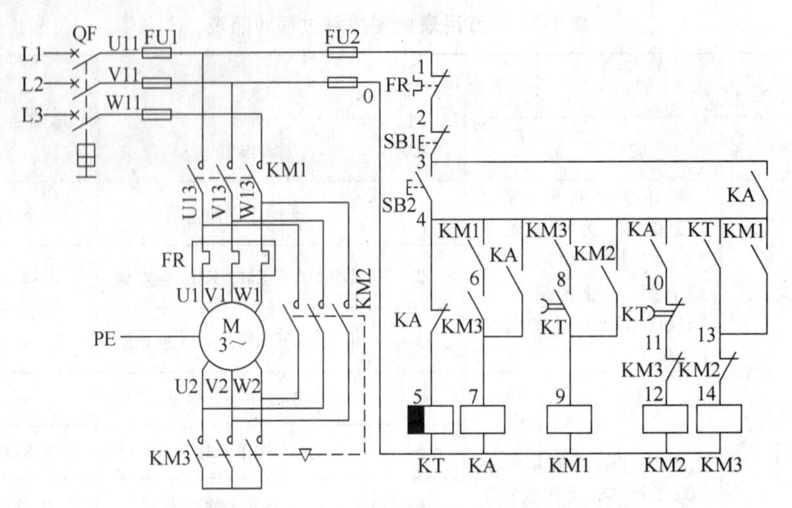

图 1-7-12　三相笼型异步电动机自动控制Y-△减压起动控制线路

任务 8　三相笼型异步电动机制动控制线路的安装与调试

任务目标

1. 能区分三相笼型异步电动机电磁抱闸制动、反接制动、能耗制动的制动原理，熟悉速度继电器、电磁抱闸制动器的结构、符号等。

2. 能分析三相笼型异步电动机电磁抱闸制动线路、反接制动线路、能耗制动线路的工作原理。

3. 能看原理图安装单向反接制动线路、半波能耗制动线路、正反转全波能耗制动等控制线路。

4. 能应用仪表检查线路，验证线路安装的正确性，排除故障。

5. 能查阅相关资料，提高独立工作的能力和团队协作的能力。

6. 遵守“7S”管理规定，做到安全文明操作。

任务描述

安装与调试三相笼型异步电动机的半波整流能耗制动控制线路，如图 1-8-1 所示，具体要求如下：

1. 根据原理图进行主电路及控制线路接线。

2. 能用工具和仪表测量调整元器件，正确、熟练地对电路进行调试。

3. 符合槽板配线的工艺要求接线。

4. 接按钮、电动机等的导线必须通过接线柱引出，并有保护接地或接零。

5. 装接完毕后，提请指导教师到位方可通电试车。

6. 如遇故障自行排除。

7. 安装工时：180min。

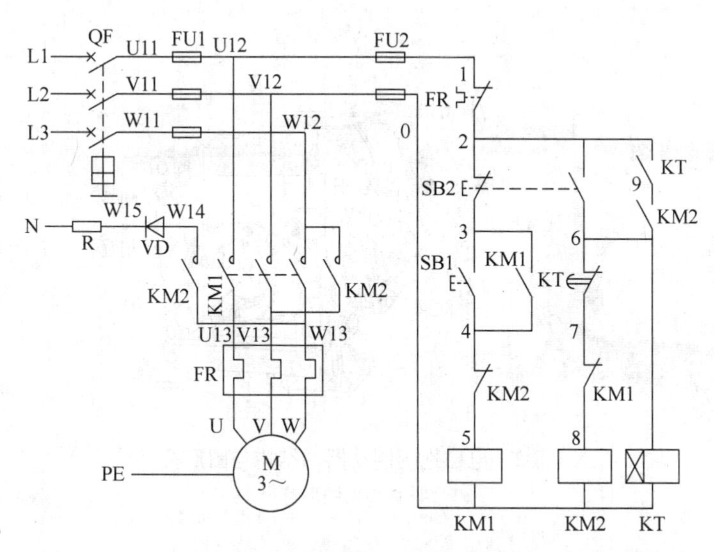

图 1-8-1　三相笼型异步电动机的半波整流能耗制动控制线路图

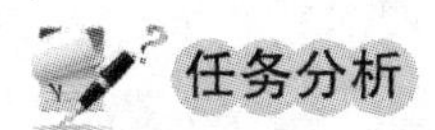

任务分析

当三相笼型异步电动机切断电源后，由于电动机及生产机械的转动部分有转动惯性，需要经过较长时间才能停转，这对某些生产机械来说是允许的，例如常用的砂轮机、风机等，这种停电后不加强制的停转称为自由停车。但有的生产机械要求迅速停车或准确停车，如吊车运送物品时，必须将货物准确停放在空中某一位置，机床更换加工零件时需要迅速停机，以节省工作时间，实现这些操作功能都要用到制动控制技术。三相异步电动机的制动有机械制动和电气制动两大类，电磁抱闸制动属于机械制动，能耗制动和反接制动属于电气制动，不论哪种制动，电动机的制动转矩方向总是与转动方向相反。三相笼型异步电动机的半波整流能耗制动控制线路是典型的能耗制动线路，完成该任务首先要学习制动的种类及工作原理，能分析制动控制线路的工作原理，明确槽板敷设的工艺要求，然后对这个线路进行安装与调试。

相关知识

一、电磁抱闸制动

1. 电磁抱闸制动器

电磁抱闸制动器分为断电制动型和通电制动型两种，电磁抱闸制动器的结构与图形符号如图 1-8-2 所示，电磁抱闸制动器结构主要由电磁铁和闸瓦制动器组成，电磁铁由线圈、铁心、衔铁组成，闸瓦制动器则由轴、闸轮、闸瓦、杠杆和弹簧组成。当电磁铁线圈断电的情况下，即自然状态下，如果闸瓦与闸轮紧紧抱住，称为断电型抱闸制动器；当电磁线圈通电后，如果闸瓦与闸轮紧紧抱住，则称为通电型抱闸制动器。

2. 电磁抱闸制动控制线路图的识读

图 1-8-3 所示为断电型电磁抱闸制动控制线路。其工作原理如下：

按下起动按钮 SB2，接触器 KM 线圈通电，其自锁触点和主触点闭合，电动机 M 得电。同时，抱闸电磁线圈通电，电磁铁产生磁场力吸合衔铁，带动制动杠杆动作，推动闸瓦松开闸轮，电动机起动运转。

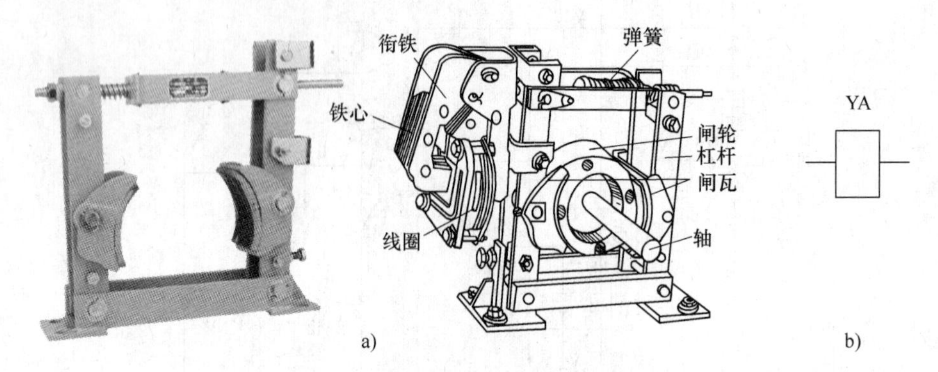

图 1-8-2　电磁抱闸制动器的结构与图形符号

a）结构　b）图形符号

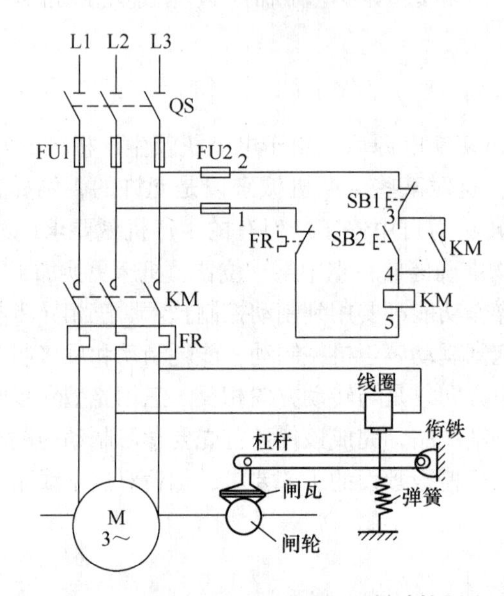

图 1-8-3　电动机的断电型电磁抱闸制动控制线路

停车时，按下停车按钮 SB1，KM 线圈断电，电动机绕组和电磁抱闸线圈同时断电，电磁铁衔铁释放，弹簧的弹力使闸瓦紧紧抱住闸轮，电动机立即停止转动。

该线路的特点如下：断电时制动闸处于“抱住”状态。适用于升降机械，防止发生电路断电或电气故障时，重物自行下落等场合。

想一想：电磁抱闸所产生的制动力矩的力是什么力？

二、反接制动

1. 反接制动原理

如图 1-8-4 所示，如需电动机停车时，可将接到电源的三根端线中的任意两根对调，旋转磁场立即反向旋转，转子中的感应电动势和电流也都反向从而产生制动转矩，使电动机迅速停转。当电动机转速接近于零时，应立即切断电源，以免电动机反转，切断电源的任务通常由速度继电器来完成。

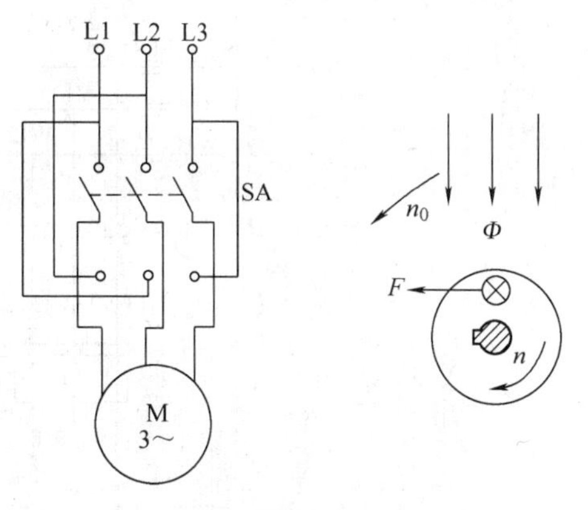

图 1-8-4 反接制动原理示意图

2. 速度继电器

速度继电器在电路中用于反映电动机转速和转向的继电器，它的输入信号为电动机的转速，它与电动机的转轴同轴相连安装。如图 1-8-5 所示，一般情况下，速度继电器有两对常开触点和两对常闭触点，分别叫做正转常开触点、正转常闭触点和反转常开触点、反转常闭触点。当电动机正转起动运行，电动机转速达到 120r/min 以上时，正转常开触点闭合、常闭触点断开，用以控制所需要控制的电路；当电动机正转停止，转速下降至 100r/min 时，正转常开触点在弹簧力的作用下复位断开、常闭触点复位闭合。同理，当电动机起动反转，其转速达到 120r/min 时，反转常开触点闭合、常闭触点断开；当电动机反转停止，其转速下降至 100r/min 时，反转常开触点复位断开，常闭触点复位闭合。

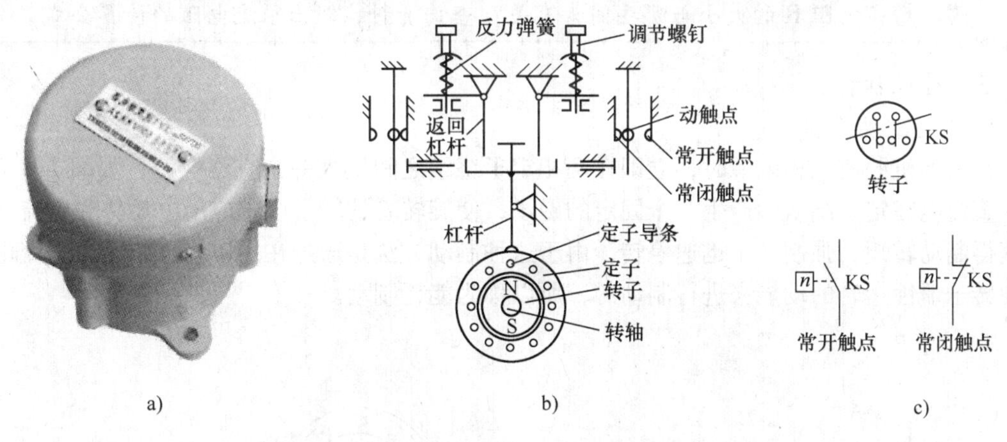

图 1-8-5 速度继电器的外观、结构原理及图形符号
a）外观 b）结构原理 c）图形符号

3. 反接制动控制线路图的识读

三相笼型异步电动机单向起动反接制动控制线路如图 1-8-6 所示，其工作原理：电动机正常运转时，KM1 通电吸合，KS 的常开触点闭合，为反接制动作准备。按下停止按钮 SB2，KM1 断电，电动机定子绕组脱离三相电源，电动机因惯性仍以很高速度旋转，KS 常开触点仍保持闭合，将 SB2 按到底，使 SB2 常开触点闭合，KM2 通电并自锁，KM2 主触点闭合，电动机定子串接电阻后，再接反相序电源，进入反接制动状态。电动机转速迅速下降，当电动机转速接近 100r/min 时，KS 常开触点复位，KM2 断电，电动机断电，反接制动结束。

该控制线路的特点如下：设备简单，制动力矩较大，冲击强烈，准确度不高。

适用场合：适用于要求制动迅速，制动不频繁（如各种机床的主轴制动）的场合。功率较大（4. 5kW 以上）的电动机采用反接制动时，需在主回路中串联限流电阻。但是，由于反接制动时，振动和冲击力较大，影响机床的精度，所以使用时受到一定限制。

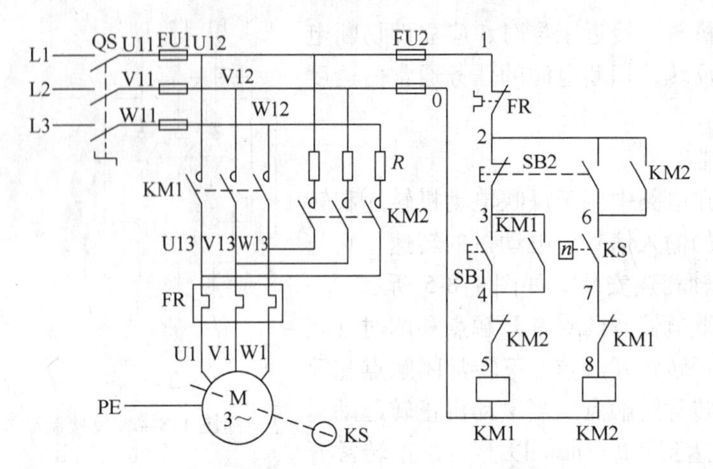

图 1-8-6 单向起动反接制动控制线路

反接制动的关键是电动机电源相序的改变，且当转速下降接近于零时，能自动将反向电源切除，防止反向再起动。

想一想：电阻 R 的大小与哪些因素有关？查询资料，写出限流电阻的计算公式。

三、能耗制动

1. 能耗制动原理

当电动机脱离三相电源时，立即在两相定子绕组之间接入一个直流电源，如图 1-8-7 所示。直流电在定子绕组中产生一个固定的磁场，使旋转着的转子中感应出电动势和电流，从而获得制动转矩，强制转子迅速停转，由于这种制动方法是通过在定子绕组中通入直流电以消耗转子惯性运转的动能来进行制动的，所以称为能耗制动。

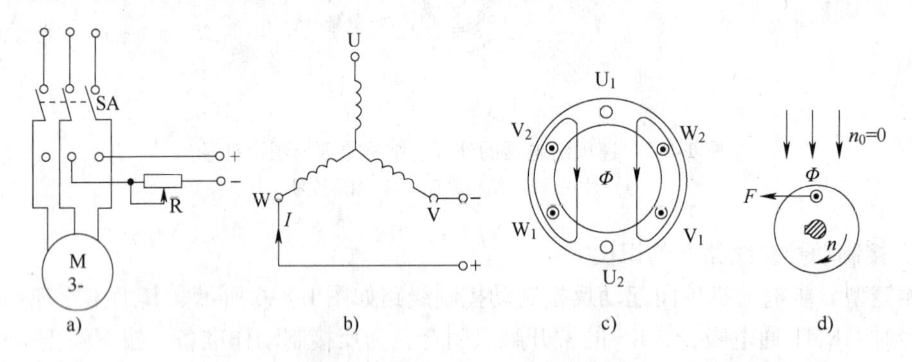

图 1-8-7 能耗制动原理示意图

a）接线图 b）直流电流方向 c）产生固定磁场 d）转子受制动转矩作用

2. 能耗制动控制线路图的识读与分析

按提供直流电源的方式不同，能耗制动线路分为无变压单相半波整流能耗制动控制线路（见图 1-8-1）和有变压器全波整流能耗制动控制线路（见图 1-8-8），前者所用设备少、线路简单、成本低，常用于 10kW 以下小功率电动机，且对制动要求不高的场合，但它们的控制线路是一样的，下面以有变压器全波整流能耗制动控制线路为例，说明工作过程如下：

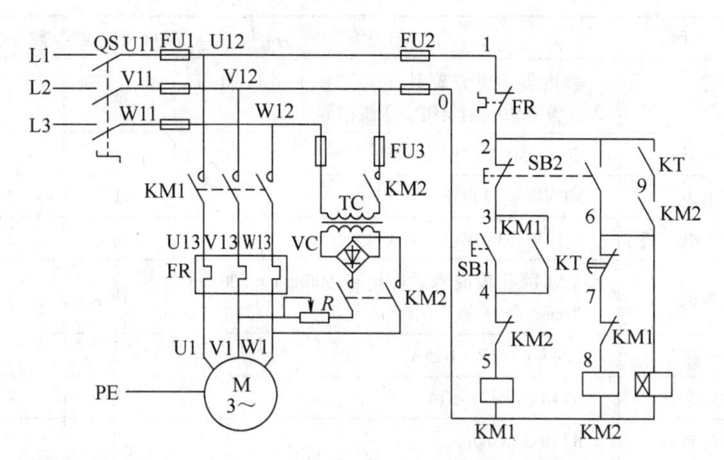

图 1-8-8　有变压器全波整流能耗制动控制线路图

先合上电源开关 QS。

【起动过程】

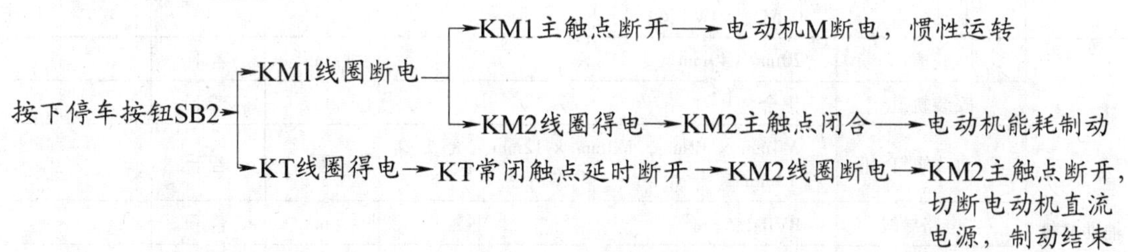

【制动停车过程】

按下停车按钮SB2→KM1线圈断电→KM1主触点断开→电动机M断电，惯性运转
　　　　　　　　　　　　　　　→KM2线圈得电→KM2主触点闭合→电动机能耗制动
　　　　　　　→KT线圈得电→KT常闭触点延时断开→KM2线圈断电→KM2主触点断开，切断电动机直流电源，制动结束

【特点】与反接制动相比优点是能耗小，制动电流小，制动准确度较高，制动转矩平滑；缺点是需直流电源整流装置，设备费用高，制动力较弱，制动转矩与转速成比例减小。

【适用场合】适用于电动机能量较大，要求制动平稳、制动频繁以及停位准确的场合。能耗制动是一种应用很广泛的一种电气制动方法，常用在铣床、龙门刨床及组合机床的主轴定位等。

【说明】主电路中的 R 用于调节制动电流的大小；能耗制动结束，应及时切除直流电源。

想一想： KM2 常开触点上方为什么要串接 KT 瞬动常开触点？

任务实施

一、准备工具、仪表、器材及辅助材料（见表 1-8-1）

表 1-8-1　工具、仪表、器材及辅助材料一览表

分　类	名　称	型号与规格	单　位	数　量	备　注
工具	电工通用工具	验电器、螺钉旋具（一字和十字）、电工刀、尖嘴钳、钢丝钳、压线钳等	套	1	
仪表	绝缘电阻表	ZC7（500V）型或自定	块	1	
	万用表	MF500 型或自定	块	1	
器材	三相异步电动机	1.1kW、380V、2.41A、Y联结	台	1	
	配线板	金属网孔板或木质配电板 600mm × 500mm × 20mm	块	1	
	三相断路器	DZ47-63/3P，D25A	只	1	
	三相熔断器	RT18-32X/3P-10A	只	1	
	单极熔断器	RT18-32X-4A	只	2	
	交流接触器	LC1-D2510（CJX2-2510），线圈电压 38V，其中配有四只辅助触点：F4-22	只	2	
	热继电器	JRS10-25，带独立安装座	只	1	
	时间继电器	ST3P-A-1S/10S，线圈电压 380V，带独立安装座	只	1	
	控制按钮	LAY16-11，红色 1 只，绿色 1 只	只	2	
	接线端子	JD-2520	条	1	
	整流二极管	2CZ30，30A，600V	只	1	
	制动电阻	0.5Ω，50W	只	1	
辅助材料	线槽	20mm × 40mm	m	若干	
	安装轨道	铝合金	m	若干	
	自攻螺钉	M4mm × 12mm，M3mm × 12mm，大头螺杆 12mm	颗	若干	
	主电路导线	BVR-1.5mm^2	m	若干	
	控制线路导线	BVR-1mm^2	m	若干	
	接地线	BVR-1.5mm^2（黄绿双色）	m	若干	
	编码套管		个	若干	
	别径压线端子		个	若干	

二、元器件领取与检查

认真检查电器的外观是否缺损，在教师指导下检查线圈和触点，测量二极管的极性、电阻的阻值。

三、绘制元器件布置图

根据电路图绘制元器件布置图，可参考图 1-7-10 绘制。

四、安装调试工艺要求

1. 采取槽板配线

槽板配线工艺要求见任务 5。

2. 调试时应注意的问题

（1）时间继电器的整定时间不要调得太长，以免制动时间过长引起定子绕组发热。

（2）整流二极管和制动电阻要安装在控制板外面，为防二极管烧坏，要求配装散热器。

（3）进行制动时，停止按钮 SB2 要按到底。

五、检查

安装完成后，必须按要求进行检查。该功能检查可以分为两种：

1. 核对检查

按照电路图进行检查。对照电路图逐步检查是否错线、漏线以及接线是否牢固等。

2. 用万用表检测

将万用表转换开关拨到电阻“$R\times 1\text{k}$”或“$R\times 100$”挡，并进行欧姆调零，首先测量同型号未安装使用和接线的接触器线圈电阻，并记录其电阻值，目的是能根据控制线路图进行分析和判断读数的正确性。同时，如果测量的阻值与正确值有差异，则应使用方法一进行逐步排查，以确定最后错误点。万用表检测电路过程对照表参见表 1-8-2。

表 1-8-2 万用表检测电路过程对照表

测量要求	测量过程				正确阻值	测量结果
	测量任务	总工序	工序	操作方法		
空载	测量主电路	断开 QS，取下熔断器 FU2 的熔体，万用表置于“$R\times 1$”挡（调零后），分别测量三相电源 U11、V11、W11 三相之间的阻值	1	未操作任何电器	∞	
			2	压下 KM1 触点架	∞	
			3	压下 KM2 触点架	∞	
	测量控制线路	断开 QS，装好熔断器 FU2 的熔体，万用表置于“$R\times 100$”挡或“$R\times 1\text{k}$”挡（调零后），将两支表笔搭在 U12、V12 间测量控制线路阻值	4	未操作任何电器	∞	
			5	按下 SB2	1.8kΩ	
			6	压下 KM1 触点架	1.8kΩ	
			7	按下 SB1	1.8kΩ	
			8	先压下 KM1 再按 SB1（按到底）	1.8kΩ→∞→1.8kΩ	
			9	先压下 KM1 再按 KM2	1.8kΩ→∞	

注：1. 有载时，应考虑电动机绕组的电阻值。

2. CJT1—10/3 交流接触器线圈参考阻值为 1.8kΩ，ST3P 时间继电器的线圈阻值为∞。

六、通电试车

（1）检查无误后，再用绝缘电阻表检查线路的绝缘电阻（不得小于 1MΩ），在排除其他一切可能不安全因素后，方可通电试车。通电试车时，要严格执行电工安全操作规程，穿戴好劳动防护用品，一人监护、一人操作。

（2）通电试车分无载（不接电动机）试车和有载（接电动机）试车两个环节，先无载试车。通电试车前，必须征得教师的同意，并由指导教师接通三相电源 L1、L2、L3，同时在现场监护。学生用验电器检查工位的电源插座是否有电，确认有电后再插上电源插头→合上电源开关 QS→检验熔断器下桩是否带电→按下起动按钮 SB1，待 KM1 触点吸合后，再按下停止按钮 SB2，观察 KM1 失电复位，KM2、KT 得电吸合，过一段时间，KM2、KT 断电复位，如出现异常情况，应立即切断电源，并仔细记录故障现象，以作为故障分析的依据，并及时进行故障排除，待故障排除后再次通电试车，直到无载试车成功为止。再接上电动机进行有载试车，观察电动机的工作状况。

（3）如出现故障后，学生应独立进行检修。若需带电检查时，教师必须在现场监护。检修完毕后，如需要再次试车，教师也应该在现场监护，并做好时间记录。

（4）通电校验完毕，切断电源，验电，在确保无电的情况下拔下插头或拆除电源连接线。

（5）拆除所装线路及元器件，做到工完场清。

（6）整理并归还器材。

任务拓展

安装与调试通电延时带直流能耗制动Y-△减压起动控制线路，如图 1-8-9 所示。并回答如下问题：

1. 如果电动机只能星形起动，不能三角形运转，试分析接线时可能发生的故障。
2. 时间继电器 KT（5-6）触头断开后，对电路的工作有何影响？
3. 进行制动时，为何要将停止按钮 SB1 按到底？

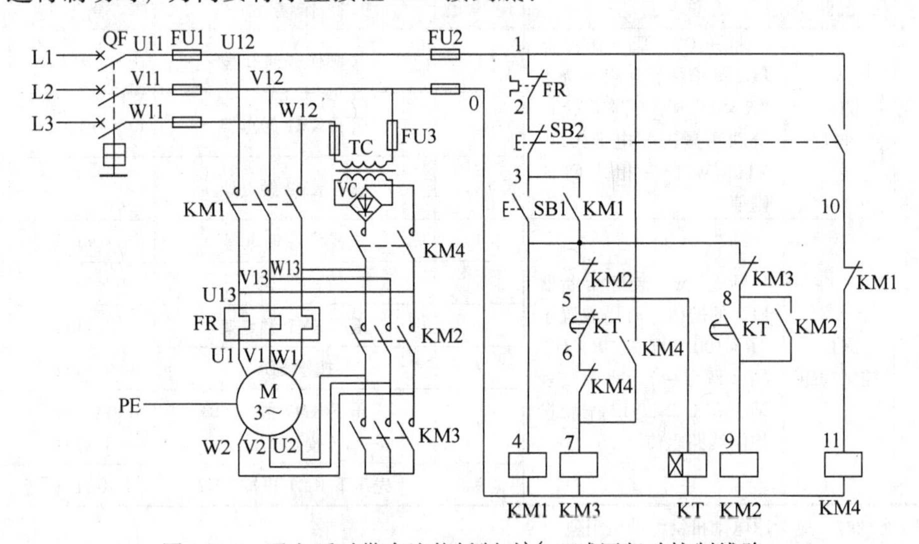

图 1-8-9　通电延时带直流能耗制动Y-△减压起动控制线路

任务 9　三相交流笼型异步电动机变极调速控制线路的安装与调试

任务目标

1. 能看懂三相交流双速异步电动机变极调速的原理。
2. 能分析三相交流双速异步电动机变极高速控制线路的工作原理。
3. 能安装三相交流双速异步电动机控制线路。
4. 能运用仪表检查线路，验证线路安装的正确性，排除故障。
5. 能查阅相关资料，提高独立工作的能力和团队协作的能力。

6. 遵守“7S”管理规定，做到安全文明操作。

任务描述

安装与调试三相交流双速异步电动机自动变速控制线路，如图 1-9-1 所示，具体要求如下：

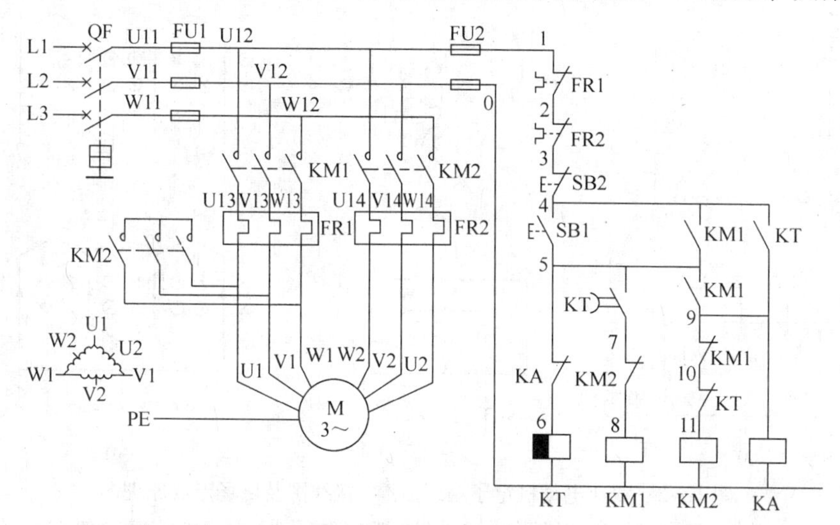

图 1-9-1　三相交流双速异步电动机自动变速控制线路图

1. 根据原理图进行主电路及控制线路接线。
2. 能用工具和仪表测量调整元器件，正确、熟练地对电路进行调试。
3. 符合槽板配线的工艺要求接线。
4. 接按钮、电动机等的导线必须通过接线柱引出，电动机有保护接地或接零。
5. 装接完毕后，提请指导教师到位方可通电试车。
6. 如遇故障自行排除。
7. 安装工时：180min。

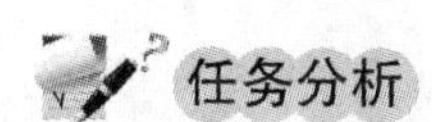

任务分析

在电动机负载不变的前提下，改变电动机转速的方法称为调速。由三相异步电动机的转速公式 $n=(1-s)\dfrac{60f_1}{p}$ 可知，改变异步电动机转速可通过三种方法来实现：一是改变电源频率 f_1；二是改变转差率 s；三是改变磁极对数 p。改变异步电动机的磁极对数调速称为变极调速。变极调速是通过改变定子绕组的连接方式，从而改变磁极对数 p 的调速方法，它是有级调速，且只适用于笼型异步电动机。完成该任务首先要知道双速电动机的变速原理，能分析双速电动机控制线路的工作原理，明确槽板敷设工艺要求的基础上，然后对这个线路进行安装与调试。

相关知识

一、电动机变极调速原理

1. 双速电动机

双速电动机定子绕组有六个出线端，其中 U1、V1、W1 为绕组的三个头，U2、V2、W2

为三个绕组的中心抽头（注意不是绕组的尾端），可得到两种不同绕组接法，如图 1-9-2 所示。U1、V1、W1 接电源，U2、V2、W2 悬空，就是三角形联结，此时为 4 极电动机，磁极对数为 2，电动机低速运行；U1、V1、W1 接在一起，U2、V2、W2 接电源，就是双星形联结，此时为 2 极电动机，磁极对数为 1，电动机高速运行。

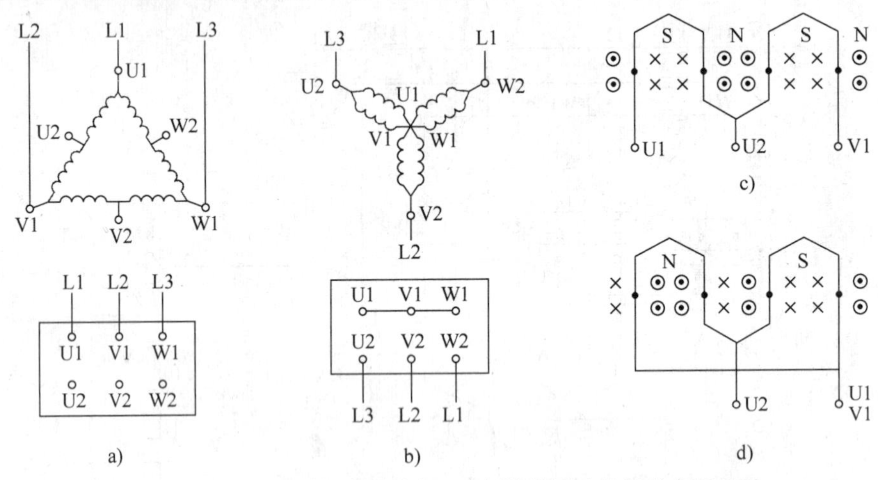

图 1-9-2　双速电动机定子绕组△/YY接线图及磁场形成原理图

a）低速△联结　b）高速YY联结　c）4 极低速磁极的形成　d）2 极高速磁极的形成

值得注意的是，由于磁极对数的变化，不仅转速发生了变化，而且使旋转磁场的方向也改变了，为了维持电动机原来的转向不变，就必须在变极的同时改变三相定子绕组接电源的相序。

2. 三速电动机

三速电动机有两套绕组，分两层安放在定子槽内，第一套绕组可变极对数，有 7 个出线端 U1、V1、W1、U3、U2、V2、W2，可作△联结和YY联结，△联结为 8 极电动机，YY联结为 4 极电动机，另一套绕组是不可变极对数，为 6 极星形联结，如图 1-9-3 所示。

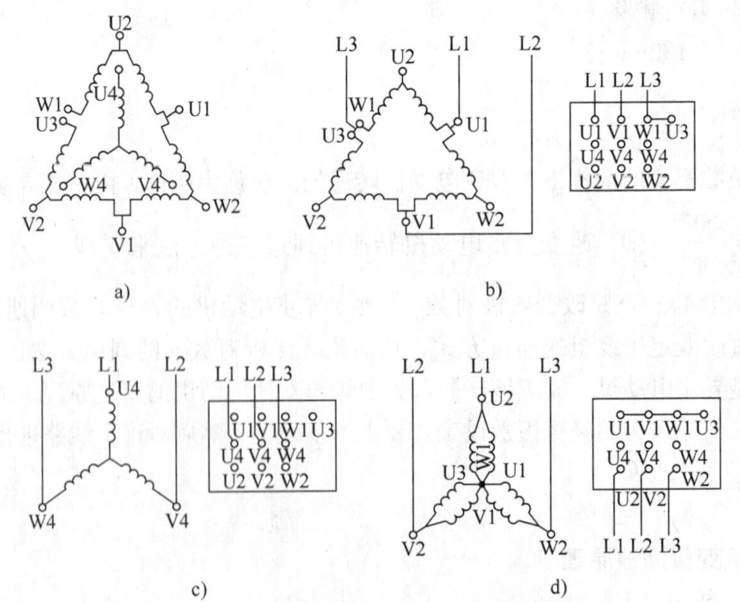

图 1-9-3　三速异步电动机定子绕组接线图

a）两套定子绕组　b）低速-△联结　c）中速-△联结　d）高速-YY联结

二、双速电动机控制线路图的识读与分析

1. 按钮控制的双速异步电动机控制线路

图 1-9-4 所示是按钮控制的双速异步电动机控制线路图，其工作原理分析如下：

合上电源开关 QF。

【△低速起动运转】

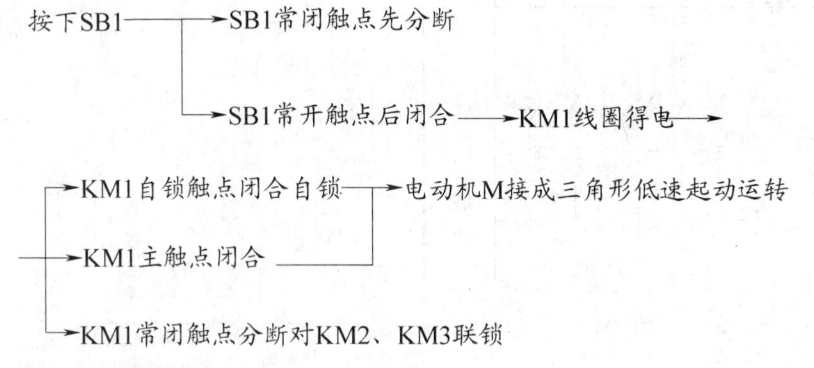

【YY高速运转】

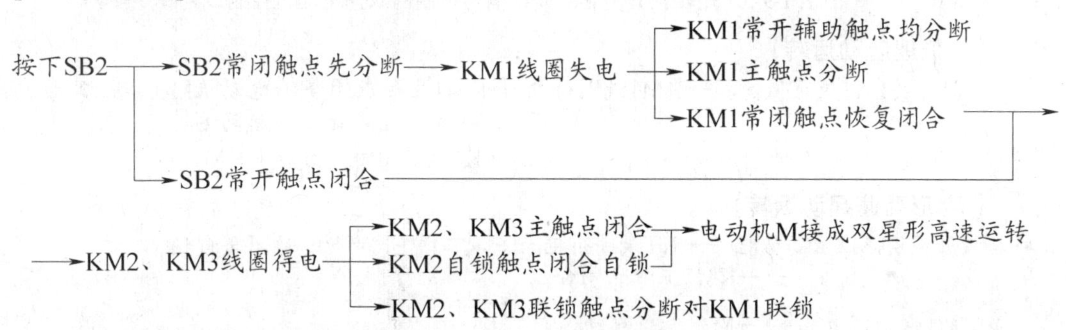

停止时按下 SB3。

若电动机只需高速运转时，可直接按下 SB2，则电动机△低速起动后，YY高速运转。

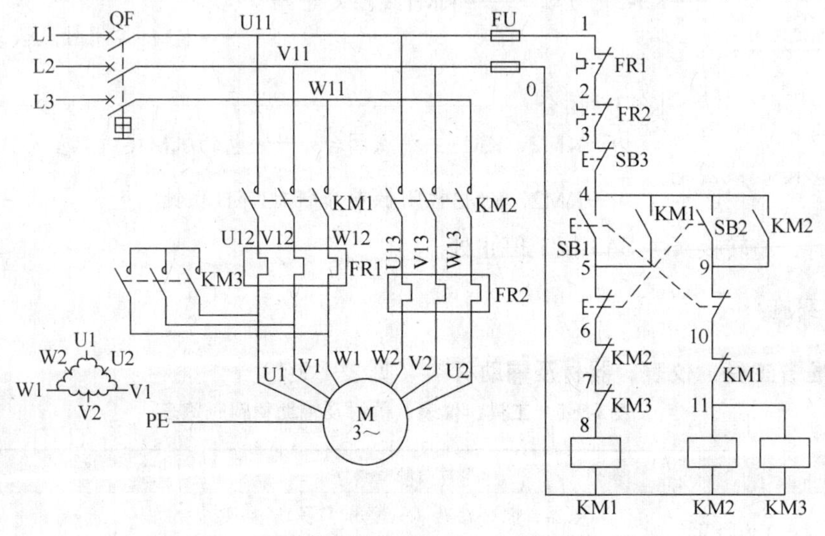

图 1-9-4 按钮控制的双速异步电动机控制线路图

2. 用转换开关和时间继电器控制的双速电动机控制线路

图 1-9-5 所示为用转换开关和时间继电器控制的双速电动机控制线路，其工作原理如下：

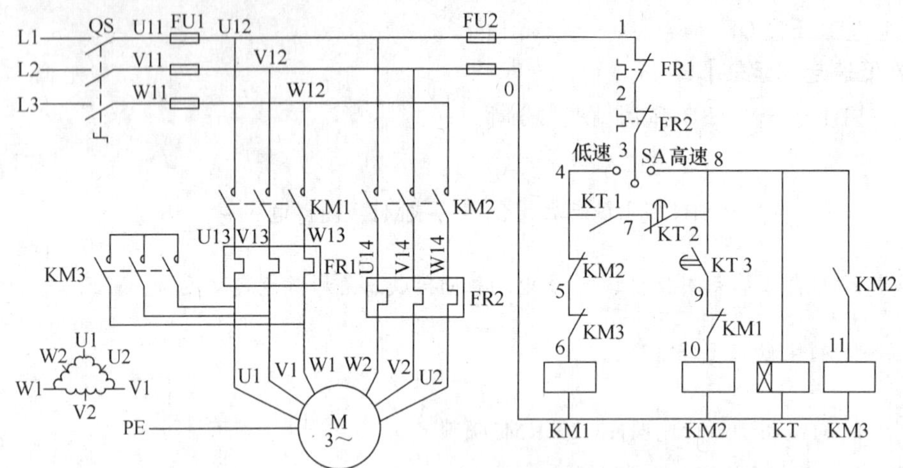

图 1-9-5　用转换开关和时间继电器控制的双速电动机控制线路

【△低速起动运转】

将转换开关SA3扳至低速挡→KM1线圈得电→KM1主触点闭合→电动机M接成三角形低速起动运转

→KM1常闭触点分断对KM2联锁

【YY形高速起动运转】

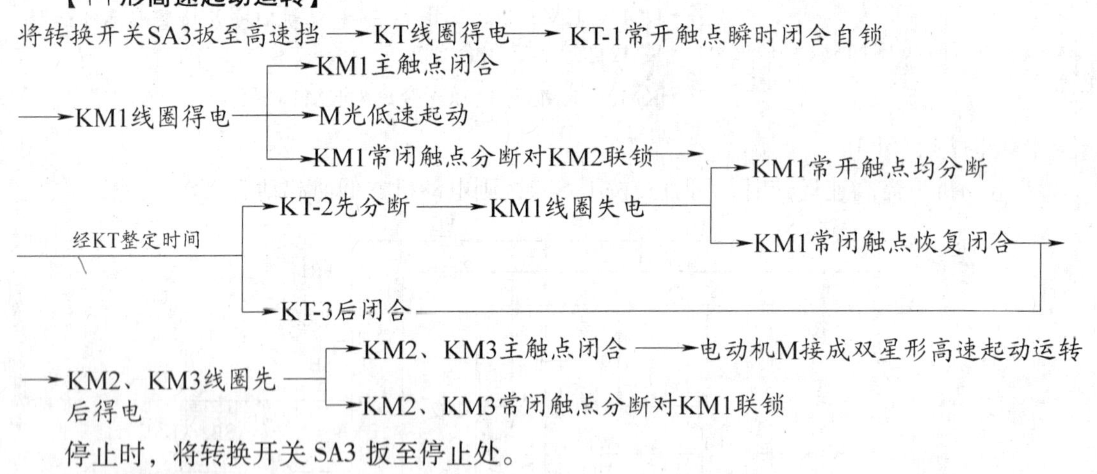

停止时，将转换开关 SA3 扳至停止处。

任务实施

一、准备工具、仪表、器材及辅助材料（见表 1-9-1）

表 1-9-1　工具、仪表、器材及辅助材料一览表

分　类	名　称	型号与规格	单　位	数　量
工具	电工通用工具	验电器、螺钉旋具（一字和十字）、电工刀、尖嘴钳、钢丝钳、压线钳等	套	1

（续）

分　类	名　称	型号与规格	单　位	数　量
仪表	绝缘电阻表	ZC7（500V）型或自定	块	1
	钳形电流表	DT-9700 型或自定	块	1
	万用表	MF500 型或自定	块	1
器材	三相异步电动机	YD112M- 4/2、3.3kW/4kW，380V，7.4A/8.6A、△/YY、1440r/min 或 2890r/min，或自定	台	1
	配线板	金属网孔板或木质配电板 600mm × 500mm ×20mm	块	1
	三相断路器	DZ47-63/3P，D25A	只	1
	三相熔断器	RT18-32X/3P-10A	只	1
	单极熔断器	RT18-32X-4A	只	2
	交流接触器	CJX2-2510，线圈电压 380V，其中四只配有辅助触点：F4-22	只	3
	热继电器	JRS10-25，带独立安装座	只	2
	时间继电器	ST3P-F-1S/10S，线圈电压 380V，带独立安装座	只	1
	控制按钮	LAY16-11，红色 1 只，绿色 1 只	只	2
	中间继电器	JZ7-44 线圈电压 380V	只	1
	接线端子	JD-2520	条	1
辅助材料	线槽	20mm ×40mm	m	若干
	安装轨道	铝合金	m	若干
	自攻螺钉	M3mm × 12mm，M4mm × 12mm，大头螺杆 12mm	颗	若干
	主电路导线	BVR-1.5mm^2	m	若干
	控制线路导线	BVR-1mm^2	m	若干
	接地线	接地线采用 BVR-1.5mm^2（黄绿双色）	m	若干
	编码套管		个	若干
	别径压线端子		个	若干

二、识别与读取控制线路

识读三相交流双速异步电动机自动变速控制线路图，明确线路所用元器件及作用，分析工作原理。

按表 1-9-1 配齐所用工具、仪表及器材，认真检查电器的外观是否缺损，在教师指导下检查线圈和触点。

三、绘制元器件布置图

根据电路图绘制元器件布置图，可参考图 1-7-10 绘制。

四、安装调试工艺要求

1. 在控制板上安装走线槽和所有元器件

槽板配线工艺要求见任务 5。

2. 接线应注意的问题

（1）接线时，注意主电路中接触器 KM1、KM2 在两种转速下电源相序的改变，不能接错；否则，两种转速下电动机的转向相反，换向时将产生很大的冲击电流。

（2）控制双速电动机△联结的接触器 KM1 和YY联结的 KM2 的主触点不能对换接线，否则不但无法实现双速控制要求，而且会在YY运转时造成电源短路事故。

（3）热继电器 FR1、FR2 的整定电流及其主电路中的接线不要接错。

五、检查

1. 核对检查

线路安装完毕后，通常要结合原理图或接线图从电源端开始，根据编号逐一检查接线的正确性及接点的安装质量，检查有无漏接、错接之处。

2. 用万用表检查

将万用表转换开关拨到电阻“$R\times1k$”或“$R\times100$”挡，并进行欧姆调零，首先测量同型号未安装使用和接线的接触器线圈电阻，并记录其电阻值，目的是能根据控制线路图进行分析和判断读数的正确性。同时，如果测量的阻值与正确值有差异，则应进行逐步排查，以确定最后错误点。万用表检测本电路过程对照表参见表 1-9-2。

表 1-9-2　万用表检测电路过程对照表

测量要求	测量过程				正确阻值	测量结果
	测量任务	总工序	工序	操作方法		
空载	测量主电路	断开 QS，取下熔断器 FU2 的熔体，万用表置于“$R\times1$”挡（调零后），分别测量三相电源 U11、V11、W11 三相之间的阻值	1	未操作任何电器	∞	
			2	压下 KM1 触点架	∞	
			3	压下 KM2 触点架	∞	
	测量控制线路	断开 QS，装好熔断器 FU2 的熔体，万用表置于“$R\times100$”挡或“$R\times1k$”挡（调零后），将两支表笔搭在 U12、V12 间测量控制线路阻值	4	未操作任何电器	∞	
			5	按下 SB2	∞	
			6	压下 KM1 触点架	0.7kΩ	
			7	压下 KA 触点架	0.7kΩ	
			8	先压下 KM1 再按 SB1	0.7kΩ→∞	
			9	先压下 KA 再按 SB1	0.7kΩ→∞	

注：1. 有载时，应考虑电动机绕组的电阻值。

2. CJT1—10/3 交流接触器线圈参考阻值为 1.8kΩ，ST3P 时间继电器的线圈参考阻值为∞，JZ7—44 中间继电器线圈参考阻值为 1.2kΩ。

六、通电试车与校验

检查三相电源，在指导教师的监护下通电试车。

1. 无载试车

合上 QF，按下 SB1，应观察到的现象是：KT 得电→KM1 得电→KA 得电→KT 失电→过一段时间（约 5s 后）→KM1 失电→KM2 得电。按下 SB2，则所有电器失电，反复操作几次，检查线路的可靠性。调节 KT 针阀，使其延时更准确，应立即得电动作并自锁。

2. 有载试车

断开 QS，接好电动机接线，注意电源相序的改变，检查各熔断器的接触情况和各端子排的接线情况，做好立即停车的准备。

合上 QS，按下 SB2，应观察电动机立即得电，△联结低速起动，此时应注意电动机运转的声音，约 5s 后转换，电动机换成YY联结高速运行。

3. 用钳形电流表测量电动机的电流，观察电流的变化。

任务拓展

安装与调试图 1-9-6 所示的时间继电器及中间继电器控制的双速电动机控制线路，并回答如下问题：

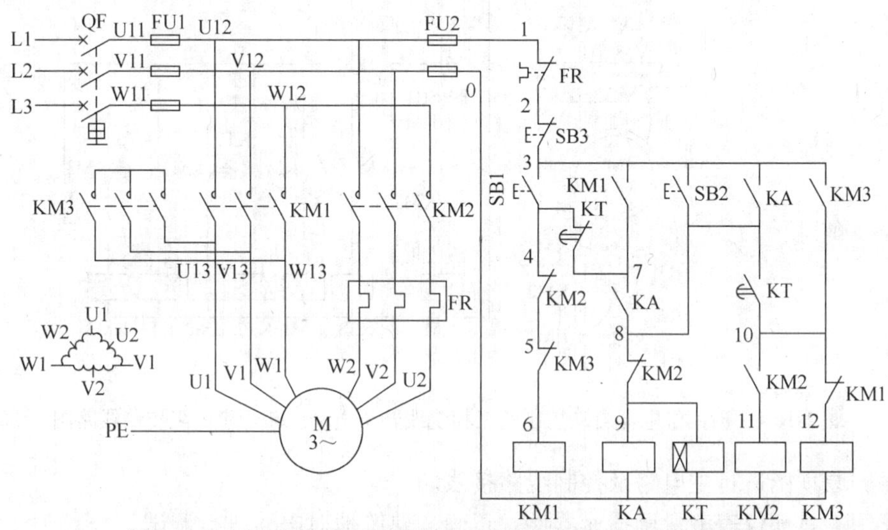

图 1-9-6 时间继电器及中间继电器控制的双速电动机控制线路

（1）KM1 接触器的常闭触点串联在 KM3 接触器线圈回路中，同时 KM3 接触器的常闭触点串联在 KM1 接触器线圈回路中，这种接法有何作用？

（2）如果电路出现只有△运转没有YY运转控制，试分析接线时可能发生的故障。

（3）按下 SB1，电动机直接进入低速运行；按下 SB2，电动机直接进入高速运行，这句话对吗？

（4）分析图中 6#、11#线如果断开会出现什么现象？

任务 10 三相绕线转子异步电动机起动与调速控制线路的安装与调试

任务目标

1. 能熟悉三相绕线转子异步电动机的结构、起动与调速特点。
2. 能分析时间继电器自动控制的三相绕线转子电动机转子串电阻的控制线路。
3. 能识读电流继电器和凸轮控制器控制的三相绕线转子异步电动机的控制原理。
4. 能安装时间继电器自动控制的三相绕线转子电动机转子串电阻的控制线路。
5. 能运用仪表检查线路，验证线路安装的正确性，排除故障。

6. 能查阅相关资料，提高独立工作的能力和团队协作的能力。
7. 遵守“7S”管理规定，做到安全文明操作。

任务描述

安装与调试时间继电器自动控制的三相绕线转子电动机转子串电阻控制线路，如图 1-10-1 所示，具体要求如下：

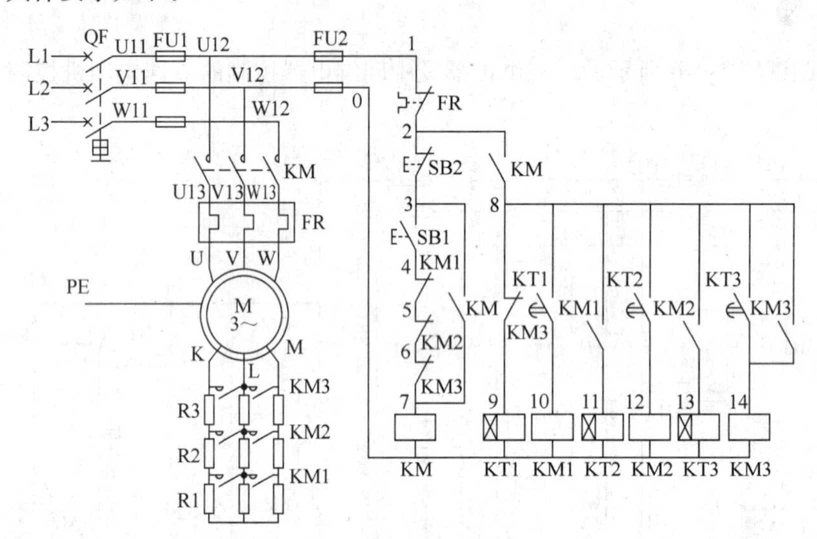

图 1-10-1　时间继电器自动控制的三相绕线转子电动机转子串电阻控制线路图

1. 根据原理图进行主电路及控制线路接线。
2. 能用工具和仪表测量调整元器件，正确、熟练地对电路进行调试。
3. 符合槽板配线的工艺要求接线。
4. 接按钮、电动机等的导线必须通过接线柱引出，电动机有保护接地或接零。
5. 装接完毕后，提请指导教师到位方可通电试车。
6. 如遇故障自行排除。
7. 安装工时：180min。

任务分析

三相绕线转子异步电动机的优点是可以通过集电环（俗称滑环）在转子绕组中串接电阻来改善电动机的机械特性，从而达到减小起动电流、增大起动转矩以及平滑调速的目的，三相绕线转子异步电动机常常用于对要求起动转矩较大、且能平滑调速的场合，在起重机械上得到广泛应用。完成该任务首先要知道三相绕线转子异步电动机的结构特点和起动、变速原理，能分析三相绕线转子异步电动机转子串电阻的起动控制线路，在明确槽板敷设的工艺要求的基础上，对这个线路进行安装与调试。

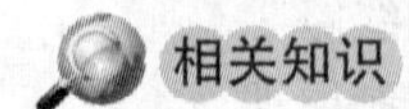

相关知识

一、三相绕线转子异步电动机的起动、调速原理

1. 三相绕线转子异步电动机的结构及符号

转子绕组是用绝缘导线做成线圈，嵌入转子槽中，再联成三相绕组，一般都接成Y联结，然后通过集电环和电刷与外面电阻相连，其转子接线和电动机图形符号如图 1-10-2 所示。

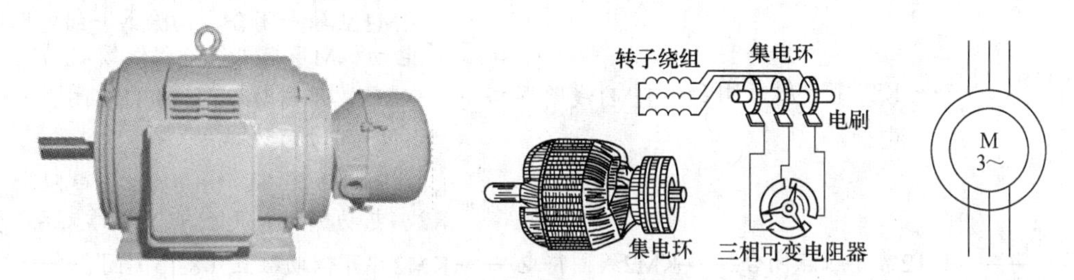

图 1-10-2　绕线转子电动机转子接线及图形符号

2. 转子绕组串电阻的起动与调速

三相绕线转子异步电动机起动时，在转子回路中接入作Y联结、分级切换的三相起动电阻器，并把可变电阻放到最大位置，以减小起动电流，获得较大的起动转矩。随着电动机转速的升高，可变电阻逐级减小。起动完毕后，可变电阻减小到零，转子绕组被直接短接，电动机便在额定状态下运行。电动机转子绕组中串接的外加电阻在每段切除前和切除后，三相电阻始终是对称的，称为三相对称电阻器，起动过程依次切除 R1、R2、R3，最后全部电阻被切除。起动时串入的全部三相电阻是不对称的，而每段切除后三相仍不对称，称为三相不对称电阻器，如图 1-10-3 所示。起动过程依次切除 R1、R2、R3、R4，最后全部电阻被切除。

如果电动机要调速，则将可变电阻调到相应的位置即可，这时可变电阻便成为调速电阻，如图 1-10-4 所示为转子上串电阻的机械特性曲线，在相同的负载转矩下，$R_3>R_2>R_1$，而 $n_3<n_2<n_1$。

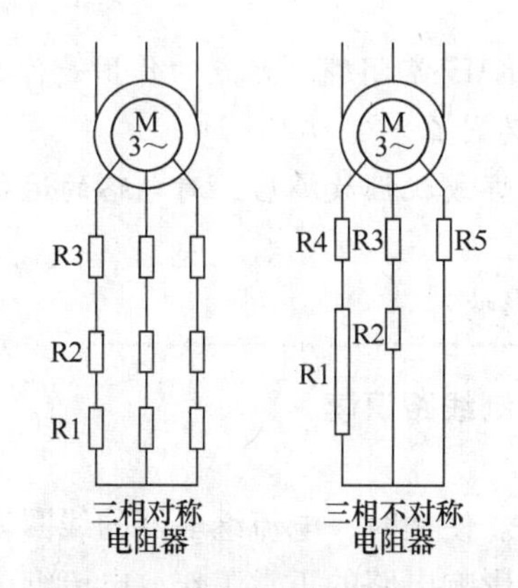

图 1-10-3　转子绕组串接三相电阻

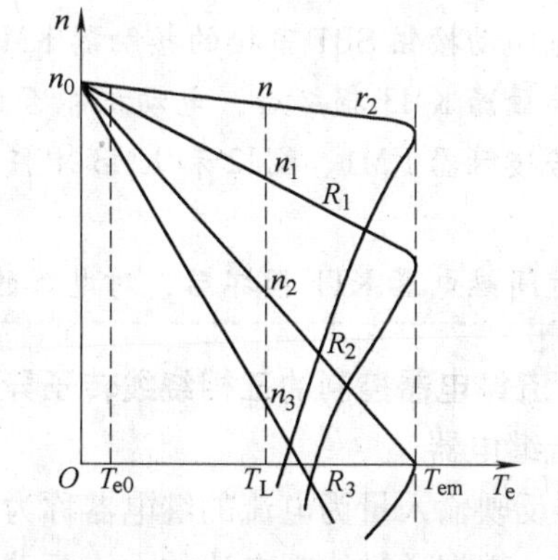

图 1-10-4　转子绕组串接机械特性曲线

二、时间继电器自动控制的三相绕线转子异步电动机控制线路识读

控制线路如图 1-10-1 所示，由三个时间继电器 KT1、KT2、KT3 和三个接触器 KM1、KM2、KM3 相互配合来依次自动切除转子绕组中的三级电阻的，其工作原理如下：

合上 QF。

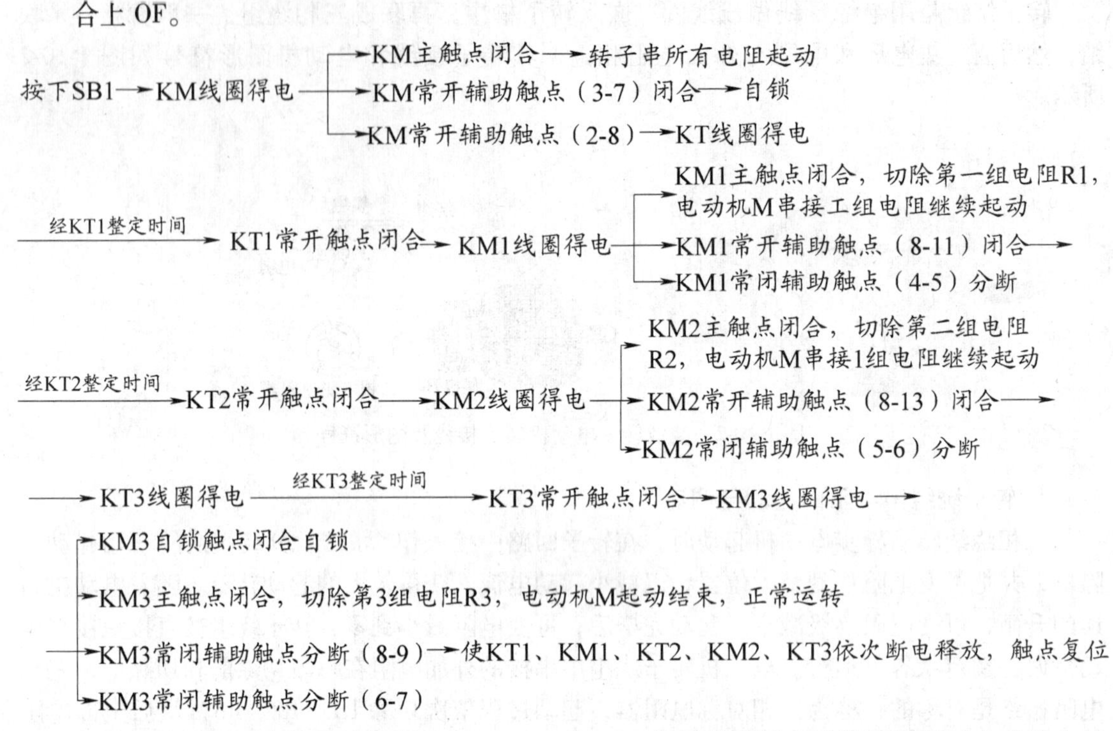

与起动按钮 SB1 串接的接触器 KM1、KM2 和 KM3 常闭辅助触点的作用是保证电动机在转子绕组中接入全部外加电阻的条件下才能起动。如果接触器 KM1、KM2 和 KM3 中任何一个触点因熔焊或机械故障而没有释放时，起动电阻就没有被全部接入转子绕组中，从而使起动电流超过规定值。若把 KM1、KM2 和 KM3 的常闭触点与 SB1 串接在一起，就可避免这种现象的发生，因三个接触器中只要有一个触点没有恢复闭合，电动机就不可能接通电源直接起动。

停止时，按下 SB2 即可。

想一想：

1. 与起动按钮 SB1 串接的接触器 KM1、KM2 和 KM3 常闭辅助触点的作用是什么？
2. 接触器 KM3 损坏后，电动机能否正常运行，为什么？
3. 若接触器 KM1、KM2 和 KM3 中任一触点因熔焊或机械故障后，对电路的运行有何影响？
4. 时间继电器 KT1 损坏后，对电路的运行有何影响？

三、电流继电器控制的三相绕线转子异步电动机控制线路识读

1. 电流继电器

继电器反映输入量为电流的继电器称为电流继电器。使用时，电流继电器的线圈串联在被测电路中，根据通过线圈电流的大小而动作，为了不影响电路的正常工作，电流继电器的线圈匝数要少，导线要粗，阻抗要小。电流继电器分为过电流继电器和欠电流继电器两种。

过电流继电器是指流过继电器线圈的电流高于整定值动作的继电器，它主要用于频繁、重载起动场合，作为电动机或主电路的过载保护。欠电流继电器是指流过继电器线圈的电流低于整定值释放的继电器，主要用于直流电动机励磁电路和电磁吸盘的失磁保护。

常用的过电流继电器有JT4系列交流通用继电器和JL14系列交直流通用继电器，它们都是瞬动型过电流继电器，用于电动机的短路保护。其型号及含义分别表示如下：

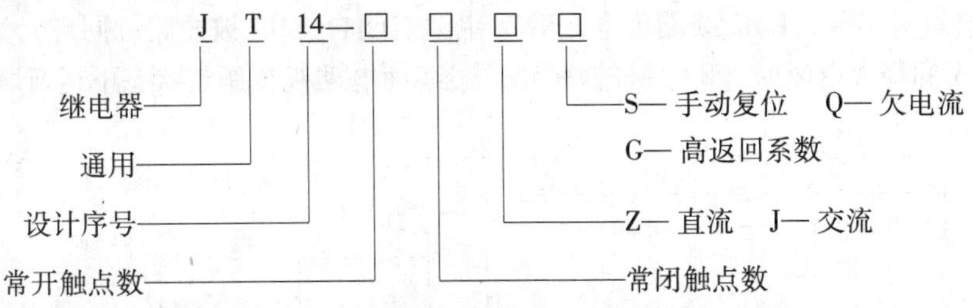

JT4系列为交流通用继电器，在这种继电器的系统上装设不同的线圈便可制成过电流、欠电流、过电压或欠电压等继电器。

JT4系列交流通用继电器的外形、结构及图形符号如图1-10-5所示。它主要由线圈、圆柱形静铁心、衔铁、触点系统和反作用弹簧等组成。

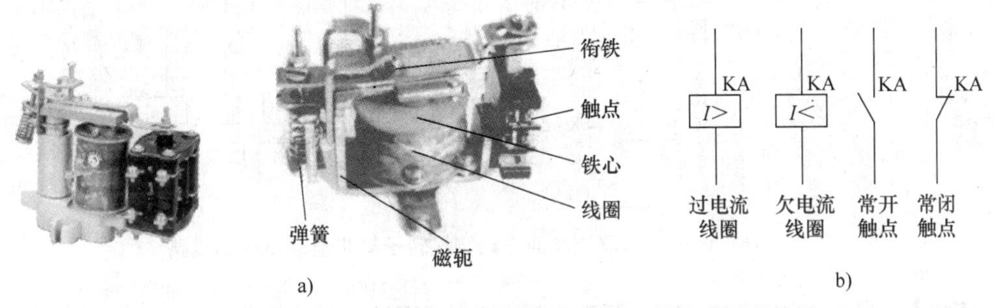

图1-10-5　JT4系列交流通用继电器的外形、结构及图形符号
a）外形、结构　b）图形符号

当线圈通过的电流为额定值时，它所产生的电磁吸力不足以克服反作用弹簧的反作用力，此时衔铁不动作。当线圈通过的电流超过整定值时，电磁吸力大于弹簧的反作用力，铁心吸引衔铁动作，带动常闭触点断开，常开触点闭合。调整反作用弹簧的作用力，可整定继电器的动作电流值。该系列中有的过电流继电器带有手动复位机构，这类继电器过电流动作后，当电流再减小甚至到零时，衔铁也不能自动复位，只有当操作人员检查并排除故障后手动松掉锁扣机构，衔铁才能在复位弹簧作用下返回，从而避免重复过电流事故的发生。

JL14系列是一种交、直流通用的新系列电流继电器，其结构及工作原理与JT4系列相似。主要结构部分交、直流通用，区别仅在于：交流继电器的铁心上开有槽，以减少涡流损耗。

过电流继电器的额定电流一般可按电动机长期工作的额定电流来选择，对于频繁起动的电动机，考虑到起动电流在继电器中的热效应，额定电流可选大一个等级；整定电流一般为电动机额定电流的1.7～2倍，过电流继电器的触点种类、数量、额定电流及复位方式应满足控制线路的要求。

2. 分析电流继电器控制的三相绕线转子异步电动机控制线路的工作原理

电流继电器控制的三相绕线转子异步电动机控制线路如图1-10-6所示，其工作原理如下：按下起动按钮SB1，KM线圈得电，电动机M起动，由于起动电流较大，电流继电器KA1、KA2、KA3全部吸合，使常闭触点KA1、KA2、KA3分断，保证了转子串接R1、R2、R3电阻起动在KM主触点闭合的同时，两个KM自锁触点闭合，一个自锁，一个使中间继电器KA线圈得电，为短接电阻做准备。过电流继电器KA1的释放电流最大，KA2的次之，KA3的最小。

转子电流降到KA1的释放电流时，电流继电器KA1释放，KA1常闭触点重新闭合，KM1线圈得电，KM1主触点闭合，R1被短路。转子电流降到KA2的释放电流，电流继电器KA2释放，KA2常闭触点重新闭合，KM2线圈得电，KM2主触点闭合，R2被短路。同理，当电流降到电流继电器KA3的释放电流时，R3一样被短路，最终使电动机在额定状态下运行。

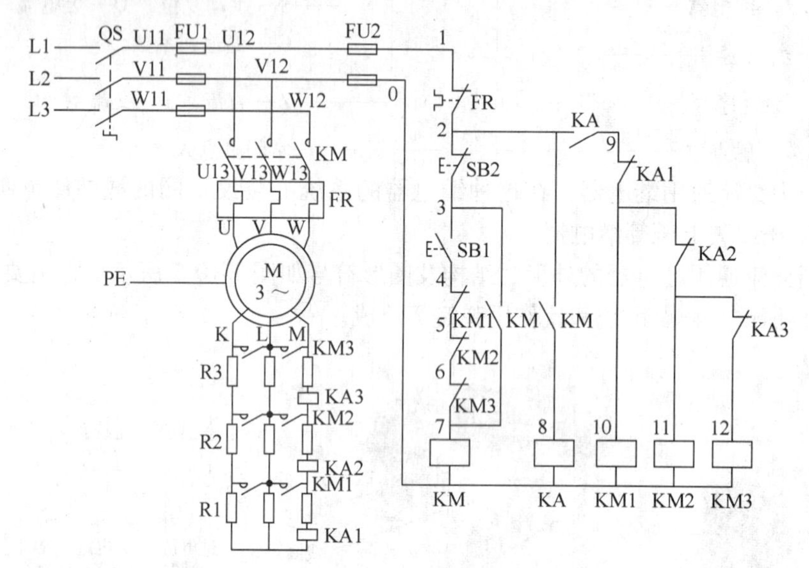

图1-10-6　电流继电器控制的三相绕线转子异步电动机控制线路

【**停机**】：按下停止按钮SB2，KM线圈，KA、KM1、KM2、KM3线圈依次断电释放，电动机停机。

四、凸轮控制器控制的三相绕线转子异步电动机控制线路识读

1. 凸轮控制器

凸轮控制器是利用凸轮来操作动触点动作的控制器，主要用于控制功率不大于30kW的中小型绕线转子异步电动机的起动、调速和换向。KTJ1—50型凸轮控制器外形与结构如图1-10-7所示。它主要由手柄（或手轮）、触点系统、转轴、凸轮和外壳等部分组成。其触点系统共有12对触点，9对常开、3对常闭。其中，4对常开触点接在主电路中，用于控制电动

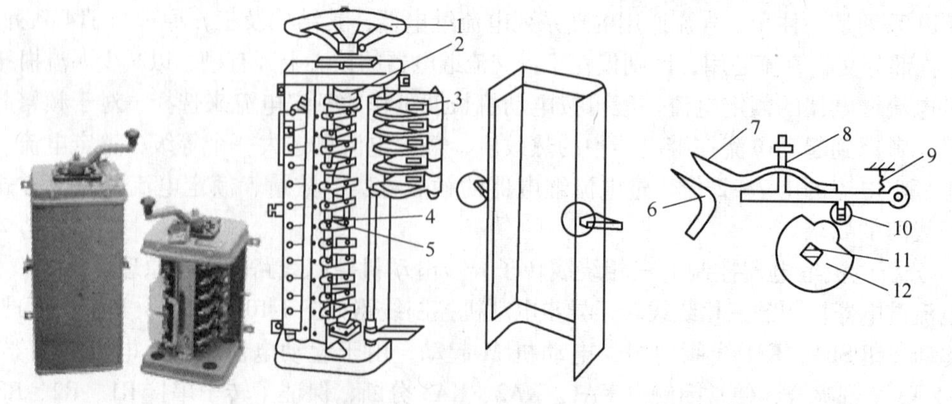

图1-10-7　KTJ1—50型凸轮控制器的外形与结构

1—手轮　2、11—转轴　3—灭弧罩　4、7—动触点　5、6—静触点　8—触点弹簧　9—弹簧　10—滚轮　12—凸轮

机的正反转，配有石棉水泥制成的灭弧罩，其余8对触点用于控制线路中，不带灭弧罩。

2. 凸轮控制器的工作原理

凸轮控制器控制的三相绕线转子异步电动机控制线路如图1-10-8a所示。凸轮控制器的工作原理如下：动触点与凸轮固定在转轴上，每个凸轮控制一个触点。当转动手柄时，凸轮随轴转动，当凸轮的凸起部分顶住滚轮时，动、静触点分开；当凸轮的凹处与滚轮相碰时，动触点受到触点弹簧的作用压在静触点上，动、静触点闭合。在方轴上叠装形状不同的凸轮片，可使各个触点按预期的顺序闭合和断开，从而实现不同的控制目的。凸轮控制器的触点分合情况，通常用触点分合表来表示，如图1-10-8b所示。图中，12对触点的分合状态是处于零位时的情况。当手轮处于正转的1~5挡或反转的1~5挡时，触点分合状态如图1-10-8b所示，用“×”表示触点闭合，无此标记表示触点断开。AC最下面的4对配有灭弧罩的常开触点AC1~AC4接在主电路中用以控制电动机正反转；中间的5对常开触点AC5~AC9与转子电阻相接，用以逐级切换电阻以控制电动机的起动和调速；最下面的3对常闭辅助触点AC10~AC12都用做零位保护。

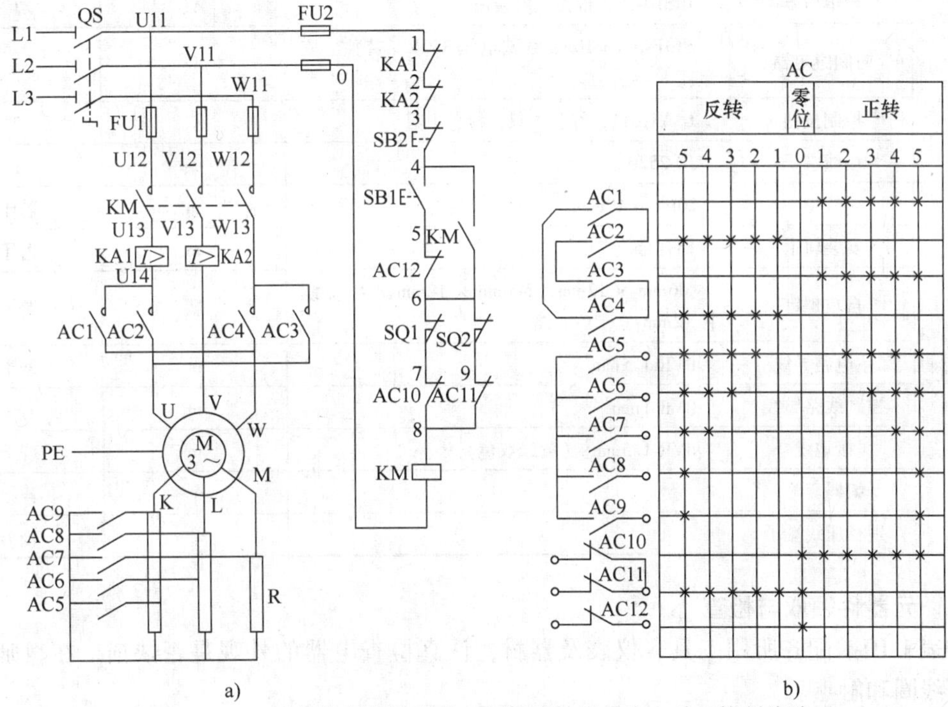

图1-10-8 凸轮控制器控制的三相绕线转子异步电动机控制线路

a）电路图 b）触点分合表

任务实施

一、准备工具、仪表、器材及辅助材料（见表1-10-1）

表1-10-1 工具、仪表、器材及辅助材料一览表

分 类	名 称	型号与规格	单 位	数 量
工具	电工通用工具	验电器、螺钉旋具（一字和十字）、电工刀、尖嘴钳、钢丝钳、压线钳等	套	1

（续）

分　类	名　称	型号与规格	单　位	数　量
仪表	绝缘电阻表	ZC7（500V）型或自定	块	1
	钳形电流表	DT-9700 型或自定	块	1
	万用表	MF500 型或自定	块	1
器材	三相异步电动机	YZR-132MA-6 2. 2kW 6A/11. 2A	台	1
	配线板	金属网孔板或木质配电板 600mm × 500mm × 20mm	块	1
	三相断路器	DZ47-63/3P，D25A	只	1
	三相熔断器	RT18-32X/3P-10A	只	1
	单极熔断器	RT18-32X-4A	只	2
	交流接触器	LC1-D2510（CJX2-2510），线圈电压 38V，其中四只配有辅助触点：F4-22	只	4
	热继电器	JRS10-25，带独立安装座	只	1
	时间继电器	ST3P-A-1S/10S，线圈电压 380V，带独立安装座	只	3
	控制按钮	LAY16-11，红色 1 只，绿色 1 只	只	2
	接线端子	JD-2520	条	1
辅助材料	线槽	20mm × 40mm	m	若干
	安装轨道	铝合金	m	若干
	自攻螺钉	M6mm × 12mm，M5mm × 12mm，大头螺杆 12mm	颗	若干
	主电路导线	BVR-1. 5mm^2	m	若干
	控制线路导线	BVR-1mm^2	m	若干
	接地线	BVR-1. 5mm^2（黄绿双色）	m	若干
	编码套管		个	若干
	别径压线端子		个	若干

二、元器件领取与检查

按表 1-10-1 配齐所用工具、仪表及器材，认真检查电器的外观是否缺损，在教师指导下检查线圈和触点。

三、绘制元器件布置图

根据电路图绘制元器件布置图，可参考图 1-7-10 绘制。

四、安装调试工艺要求

在控制板上安装走线槽和所有元器件，槽板配线工艺要求见任务 5。

五、检查

1. 核对检查

线路安装完毕后，通常要结合原理图或接线图从电源端开始，根据编号逐一检查接线的正确性及接点的安装质量，检查有无漏接、错接之处。

2. 用万用表检查

结合前面任务自行分析。

六、通电试车与校验

检查三相电源，在指导教师的监护下通电试车。

1. 无载试车

合上 QF，按下 SB1，应观察到的现象是 KM 得电→KT1 得电→过一段时间（约 5s 后）→KM1 得电→KT2 得电→过一段时间（约 5s 后）→KM2 得电→KT3 得电→过一段时间（约 5s 后）→KM3 得电→KT1 失电→KM1 失电→KT2 失电→KM2 失电→KT3 失电。按下 SB2，则所有电器失电，反复操作几次，检查线路的可靠性。调节 KT 针阀，使其延时更准确，应立即得电动作并自锁。

2. 有载试车

断开 QF，接好电动机接线，注意定子和转子绕组接线的区分，检查各熔断器的接触情况和各端子排的接线情况，做好立即停车的准备。

合上 QF，按下 SB1，应观察电动机立即得电，注意电动机运转的声音变化，隔 5s 后转速变化，直到电动机高速运行。

3. 用钳形电流表测量电动机的电流，观察电流的变化。

任务拓展

安装与调试图 1-10-6 所示电流继电器控制的三相绕线转子异步电动机控制线路。安装调试时应注意调节选择电流继电器的动作电流，保证起动时 KA1、KA2、KA3 常开触点全部分断，电流减小时，电流继电器 KA1、KA2、KA3 依次释放。电流继电器线圈及串接的电阻接线要仔细，不能接错，接线要牢固，不能松动，防止接触电阻过大，但也不要过紧。

单元2　电气控制线路的分析与检修

2

单元目标

方法能力目标

1. 电气试验的组织实施能力。
2. 电气设备的检查方法能力。
3. 电气设备故障的检查分析能力。
4. 理论知识的综合运用能力。

专业能力目标

1. 较复杂电气控制线路图识读能力。
2. 机床电气控制线路图分析能力。
3. 机床电气故障的诊断和排除能力。
4. 电工工具和仪表的使用能力。
5. 电气故障现象及排除过程的表述能力。

社会能力目标

1. 沟通协调能力。
2. 语言表达能力。
3. 团队协作能力。
4. 班组管理能力。
5. 责任心与职业道德。
6. 安全与自我保护能力。
7. 自我评价能力。

单元任务

电气设备在运行的过程中，由于各种原因难免会产生各种故障，致使工业机械不能正常工作，不但影响生产效率，严重时还会造成人身伤亡事故。因此，电气设备发生故障后，电气设备维修人员能够及时、熟练、迅速、安全地查出故障，并加以排除，尽早恢复工业机械的正常运行，是非常重要的。本单元以机床电气线路为例说明，首先学习电气设备维修一般流程、方法和注意事项等，然后通过 CA6150 型车床电气控制线路、Z3040 型摇臂钻床电气控制线路、M7130 型平面磨床电气控制线路、X62W 型万能铣床电气控制线路、T68 型卧式镗床电气控制线路、20/5t 桥式起重机电气控制线路的分析和故障维修，以提高在实际工作中综合分析和解决问题的能力。

任务 1 CA6150 型卧式车床电气控制线路的分析与检修

任务目标

1. 熟悉机床电气控制线路检修的一般流程、方法和注意事项。
2. 了解 CA6150 型卧式车床的结构、性能、适用范围以及相关技术参数。
3. 能说出 CA6150 型卧式车床中所有元器件的名称、型号、规格、作用和实际位置。
4. 能分析 CA6150 型卧式车床电气原理图，根据原理图正确说出操作程序、各电流回路。
5. 能判断 CA6150 型卧式车床是否正常工作，并观察设定的故障现象准确判断故障范围。
6. 能运用常用电工仪表，通过正确的检测方法检出 CA6150 型卧式车床的故障点，并予以修复。
7. 能自觉地严格执行安全操作规程，杜绝一切不安全事故的发生。
8. 能自觉遵守“7S”管理规定，做到文明操作。

任务描述

某机械厂有一台 1987 年购买的 CA6150 型卧式车床，出现如下故障，当闭合自动空气断路器 QF1、QF2，将主令开关扳至“正转”位置，按下 SB3，并操作凸轮开关使 SQ3 常开触点闭合。主轴不能正向运转，请予检修。

1. 仔细观察运行过程，确认故障现象。
2. 根据故障现象在原理图中判断故障范围，在控制板（箱）中找到相关元器件和控制回路。
3. 正确选用仪表、工具，并对可能出现故障的区域进行仔细测量，查出故障点给予修复。
4. 检修工时：15min。

任务分析

CA6150 型卧式车床是机械加工中广泛使用的一种机床，可用来加工各种回转表面、螺纹和面。完成该检修任务首先熟知机床电气控制线路检修的一般流程、方法和注意事项，要了解 CA6150 型卧式车床的基本结构、运动形式。其次，要能分析 CA6150 型卧式车床电气线路的工作原理，会正确进行机床操作。然后，根据故障现象分析故障范围，最后，选择合适的检修方法检修 CA6150 型卧式车床控制线路主轴不能运转的电气故障。

相关知识

一、机床电气故障检修的一般流程

1. 检修前的故障调查

当机床发生电气故障后，切忌盲目动手检修。在检修前，应先通过问、看、听、摸来了解故障前后的操作情况和故障发生后出现的异常现象，以便根据故障现象判断出故障发生的

部位，进而准确地排除故障。

【问】：询问操作者故障前后电路和设备的运行状况及故障发生后的症状，如故障是经常发生还是偶尔发生；是否有响声、冒烟、火花、异常振动等征兆；故障发生前有无切削力过大和频繁地起动、停止、制动等情况；有无经过保养检修或改动线路等。

【看】：察看故障发生前是否有明显的外观征兆，如各种信号；熔断器熔断；保护电器脱扣动作；接线脱落；触点烧蚀或熔焊；线圈过热烧毁等。

【听】：在线路还能运行和不扩大故障范围、不损坏设备的前提下，可通电试车，细听电动机、接触器和继电器等电器的声音是否正常。

【摸】：在刚切断电源后，尽快触摸检查电动机、变压器、电磁线圈及熔断器等，看是否有过热现象。

2. 用逻辑分析法确定并缩小故障范围

简单的电器控制线路检修时，可对每个电器组件、每根导线逐一进行检查，一般能很快找到故障点。但对复杂的线路而言，往往有上百个组件、成千条连线，若采取逐一检查的方法，不仅需消耗大量的时间，而且也容易漏查。在这种情况下，若根据电路图，采用逻辑分析法，对故障现象作具体分析，划出可疑范围，提高维修的针对性，就可以收到快而准的效果。分析电路时，通常先从主电路入手，了解工业机械各运动部件和机构采用了几台电动机拖动，与每台电动机相关的电器组件有哪些，采用了何种控制，然后根据电动机主电路所用电器组件的文字符号、图区号及控制要求，找到相应的控制线路。在此基础上，结合故障现象和线路工作原理，进行认真分析排查，即可迅速判定故障发生的可能范围。

当故障的可疑范围较大时，不必按部就班地逐级进行检查，这时可在故障范围内的中间环节进行检查，来判断故障究竟是发生在哪一部分，从而缩小故障范围，以提高检修速度。

3. 对故障范围进行外观检查

在确定了故障发生的可能范围后，可对范围内的电器组件及连接导线进行外观检查，例如熔断器的熔断；导线接头松动或脱落；接触器和继电器的触点脱落或接触不良，线圈烧坏使表层绝缘纸烧焦变色，烧化的绝缘清漆流出；弹簧脱落或断裂；电气开关的动作机构受阻失灵等，都能明显地表明故障点所在。

4. 用试验法进一步缩小故障范围

经外观检查未发现故障点时，可根据故障现象，结合电路图分析故障原因，在不扩大故障范围、不损伤电气和机械设备的前提下，进行直接通电试验，或除去负载（从控制箱接线端子板上卸下）通电试验，以分清故障可能是在电气部分还是在机械等其他部分；是在电动机上还是在控制设备上；是在主电路上还是在控制线路上。一般情况下先检查控制线路，具体做法是：操作某一只按钮或开关时，线路中有关的接触器、继电器将按规定的动作顺序进行工作。若依次动作至某一电器组件时，发现动作不符合要求，即说明该电器组件或其相关电路有问题。再在此电路中进行逐项分析和检查，一般便可发现故障。待控制线路的故障排除恢复正常后，再接通主电路，检查控制线路对主电路的控制效果，观察主电路的工作情况有无异常等。

在通电试验时，必须注意人身和设备安全。要遵守安全操作规程，不得随意触动带电部分，要尽可能切断电动机主电路的电源，只在控制线路带电的情况下进行检查；如需电动机运转，则应使电动机在空载下运行，以避免工业机械的运动部分发生误动作和碰撞；要暂时隔断有故障的主电路，以免故障扩大，并预先充分估计到局部线路动作后可能发生的不良后果。

5. 用测量法确定故障点

测量法是维修电工工作中用来确定故障点的一种行之有效的检查方法。常用的测试工具和仪表有校验灯、验电器、万用表、钳形电流表、绝缘电阻表等，主要通过对电路进行带电或断电时的有关参数（如电压、电阻、电流等）的测量，来判断电器组件的好坏、设备的绝缘情况以及线路的通断情况。随着科学技术的发展，测量手段也在不断更新。例如，在晶闸管-电动机自动调速系统中，利用示波器来观察晶闸管整流装置的输出波形、触发电路的脉冲波形，就能很快判断系统的故障所在。

在用测量法检查故障点时，一定要保证各种测量工具和仪表完好，使用方法正确，还要注意防止感应电、回路电以及其他并联支路的影响，以免产生误判断。

6. 故障修复及注意事项

当找出电气设备的故障点后，就要着手进行修复试运转、记录等，然后交付使用，但必须注意如下事项：

（1）在找出故障点和修复故障时，应注意不能把找出的故障点作为寻找故障的终点，还必须进一步分析查明产生故障的根本原因。例如：在处理点动控制线路起动时熔体熔断故障时，不能轻率地更换熔体了事，而应查找熔体熔断的深层次原因，到底是熔体配置不合理，还是电动机故障导致起动电流异常，要结合相关仪器仪表进行起动环节的检测，以免再次起动烧毁熔体。

（2）找出故障点后，一定要针对不同的故障情况和部位采取正确的修复方法，不要轻易采用更换电器组件和补线等方法，更不允许轻易改动线路或更换规格不同的电器组件，以防止产生人为故障。

（3）在故障点的修理工作中，一般情况下应尽量做到复原。但是，有时为了尽快恢复机床的正常运行，根据实际情况也允许采取一些适当的应急措施，但绝不可凑合行事。

（4）电气故障修复完毕，需要通电试运行时，应和操作者配合，避免出现新的故障。

（5）每次排除故障后，应及时总结经验，并做好维修记录。

7. 故障检修记录

故障检修记录的内容可包括机床型号、名称、编号、故障发生日期、故障现象、部位、损坏的电器、故障原因、修复措施及修复后的运行情况等，见表2-1-1。

表2-1-1 电气线路故障检修记录表

名称		机床型号		生产日期		编号	
检修日期	故障现象	故障部位及电器	故障原因		修复措施	修复后的运行情况	

记录的目的：作为档案以备日后维修时参考，并通过对历次故障的分析，采取相应的有效措施，防止类似事故的再次发生或对电气设备本身的设计提出改进意见等。

二、机床电气故障的检修方法

机床电气设备出现的故障，由于机床种类的不同有不同的特点。但对于各类机床的电气故障，一般都可以运用基本检修方法进行检修。基本检修方法包括直观法、电压测量法、电阻测量法、对比法、置换元件法、逐步开路法、强迫闭合法和短接法等。实际检修时，要综合运用上述方法，这里介绍常用的电压测量法和电阻测量法。

1. 电压测量法

重点提醒：采用电压测量法检修设备时必须穿戴好劳动防护品，使用绝缘良好的工具和仪表，必须单手操作，有人监护，且身体其他部位不能接触设备的金属外壳和其他零电位点。

电压测量法有电压分阶测量法和电压分段测量法两种，下面以CA6150型卧式车床主电动机正转控制为例。

(1) 电压分阶测量法　假设闭合QF2，按下SB3，接触器KM1线圈不得电。电压分阶法测量如图2-1-1所示，表2-1-2为电压分阶法测量检查故障分析表。

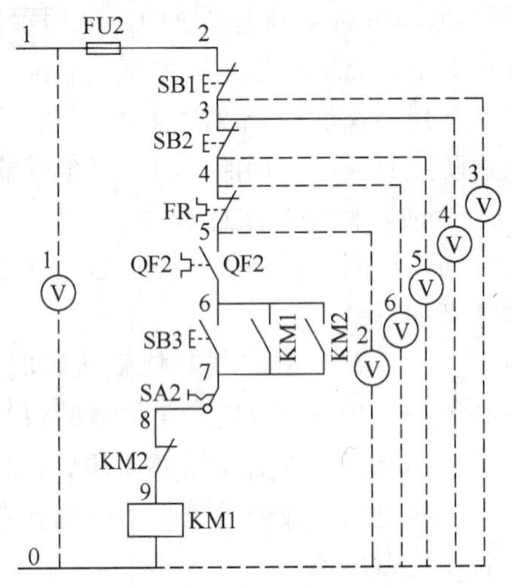

图2-1-1　电压分阶法

表2-1-2　电压分阶法测量检查故障分析表

故障现象	测量点	(1)1#—0#	(2)5#—0#	(3)3#—0#	(4)3#—0#	(5)4#—0#	(6)4#—0#	实际故障点
闭合QF2，按下SB3，KM1线圈不得电	测量值U	110V	0V	110V	110V	110V	0V	SB2—FR的连接断开，可能是“松头”或导线断线
	故障分析	控制电源无故障	故障范围在1#—5#电路中	故障范围在3#—5#电路中	3#连接线SB1—SB2无断路	SB2触点接触良好无断路	4#连接线SB2—FR断路	

使用万用表AC 250V挡测量。

第一步，测量控制电源输入端1#—0#测量点，即FU2上桩到KM1线圈0#桩间电压。控制电源额定电压为交流110V。若测量值为110V控制电源无故障，若测量值为0V，则说明控制电源有故障。检查方法如下：测量控制电源变压器二次侧1#桩与KM1线圈0#桩间电压，确定电源0#线是否断路。再测量控制电源变压器二次侧0#桩与FU2上桩1#间电压，确定1#线是否断路。运用电压分阶测量法必须在电源无故障的情况下进行，尤其要确保0#线无断路。

第二步，以0#线为参考点，测量KM1线圈得电回路中间段任意一点电位，以缩小故障范围。如：测量0#线到FR下桩5#线电位为0V，则可认定故障在TC $\xrightarrow{1\#}$ FU2 $\xrightarrow{2\#}$ SB1 $\xrightarrow{3\#}$ SB2 $\xrightarrow{4\#}$ FR $\xrightarrow{5\#}$ QF2这段电路中。若电位为110V，则说明故障在QF2 $\xrightarrow{6\#}$ SB3 $\xrightarrow{7\#}$ SA2 $\xrightarrow{8\#}$ KM2 $\xrightarrow{9\#}$ KM1线圈 $\longrightarrow$ 0#这段电路中。

故障范围可用此方法逐步缩小至一个触点两根线或两个触点一根线，便于下一步准确测出故障点。

第三步，在缩小了的故障范围中，以 $0^{\#}$线为参考点分别测量疑似故障触点和线段两端的电位。无断路应当为同电位，均为 110V。若触点未接触或连接导线断路，同一触点或一根连接线两端电位不同，即一端为 110V，另一端为 0V，这样就可准确查出故障点所在的触点和连接导线。断电后，用电阻法（万用表低阻挡）复查确认，并给予修复。

（2）电压分段测量法　电压分段测量法检查测量断路故障，首先要知道闭合的触点两端和无断路导线的两端通电后应该为同电位，电压降接近于零。根据这一现象，采用电压测量的方法测量同一支路中的两点电压，电压值为零可视为通路，电压值接近额定电压则说明断路（负载不能在两测量点之间）。在实际排除故障时，电压分段测量法一般与电压分阶测量法配合运用。电压分段测量法对继电器的常闭触点接触不良或断线等类型的故障检查较方便。但由于测量针对性较强，较长的支路测量时易误判断，若电路中有两处断点测得电压也为零，所以要看实际情况灵活运用此方法。

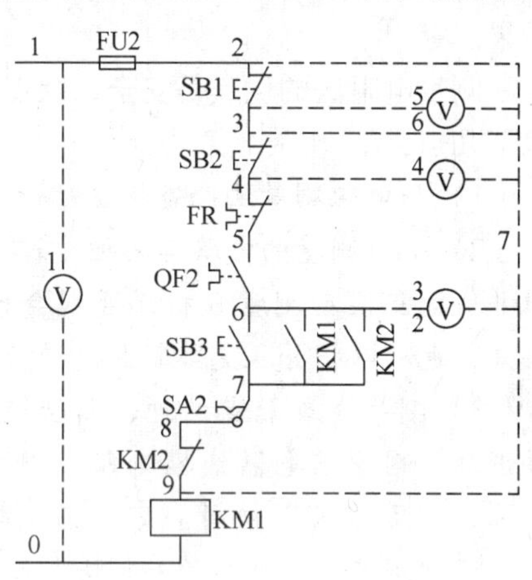

图 2-1-2　电压分段法

假设闭合 QF2，按下 SB3，接触器 KM1 线圈不得电。电压分段法测量如图 2-1-2 所示，表 2-1-3 为电压分段测量检查故障分析表。

表 2-1-3　电压分段法测量检查故障分析表

故障现象	测量点	(1) $1^{\#}$—$0^{\#}$	(2) $6^{\#}$—$9^{\#}$	(3) $2^{\#}$—$6^{\#}$	(4) $2^{\#}$—$4^{\#}$	(5) $2^{\#}$—$3^{\#}$	(6) $3^{\#}$线	(7) $3^{\#}$—$4^{\#}$
闭合QF2，按下SB3，KM1线圈不得电	测量值 U	110V	0V	110V	110V	0V	0V	110V
	故障分析	控制电源无故障	初步认定 $6^{\#}$—$9^{\#}$范围内无断路故障	初步认定 $2^{\#}$—$6^{\#}$范围内有断路故障	认定 $2^{\#}$—$4^{\#}$范围内有断路故障	认定 $2^{\#}$—$3^{\#}$范围内无断路故障	认定 SB1—SB2 的 $3^{\#}$线无断路故障	确定 $3^{\#}$—$4^{\#}$间 SB2 常闭触点断路

使用万用表 AC 250V 挡测量。

首先测量控制电源，控制电源变压器输出端电压为交流 110V，再测量 FU2 上桩到 KM1 线圈 $0^{\#}$桩间电压也为交流 110V，若测得电压值与控制电源电压额定值不符，应及时排除电源故障（方法与分阶法相同）。只能在电源无故障的情况下方可采用电压分段测量法检查支路中的断路故障。

操作时，先检查 QF2 是否闭合，SB3 必须按下（或短接）。然后测量 TC $1^{\#}$桩与支路中同电位的任意一点间的电压再测量 KM1 线圈的 $9^{\#}$线桩与前面测量相同点间的电压，以判断故障范围。测得电压值为零，可初步判定两测量点范围内无断路，若测得电压为 110V，则说明在两测量点范围内可能有断路故障。

以相同方法逐步缩小故障范围，对可能是故障点的触点和导线采用有针对性的分段测量，查出故障给予修复。实际故障点是主电动机停止按钮 SB2 常闭触点（3-4）接触不良造成断路故障。

2. 电阻测量法

重点提醒：电阻法测量前和装、拆跨接线前必须断开电源，用验电器或万用表验电，确认无电后方可进行操作。

机床电气故障检修过程中经常运用电阻测量的方法检查和判断故障。常用的方法有电阻分阶测量法与电阻分段测量法两种，可根据故障类型、现场环境条件灵活采用。无论何种电阻测量法都必须在断电的状况下进行，带电测量直流电阻易造成电路短路、仪表损坏等不良后果。

测量电阻法的优点是安全，缺点是测量电阻值不准确时容易造成判断错误。为此应注意以下几点：

1）用电阻测量法检查故障时一定要断开电源验电确认无电后进行操作。

2）如所测量的电路与其他电路并联，必须先算出并联电阻值后测量分析，否则会出现很大的测量误差，也可以将并联支路断开，进行分别测量。

3）测导线或触点的通、断应选择“$R\times1$”挡并调零。测量继电器线圈电阻（用电压分阶法时）应选择“$R\times100$”挡并调零。若电路中有高阻元器件根据被测值选择恰当的挡位进行测量。

4）电阻测量完毕后，及时将万用表转换开关打到交流电压最大挡，以免造成误测量而烧坏仪表。

（1）电阻分阶测量法　具体测量检查分析故障的方法如图 2-1-3 所示，电阻测量故障分析见表 2-1-4。

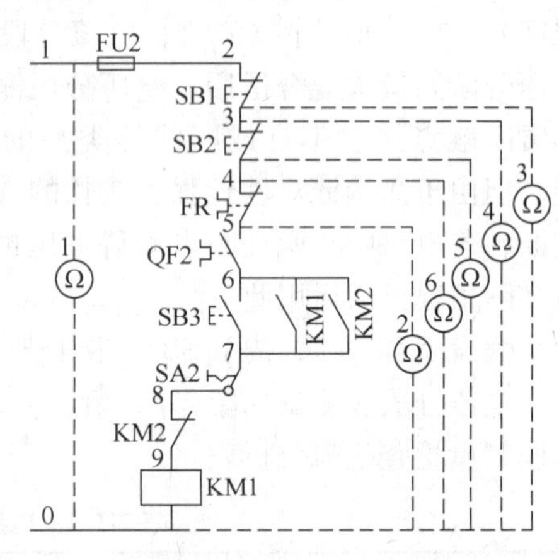

图 2-1-3　电阻测量法示意图

表 2-1-4　电阻分阶法测量检查故障分析表

故障现象	测量点	(1)$1^{\#}$—$0^{\#}$	(2)$5^{\#}$—$0^{\#}$	(3)$3^{\#}$—$0^{\#}$	(4)$3^{\#}$—$0^{\#}$	(5)$4^{\#}$—$0^{\#}$	(6)$4^{\#}$—$0^{\#}$	实际故障点
闭合 QF2，按下 SB3，KM1 线圈不得电	测量值 R	∞	40Ω	∞	∞	∞	40Ω	SB2—FR 的连接断开，可能是“松头”或导线断线
	故障分析	初步电路中有断路故障	可确定故障范围在 $1^{\#}$—$5^{\#}$间	可确定故障范围在 $3^{\#}$—$5^{\#}$间	$3^{\#}$连接线 SB1—SB2 无断路	SB2 触点接触良好无断路	$4^{\#}$连接线 SB2—FR 断路	

假设闭合 QF2，按下 SB3，接触器 KM1 线圈不得电。

断开 QF2 并用验电器或万用表进行验电。再断开变压器二次侧与 FU2 的连线。闭合 QF2，按下 SB3（或短接常开触点）。

将万用表拨到“$R\times100$”挡并调零，先测量 KM1 线圈直流电阻值以备分析电路之用（CJ_{2T}—25 110V 线圈电阻为 40Ω 左右）。

1）测量 FU2 上桩到 KM1 线圈 $0^{\#}$桩间电阻，电阻值为∞，可认为此电路中有断路故障。

2）测量 KM1 线圈 $0^{\#}$桩与 KM1 线圈得电回路中间任意一点，根据测量值的分析可以缩小故障范围，测得电阻值为 40Ω 左右，KM1 线圈 $0^{\#}$桩到测量点无断路故障，故障在 $1^{\#}$到测量点之间。若测得电阻值为∞，则说明此段电路有断路故障。用此方法可逐步缩小故障范围。

3）确定故障范围后，在小范围内采用逐点测量分析的方法检测出故障点，给予修复。

此方法一般用于不能通电测量的场合（故障时有短路或漏电现象并存不能合闸），或并联支路不多的较简单电路维修。

（2）电阻分段测量法　电阻分段测量法在检查过程中与上述几种方法配合运用，它是针对某一触点的上、下桩或某一根连接导线的两端进行局部测量。通常作为故障点判定后的复查确认。

测量时，必须断电、验电后操作，测两点间电阻值（使用“$R\times1$”挡），测得值为0Ω表明“通路”，测得∞则可认为“断路”。

总之，电气线路和设备排除故障的过程就是检查测量的过程，测量各点所得值作为分析电路故障的依据，采用何种方法应根据故障类型、现象有针对性地选用，以达到安全、准确、快捷地排除故障为目的。

三、CA6150型卧式车床的结构和控制要求

CA6150型卧式车床的外形如图2-1-4所示，主要由床身、主轴变速箱、挂轮箱、进给箱、溜板箱、溜板与刀架、尾架、光杠和丝杠等部件组成。

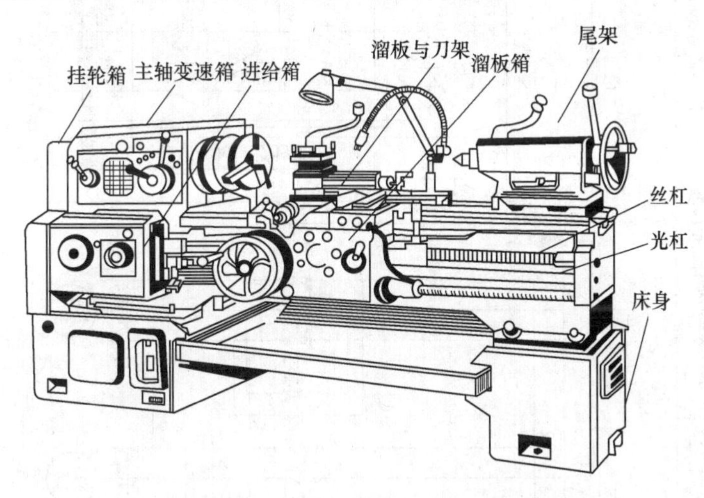

图2-1-4　CA6150型卧式车床的外形图

CA6150型卧式车床的运动形式和控制要求如下：

车床主运动为工件的旋转运动，是主轴通过卡盘带动工作旋转，承受车削加工时的主要切削功率。一般不要求反转，但在加工螺纹时，为避免乱扣，需要反转退刀，所以要求主轴能正反转。主轴正反转是电气和机械配合实现的。

车床进给运动是溜板带动刀架的纵向和横向直线运动，其运动方式有手动和机动两种。车床溜板箱与主轴箱之间通过齿轮传动来连接，且主轴运动和进给运动由同一台电动机拖动。车床的辅助运动有刀架的快速移动及工件的夹紧与放松。

四、CA6150型卧式车床的电气控制分析

CA6150型卧式车床的电气控制线路图如图2-1-5所示，具体工作原理分析如下：

1. 控制对象

【**主电动机**】：M1，型号：Y132M—4，额定功率：7.5kW。

【**润滑油泵电动机**】：M2，型号：A05624，额定功率：120W。

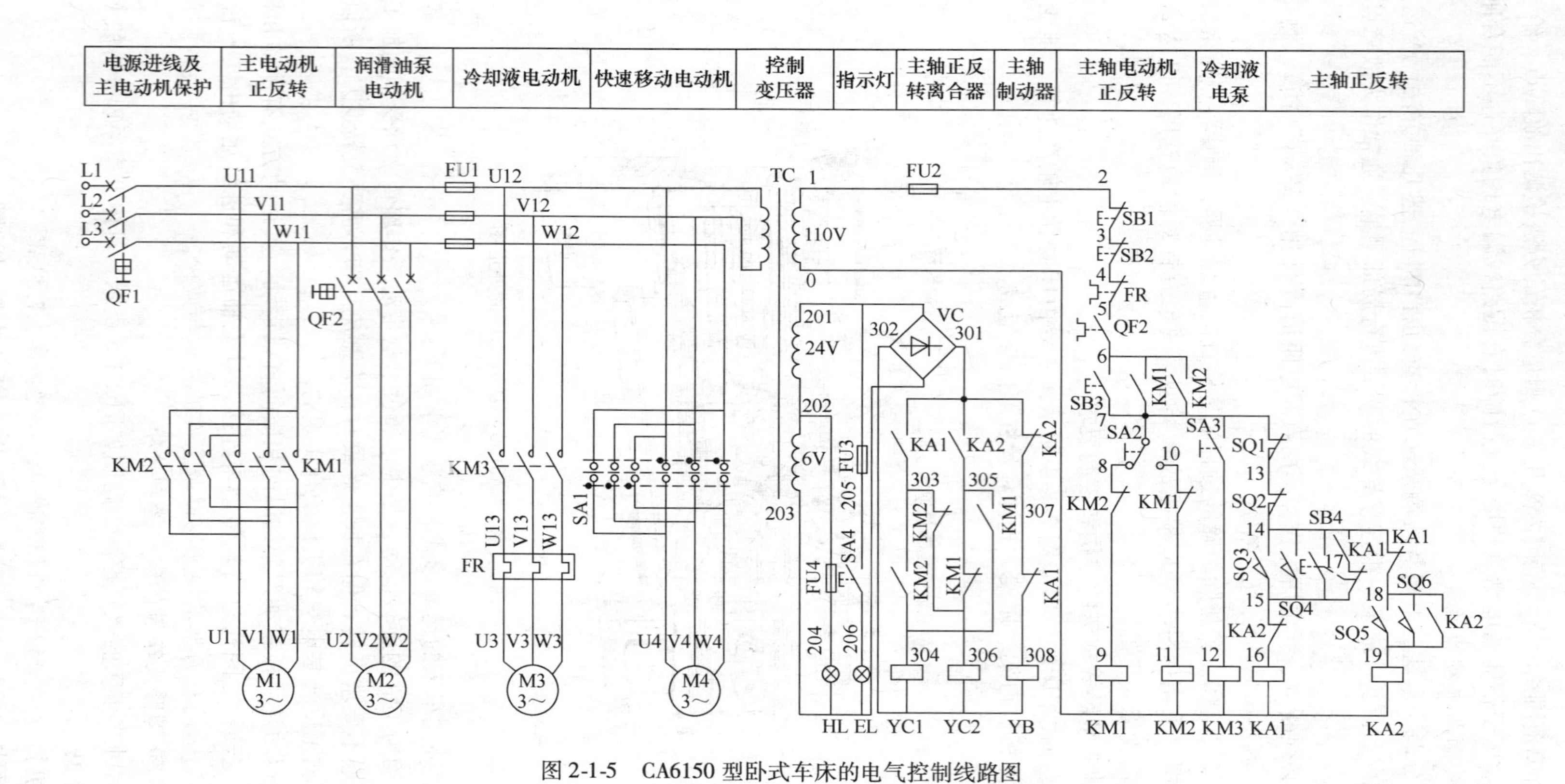

图 2-1-5　CA6150 型卧式车床的电气控制线路图

【冷却液电动机】：M3，型号：KSB—25，额定功率：125W。

【快速移动电动机】：M4，型号：YSS2534，额定功率：250W。

由于四台三相异步电动机均为小功率，所以在控制过程中都采用直接起动的方式。

2. 电源

【总电源】：采用三相四线低压工频电（50Hz），即L1、L2、L3（380V/220V），作为M1～M4的工作电源。

【控制电源】：由电源变压器TC(380V/110V)提供。交流110V作为继电器线圈工作电源。

【照明电源】：由电源变压器TC(380V/24V)提供。交流24V作为局部照明灯EL的电源。

【电磁离合器电源】：由电源变压器TC(380V/24V)提供。交流24V经二极管桥式整流输出直流电源DC 21.6V，作为电磁离合器工作电源。

【信号指示电源】：由电源变压器TC(380V/6V)提供。交流6V作为通电信号指示灯HL的电源。

3. 主电路分析

CA6150型卧式车床主电路中四台三相异步电动机的工作电源及电源变压器一次侧输入电源由自动空气断路器QF1控制，并兼有短路、过载保护作用。熔断器FU1为M3、M4的分级短路保护。

（1）主轴电动机M1　由接触器KM1、KM2控制正反转运行。

（2）润滑油泵电动机M2　由自动空气断路器QF2控制单向运行，并对其实现短路、过载保护。

（3）冷却液电动机M3　由接触器KM3控制单向运行，热继电器FR过载保护。

（4）快速移动电动机M4　由凸轮开关SA1控制正反转运行。

4. 控制线路分析

（1）主轴正反转控制　控制前的准备如下：闭合电源开关QF1通电指示HL亮，主轴制动器电磁抱闸YB得电。闭合润滑油泵控制开关QF2，以确保在车床运行前齿轮箱润滑系统先运行，车床控制线路中设有QF2常开触点（5—6），起到顺序控制作用。

主轴正反转控制过程中，主电动机M1的转向变换是由主令开关SA2来实现，而主轴的转向与主电动机M1的转向无关，主轴的转向取决于操作手柄和相对应的位置开关SQ3、SQ4、SQ5、SQ6的触点状态及继电器、电磁离合器所产生的相应动作。

控制过程如下：将主电动机正反转主令开关SA2打到正转位置，按下SB3。

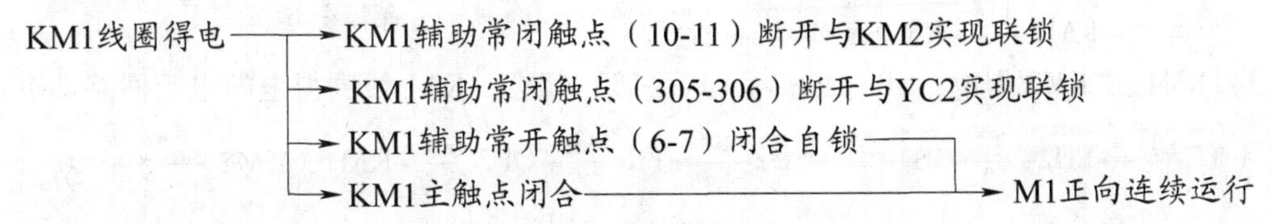

主电动机M1起动并正向运行，此时电磁离合器YC1、YC2的线圈未得电与主电动机处于脱开状态，主轴与主电动机无机械联系，主轴不转动。

操作走刀箱或溜板箱操作手柄SQ3、SQ5或SQ4、SQ6，使YC1、YC2的线圈通过中间继电器KA1或KA2的动作而得电，主轴与主电动机建立机械联系实现主轴的定向运行。

具体控制过程，走刀箱手柄“向上”操作，SQ3常开触点(14-15)闭合，同时SQ1常闭触点(7-13)和SQ2常闭触点(13-14)复位闭合 ——→KA1线圈得电

→KA1常闭触点(14-18) 断开与KA2实现联锁

→KA1常闭触点(307-308) 断开→YB线圈失电→主轴制动解除

→KA1常开触点(14-17)闭合自锁

→KA1常开触点(301-303)闭合→YC2线圈得→电磁离合器动作，主轴正转

当KM1得电动作主轴反转控制与正转控制相似。即，走刀箱手柄“向下”操作，SQ5常开触点（18-19）闭合，同时SQ1常闭触点（7-13）和SQ2常闭触点（13-14）复位闭合。

KA2线圈得电→YB线圈失电→主轴制动解除

→YC1线圈得电→电磁离合器动作，主轴反转

【由上述控制过程可看出】：主轴正反转是由电磁离合器与机械的配合而决定的。KM1得电或KM2得电，主电动机正反向运行，通过操作手柄都可实现主轴的正反两个方向运行，表2-1-5给出了主电动机转向、主轴转向控制过程中各电气元器件之间的关系。

表 2-1-5　主电动机转向、主轴转向控制过程中各电气元器件之间的关系表

SA2开关选择	主电动机转向	操作手柄位置	手柄开关	通用继电器	电磁离合器	主轴转向
KM1吸合	正转	向右（或向上） 向左（或向下）	SQ3（SQ4）压合 SQ5（SQ6）压合	KA1吸合 KA2吸合	YC2通电 YC1通电	正转 反转
KM2吸合	反转	向右（或向上） 向左（或向下）	SQ3（SQ4）压合 SQ5（SQ6）压合	KA1吸合 KA2吸合	YC1通电 YC2通电	正转 反转

主轴正反转控制各继电器、电磁离合器线圈得电的电流回路。

1）SA2（7-8）闭合，按下SB3，KM1线圈得电的电流回路如下：

TC —1#→ FU2 —2#→ SB1 —3#→ SB2 —4#→ FR —5#→ QF2 —6#→ SB3 —7#→
（QF2 —6#→ KM1 —7#，自锁支路）

—→ SA2 —8#→ KM2 —9#→ KM1线圈 —0#→ TC

2）SA2（7-10）闭合，按下SB3，KM2线圈得电的电流回路如下：

TC —1#→ FU2 —2#→ SB1 —3#→ SB2 —4#→ FR —5#→ QF2 —6#→ SB3 —7#→ SA2 —10#→
（QF2 —6#→ KM1 —7#，自锁支路）

—→ KM1 —11#→ KM2线圈 —0#→ TC

3）KM1或KM2得电，SB3或SB4（14—15）闭合，KA1线圈得电的电流回路如下：

TC —1#→ FU2 —2#→ SB1 —3#→ SB2 —4#→ FR —5#→ QF2 —6#→ KM1（KM2）—7#→ SQ1

—13#→ SQ2 —14#→ SQ3 —15#→ KA2 —16#→ KA1线圈 —0#→ TC
（14#—→ SQ4 —15#；14#—→ KA1 —17#→ SB4 —15#；14#—→ SB4 —15#）

4）KM1 或 KM2 得电，SB5 或 SB6（18—19）闭合，KA2 线圈得电的电流回路如下：

TC ——→ 14#是与 KA1 得电的公共电路，独立电路。

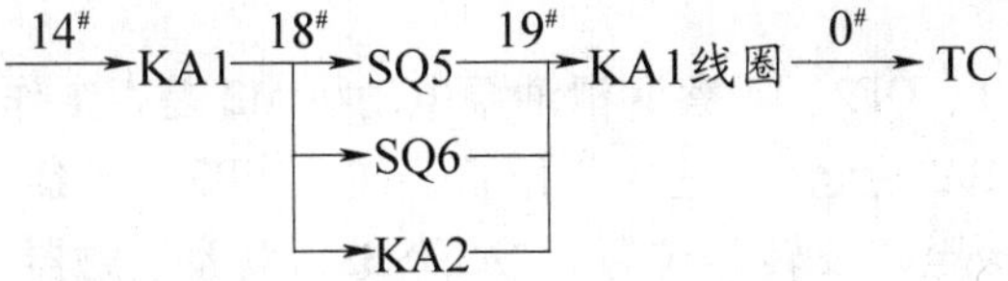

14# →KA1 18# →SQ5 / →SQ6 / →KA2 19# →KA1线圈 0# → TC

5）KM1 或 KM2 和 KA1 或 KA2 相继得电后，电磁离合器线圈得电的电流回路如下：

YC1 得电的电流回路：VC —301#→ KA2 —305#→ KM1 —304#→ YC1 线圈 —302#→ VC

YC2 得电的电流回路：VC —301#→ KA1 —303#→ KM2 —306#→ YC2 线圈 —302#→ VC

（2）主轴制动控制　断开 SQ1 或 SQ2 ——→ KA1 或 KA2 线圈失电 ——→ KA1 常闭触点（301—307）复位闭合，KA2 常闭触点（307—308）复位闭合 ——→ 电磁制动器 YB 线圈得电实现对主轴的制动控制。

（3）主电动机停止控制　主轴停止及制动只是主轴与主电动机脱离机械联系，主轴停转，主电动机仍旧运行。主轴停止，按下 SB1 或 SB2（两地控制）——→ KM1 或 KM2 线圈失电，KM1 或 KM2 主触点断开，主电动机失电停止运行。

（4）主轴点动控制。

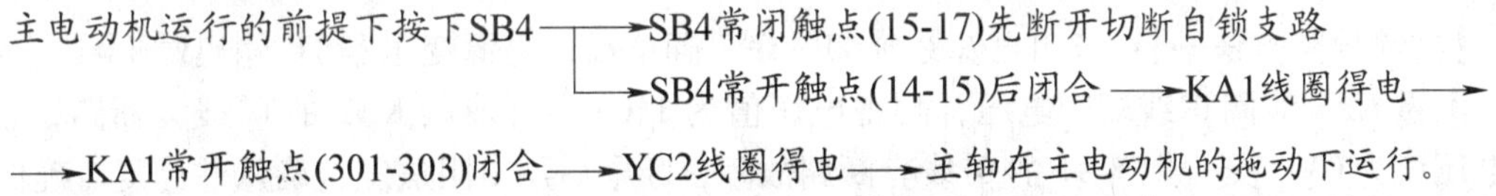

主电动机运行的前提下按下SB4 →SB4常闭触点(15-17)先断开切断自锁支路
→SB4常开触点(14-15)后闭合 →KA1线圈得电 →
→KA1常开触点(301-303)闭合 →YC2线圈得电 →主轴在主电动机的拖动下运行。

由于主轴“正点”和“反点”均是控制 KA1 线圈的得、失电，因此主轴点动转向取决于 KM1 和 MK2 的得、失电，由主令开关 SA2 控制。

松开 SB4，KA1、YC1 或 YC2 相继失电，点动控制结束。

（5）冷却泵电动机控制。

主电动机运行的前提下，闭合SA3 →KM3线圈得电 →KM3主触点闭合 →M3单向连续运行。

（SA3是自锁式旋钮，能实现连续运行控制）

5. 联锁保护环节

（1）主电动机 M1 正反转控制中采用主令开关手柄实现机械联锁，并利用接触器 KM1 和 KM2 的辅助常闭触点实现接触器联锁。

（2）主轴正反转控制中采用操纵杆控制 SQ3、SQ4、SQ5、SQ6 实现机械联锁，利用中间继电器 KA1、KA2 的常闭触点实现继电器联锁。

（3）电磁离合器 YC1 和 YC2 间，利用 KM1 和 KM2 的辅助常开、常闭触点以及 KA1 和 KA2 的常开触点实现控制线路联锁。

（4）主轴运行与主轴制动控制由 KA1 和 KA2 的常开、常闭触点来实现联锁。

任务实施

一、工作准备

（1）工具：验电器、电工刀、剥线钳、尖嘴钳、斜口钳、旋具等。

（2）仪表：万用表。

（3）设备：CA6150 型卧式车床。

（4）其他：跨接线若干，穿戴好劳动防护用品。

二、观察故障现象

（1）验电，合上 QF1、QF2，观察润滑油泵电动机 M2 是否工作。

（2）先将主令开关 SA2 扳至“正转”位置，按下 SB3，观察接触器 KM1 是否得电吸合。再将主令开关 SA2 扳至“反转”位置，按下 SB3，观察接触器 KM2 是否得电吸合。

（3）操作 SQ3 使常开触点闭合，观察 KA1 线圈是否得电吸合，再观察 YB 线圈及 YC2 线圈是否也相继得电吸合。

（4）操作 SQ5 使常开触点闭合，观察 KA2 线圈是否得电吸合，再观察 YB 线圈及 YC1 线圈是否也相继得电吸合。

通过以上操作，观察结果是润滑油泵电动机 M2 能正常工作，接触器 KM1 和 KM2 及继电器 KA2 都能得电吸合，但 KA1 线圈没有得电吸合。

三、判断故障范围

根据观察到故障现象，KA1 无吸合动作，则说明该中间继电器线圈未得电，电源及公共回路是正常，故障可能是 15#、16#、0#线断开，或者 KA2 常闭触点或损坏，或者 KA1 线圈断线或接触不良。

四、排除故障经过

【排除故障方法一】：*采用电压分阶测量法*。通电后以电源变压器 TC 输出端 1#线端为基准，测量 KA1 线圈 0#线端间电压，测得电压值为 110V，可确认 KA1 的 0#线无断路，若测得电压值为 0V，则说明 KA1 的 0#线有断路故障，断电后用电阻法复查确认并修复。确保 0#线无断路的前提下，以 0#线为参考点，按 KA1 线圈得电的电流回路分别测量各点电位。先任意在回路中间测一点电位，根据测得值分析判断缩小故障范围，测量点电位为 110V，则说明 TC1#线端到被测点无断路，测得电位为 0V，则电路中有断路，可由此点向电源方向逐点检测，若测得一触点两端或同号线两头电位不同，可认为是断路故障点。断电后用电阻法复查确认并修复。

【排除故障方法二】：*采用电阻分阶或分段测量法*。使用电阻分阶法应了解电路中各继电器线圈的直流电阻值，测量前必须先停电、验电，确保无电方可实施。具体操作方法如下：以 KA1 线圈 0#线为基准，测量回路中除 0#线外各点与基准点间的电阻值，测得电阻值等于线圈电阻值说明测量点到基准点无断路，若测得电阻值为∞，则说明测量点到基准点有断路故障。缩小故障范围可由测量点向线圈方向逐点测量与基准点间电阻值，若测得一触点两端或同号线两头电阻值不同可认为是断路故障点。电阻分段法常用于 0#线或复查，电流回路中同电位的任意两点间都可使用此方法检测，两点间电阻值为 0Ω，可视为通路；两点间电阻值为∞，则说明此段电路中有断路现象存在。

根据测量，16#线断开，用跨接线连接，重新试车，主轴运转正常。

任务拓展

某厂有台 CA6150 型卧式车床，合上自动空气断路器 QF1、QF2，将主令开关扳至“反转”位置，按下 SB3，并操作凸轮开关使 SQ6 常开触点闭合。发现主轴不能正向运转，且观察到 KM2 线圈得电吸合；KA2 线圈得电吸合而 YC2 不得电。请分析故障原因并检修，填写好维修记录表。

提示检修要点：

（1）测量电源变压器 TC 二次侧 AC 24V 电压是否达到额定值。

（2）测量桥式整流 VC 直流输出端电压值应符合交流电压 U_2 的有效值乘以 0.9 等于直流电压 U 值。

（3）测量电磁离合器 YC2 线圈是否断路。

（4）采用合理的测量方法应对电磁离合器 YC2 线圈得电的电流回路检测任务。

任务 2　Z3050 型摇臂钻床电气控制线路的分析与检修

任务目标

1. 了解 Z3050 型摇臂钻床的结构、性能、适用范围以及相关技术参数。
2. 能说出 Z3050 型摇臂钻床中所有元器件的名称、型号、规格以及作用和实际位置。
3. 能分析 Z3050 型摇臂钻床的电气原理图，根据原理图正确说出操作程序、各电流回路。
4. 能判断 Z3050 型摇臂钻床是否正常工作，并观察设定的故障现象准确判断故障范围。
5. 能运用常用电工仪表，通过正确的检测方法检出 Z3050 型摇臂钻床故障点，并予以修复。
6. 能自觉、严格地执行安全操作规程，杜绝一切不安全事故的发生。
7. 能自觉遵守“7S”管理规定，做到文明操作。

任务描述

某五金加工厂，有台 Z3050 型摇臂钻床出现摇臂移动后不能夹紧的故障现象，请予检修。具体要求如下：

1. 仔细观察运行过程。
2. 在原理图中判断故障范围，指出对应机床实际元器件位置和电流回路。
3. 正确选用仪表与工具，并对可能出现故障的回路进行认真测量，找出故障点，给予修复。
4. 检修工时：15min。

任务分析

Z3050 型摇臂钻床为金属切削加工设备，适用于大、中型铸件、钢件上的钻孔、扩孔、绞孔平面及攻螺纹等加工，广泛适用于加工、制造行业。要完成 Z3050 型摇臂钻床的检修，首先要了解三相异步电动机继电器单向和双向运行的控制原理，具备一定的机械和液压传动知识。在此基础上读懂电气原理图、元器件布置图和接线端子排列表。对各动作原理认真分析，要掌握正确的操作程序，用正确动作程序与现场设备的动作状态进给比较并快速判断故障所在区域以及电流回路，准确找到故障回路中的测量点。灵活选用电压、电阻测量法进行电气测量，并分析测量数据确定具体故障点，采用安全快捷的方法修复故障。

相关知识

一、Z3050 型摇臂钻床的结构及运动形式

Z3050 型摇臂钻床的外形如图 2-2-1 所示，主要由主轴、主轴箱、摇臂、内立柱、外立柱、工作台及底座组成。工作台用螺栓固定在底座上，工作台上面固定加工工件，内立柱也固定在底座上。外立柱套在内立柱上，用液压夹紧机构夹紧后，二者不能相对运动，松开夹紧机构后，外立柱用手推动可绕内立柱旋转 360°。

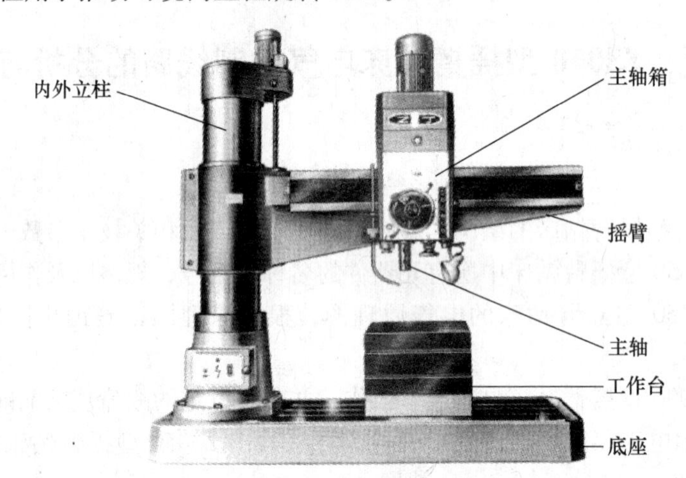

图 2-2-1　Z3050 型摇臂钻床的外形

其运动方式为主轴可旋转运动和纵向进给，主轴箱可沿摇臂径向运动，摇臂可垂直移动和回转运动。

二、Z3050 型摇臂钻床电力拖动特点及控制要求

1）摇臂钻床的运动部件较多，采用四台电动机拖动，它们分别为 M1 主轴电动机、M2 摇臂升降电动机、M3 液压泵电动机、M4 冷却泵电动机，四台电动机均为小功率电动机，都采用直接起动的控制方式。

2）摇臂钻床的主轴运动和进给运动，即主轴旋转和纵向进给皆为主轴电动机拖动，并要求主轴正反转控制、主轴变速和进给控制，这些均由机械系统完成。

3）摇臂升降由升降电动机拖动，采用继电器控制电动机的正反转，并严格按松开→移动→夹紧这一自动程序运行。

4）液压泵由液压泵电动机拖动，采用继电器控制其正反转，利用液压泵的正反转送出不同流向的压力油，实现主轴箱、内外主柱和摇臂的夹紧、放松。

5）冷却泵电动机拖动冷却泵单向运行，冷却液循环系统对钻头和工件实现冷却。

6）为能使摇臂钻床安全可靠的运行，在电气和机械系统中采用了多种保护和联锁环节，信号指示装置实现控制和运行方式指示，局部照明采用 24V 安全电压。

三、Z3050 型摇臂钻床电气控制线路分析

Z3050 型摇臂钻床的电气控制线路图如图 2-2-2 所示，具体工作原理分析如下：

1. 控制对象

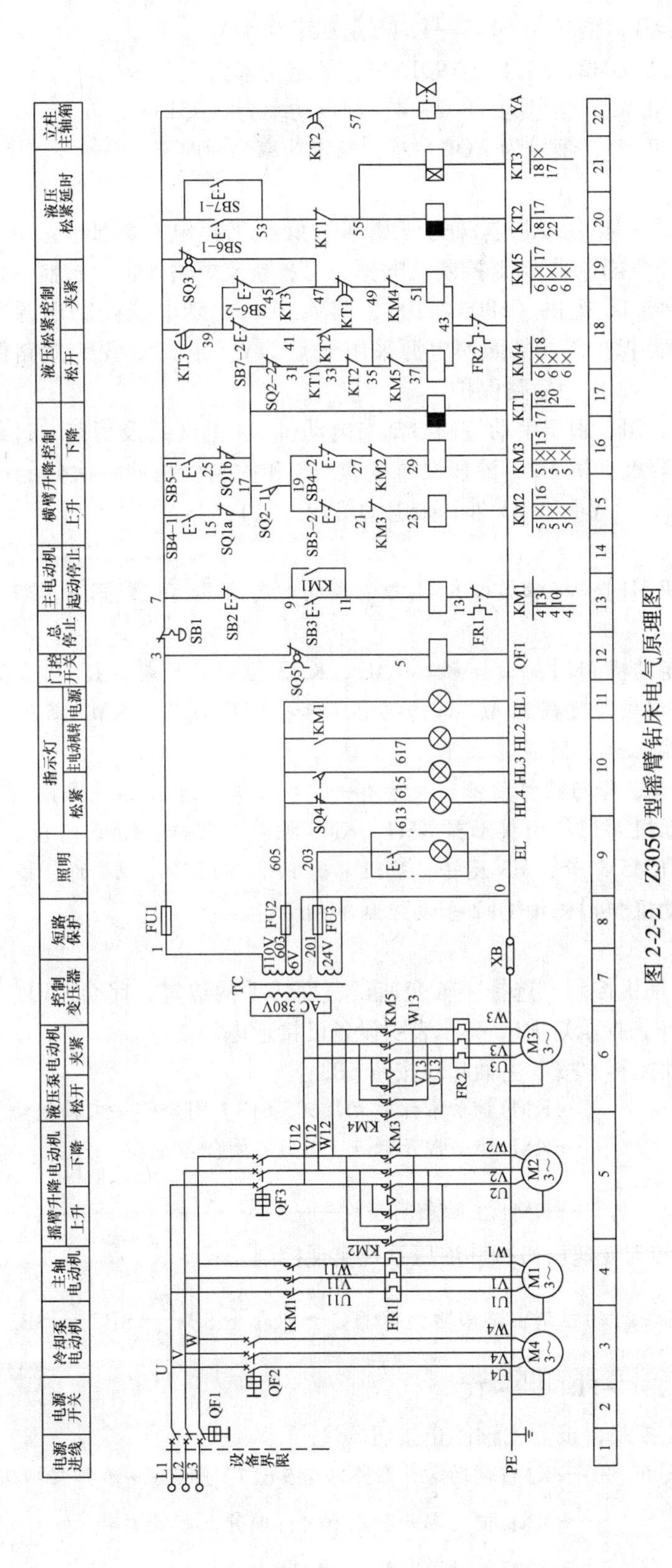

图 2-2-2　Z3050 型摇臂钻床电气原理图

主轴电动机 M1，型号为 Y112—4，额定功率为 4kW。

摇臂升降电动机 M2，型号为 Y90L—4，额定功率为 1.5kW。

液压泵电动机 M3，型号为 Y802—4，额定功率为 0.75kW。

冷却泵电动机 M4，型号为 AOB—25，额定功率为 90W。

2. 电源

Z3050 型摇臂钻床输入总电源为三相四线低压工频电（50Hz），L1、L2、L3（380V/220V），由自动空气断路器 QF1 控制总电源的通、断及短路保护，控制、信号、局部照明电源均由控制变压器 TC 提供（380V/110V，24V，6V）。继电器控制电源等级为交流 110V，并由 FU1 作为短路保护。局部照明电源采用交流 24V，由 FU3 作为短路保护。信号、指示电源为交流 6V，FU2 作为短路保护。

电源电路中，QF2 用于手动控制冷却泵电动机 M4 的运行及短路、过载保护，QF3 用来专门控制摇臂升降电动机 M2、液压泵电动机 M3 和控制变压器一次侧的电源通断和短路保护（若 QF3 分断，除 M4 和 M1 外其余电动机均失电）。

3. 主电路

【主轴电动机 M1】：接触器由 KM1 控制单向运行且具有过载保护 FR1。正反转由机械系统实现。

【摇臂升降电动机 M2】：由接触器 KM2、KM3 控制正反转。KM3 闭合、KM2 断开，电源和负载均为顺相序，可视为 M2 正转摇臂下降；KM2 闭合、KM3 断开，负载反相序，可视为 M2 反转摇臂上升。因摇臂上升、下降运行时间短，又为注视控制，所以可不设专门的过载保护，摇臂升、降与摇臂放松、夹紧有一定的配合关系，这是由控制线路来保证的。

【液压泵电动机 M3】：由接触器 KM4、KM5 控制正反转。KM5 闭合、KM4 断开，M3 正转；KM4 闭合、KM5 断开，M3 反转。热继电器 FR2 实现了对 M3 的过载保护。

【冷却泵电动机 M4】：由 QF2 手动控制单相运行。

4. 控制线路

（1）主轴电动机控制　选择主轴变速正、反转手柄位置，闭合 QF1、QF2、QF3，冷却泵电动机 M4 工作，指示灯 HL1 亮，表明设备已接通电源。

1）主轴起动控制，按下主轴起动按钮 SB3：

KM1线圈得电 → KM1辅助常开触点（605-617）闭合 → 主轴起动指示灯HL2亮
　　　　　　 → KM1辅助常开触点（9-11）闭合自锁 → M1连续运行
　　　　　　 → KM1 主触点闭合 → M1连续运行

主轴的正反转与变速由机械和液压系统实现控制。

KM1 得电主轴运行的控制电路回路如下：TC $\xrightarrow{1^{\#}}$ FU1 $\xrightarrow{3^{\#}}$ SB1 $\xrightarrow{7^{\#}}$ SB2 $\xrightarrow{9^{\#}}$ SB3（起动）/ KM1（自锁）$\xrightarrow{11^{\#}}$ KM1线圈 $\xrightarrow{13^{\#}}$ FR1 $\xrightarrow{0^{\#}}$ TC

2）主轴停止控制，按下主轴停止按钮 SB2：

KM1线圈失电 → KM1辅助常开触点（605-617）断开 → 主轴起动指示灯HL2灭
　　　　　　 → KM1辅助常开触点 (9-11) 断开，解除自锁
　　　　　　 → KM1主触点断开 → M1失电

SB1 紧急停止按钮(3-7) 为红色可自锁蘑菇按钮，在需迅速停止的情况下操作。

（2）摇臂升、降控制　操作摇臂升、降移动前，摇臂与立柱应处于夹紧状态，夹紧、放松信号开关 SQ4 触点(605-613) 闭合，触点(605-615) 断开，夹紧指示灯 HL4 亮，松开指示灯 HL3 亮。夹紧开关 SQ3 常闭触点(7-47) 为断开状态，摇臂升、降属于点动注视控制。

摇臂上升控制过程分三个阶段：摇臂松开阶段、摇臂上升阶段和摇臂夹紧阶段。

按下上升按钮SB4 → SB4-2常闭触点（19-27）先断开，与KM3实现联锁
　　　　　　　→ SB4-1常开触点（7-15）后闭合 →

→ KT1线圈得电 → KT1瞬时常闭触点（53-55）断开，与KT2、KT3实现联锁
　　　　　　　→ KT1瞬时断开，延时闭合触点（47-49）断开，与KM5实现联锁
　　　　　　　→ KT1瞬时常开触点（31-33）闭合 →

→ KM4线圈得电 → KM4辅助常闭触点(49-51)断开，与KM5实现联锁
　　　　　　　→ KM主触点闭合 → 液压泵电动机M3反向运行

压力油经分配阀进入摇臂松、夹油缸的松开油腔，并推动活塞和菱形块使摇臂松开。

随着摇臂的松开，通过液压和机械的作用，SQ3 夹紧信号开关常闭触点(7-47) 复位闭合，为 KM5 得电作准备。SQ4 常闭触点(605-613) 断开夹紧指示 HL4 熄灭，SQ4 常开触点(605-615) 闭合，放松指示灯 HL3 亮。同时，活塞杆通过弹簧片压迫限位开关 SQ2 使

SQ2-2常闭触点（17-31）断开 → KM4线圈失电 → KM4主触点断开，M3失电摇臂放松结束
　　　　　　　　　　　　　　　　　　　→ KM4辅助常闭触点（49-51）复位闭合，为KM5得电准备

SQ2-1常开触点（17-19）闭合 → KM2线圈得电 → KM2辅助常闭触点（27-29）断开，与KM3实现联锁
　　　　　　　　　　　　　　　　　　　→ KM2主触点闭合 → 摇臂升、降电动机M2反转，带动摇臂上升

归纳上述控制过程：完成了摇臂放松和上升两个阶段。

1）摇臂由“放松”到上升过程继电器得失电顺序如下：

按下 SB4 → KT1 得电 → KM4 得电 $\xrightarrow{\text{摇臂松开后}}$ KM4 失电 → KM2 得电

2）各继电器得电电流回路如下：

a）KT1 线圈得电电流回路（见图 2-2-3a）

TC $\xrightarrow{1^{\#}}$ FU1 $\xrightarrow{3^{\#}}$ SB1 $\xrightarrow{7^{\#}}$ SB4-1 $\xrightarrow{15^{\#}}$ SQ1a $\xrightarrow{17^{\#}}$ KT1 线圈 $\xrightarrow{0^{\#}}$ TC

b）KM4 线圈得电电流回路（见图 2-2-3b）

TC $\xrightarrow{1^{\#}}$ FU1 $\xrightarrow{3^{\#}}$ SB1 $\xrightarrow{7^{\#}}$ SB4-1 $\xrightarrow{15^{\#}}$ SQ1a $\xrightarrow{17^{\#}}$ SQ2-2 $\xrightarrow{31^{\#}}$ KT1 $\xrightarrow{33^{\#}}$ KT2 $\xrightarrow{35^{\#}}$ KM5 $\xrightarrow{37^{\#}}$ KM4 线圈 $\xrightarrow{43^{\#}}$ FR2 $\xrightarrow{0^{\#}}$ TC

c）KM2 线圈得电电流回路（见图 2-2-3c）

TC —1#→ FU1 —3#→ SB1 —7#→ SB4-1 —15#→ SQ1a —17#→ SQ2-1 —19#→ SB5-2 —21#→ KM3 —23#→ KM2 线圈 —0#→ TC

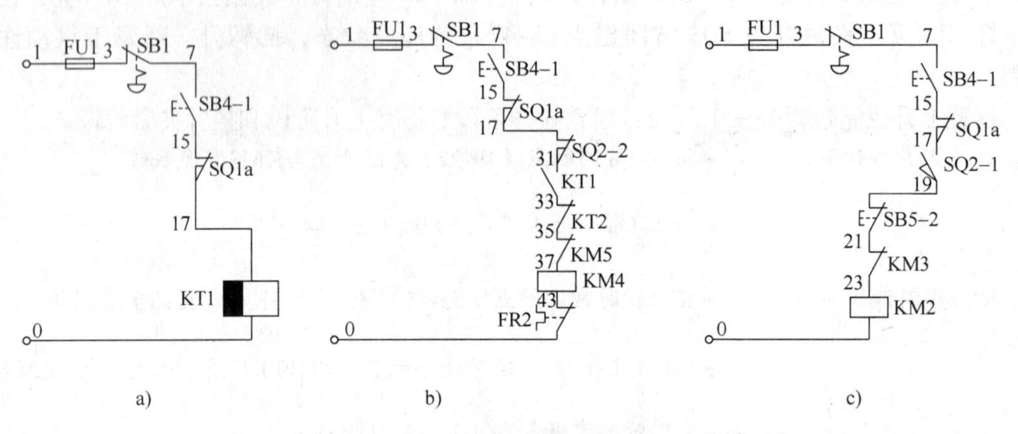

图 2-2-3　摇臂控制电流通道

a）KT1 线圈得电电流回路　b）KM4 线圈得电电流回路　c）KM2 线圈得电电流回路

注：注：SQ1a 和 SQ1b 分别是摇臂上、下移动的极限位置开关。

摇臂上升到所需高度后，释放“上升”按钮SB4使其触点复位，即SB4-1常开触点（7-15）断开 → KM2线圈失电 → KM2主触点断开，摇臂升降电动机M2失电；→ KM2辅助常闭触点（27-29）闭合，解除联锁并为KM3得电准备

→ KT1线圈失电 → KT1瞬时常开触点（31-33）断开；—经整定时间→ KT1瞬时断开延时闭合触点（47-49）闭合

由于KM4失电后辅助常闭触点(49-51) 已闭合，且SQ3（7-47）在机械的作用下也已闭合，KM5线圈得电 → KM5辅助常闭触点（35-37）断开与KM4实现联锁；→ KM5主触点闭合 → 液压泵电动机M3正转，并通过液压和机械系统使摇臂与立柱夹紧

随着摇臂与立柱夹紧到位后，活塞杆通过弹簧片压迫限位开关SQ3，SQ3常闭触点（7-47）断开 → KM5线圈失电 → KM5主触点断开，液压泵电动机M3失电，夹紧结束；→ KM5线圈失电，KM5辅助常闭触点（35-37）闭合，解除联锁并为KM4再次得电作准备

夹紧的同时，在液压和机械的作用下，SQ4 常开触点（605-615）断开，常闭触点（605-613）闭合，夹紧指示灯 HL4 亮。行程开关 SQ2-1 常开触点（17-19）断开，常闭触点（17-31）闭合，为再次升降作准备。

归纳上述控制过程：完成摇臂的夹紧过程。

1）释放“上升”按钮 SB4，继电器得失电顺序如下：

松开SB4 → KM2线圈失电，摇臂上升结束

→ KT1线圈失电 —经整定时间→ KM5线圈得电 —夹紧后→ KM5线圈失电

2）KM5 线圈得电电流回路如下：

TC —1#→ FU1 —3#→ SB1 —7#→ SQ3 —47#→ KT1 —49#→ KM4 —51#→ KM5 线圈 —43#→ FR2 —0#→ TC

摇臂“下降”控制与“上升”控制原理相似。摇臂下降前为夹紧状态，即 SQ3 常闭触点(7-47) 被压迫断开，SQ2-1 常开触点(17-19) 断开，SQ2-2 常闭触点(17-31) 闭合，SQ4 松开。夹紧限位指示开关被压迫，SQ4 常闭触点(605-613) 断开、常开触点(605-615) 闭合，夹紧指示灯 HL3 亮。

摇臂下降过程中继电器得失电顺序如下：

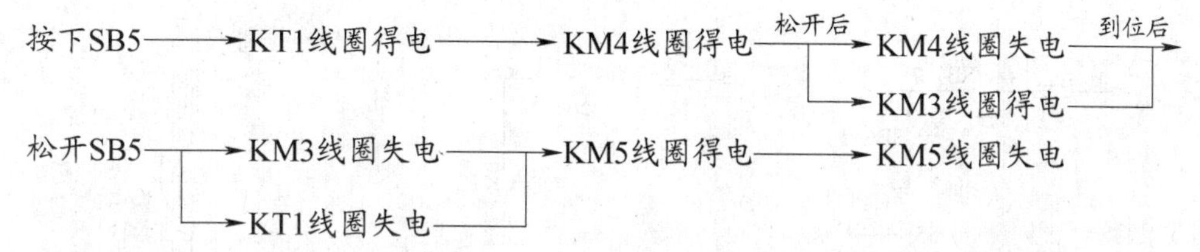

（3）主轴箱与立柱松开、夹紧控制　在实际加工中摇臂与立柱要回转运行，此时要求摇臂与外立柱处于夹紧状态，而内立柱和外立柱处于松开状态，可以推动摇臂使外立柱绕内立柱旋转，主要靠液压控制的立柱松开、夹紧装置。手动操作主轴箱在摇臂的水平导轨上移动到适当位置，则主轴箱与摇臂要松开，所以，主轴箱也要求有液压控制的立柱松开、夹紧装置。立柱与主轴箱夹紧与放松的电气控制线路是相同的。

松开延时控制顺序如下：

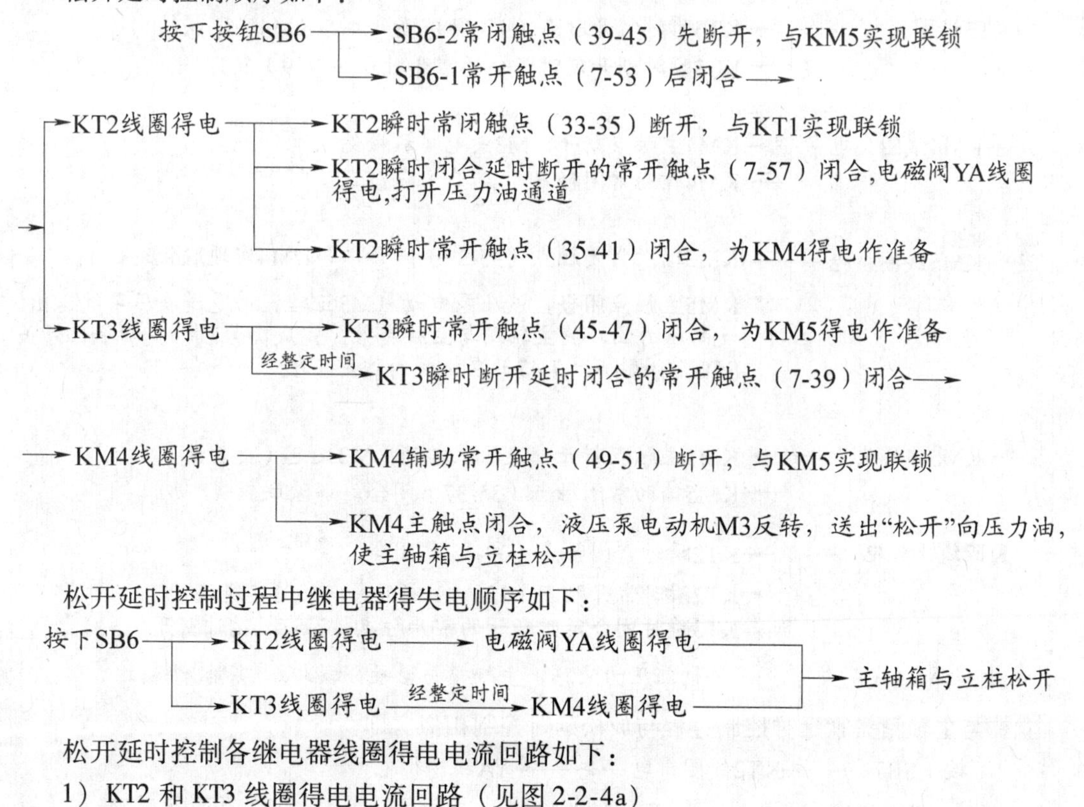

松开延时控制过程中继电器得失电顺序如下：

松开延时控制各继电器线圈得电电流回路如下：

1）KT2 和 KT3 线圈得电电流回路（见图 2-2-4a）

TC —1#→ FU1 —3#→ SB1 —7#→ SB6-1 —53#→ KT1 —55#→ KT2线圈 —0#→ TC（KT1 —55#→ KT2线圈 —0#，另一并联支路）

2）YA 线圈得电电流回路（见图 2-2-4b）

TC —1#→ FU1 —3#→ SB1 —7#→ KT2 —57#→ YA 线圈 —0#→ TC

3）KM4 线圈得电电流回路（见图 2-2-4c）

TC —1#→ FU1 —3#→ SB1 —7#→ KT3（延时闭合后）—39#→ SB7-2 —41#→ KT2 —35#→ KM5 —37#→ KM4 线圈 —43#→ FR2 —0#→ TC

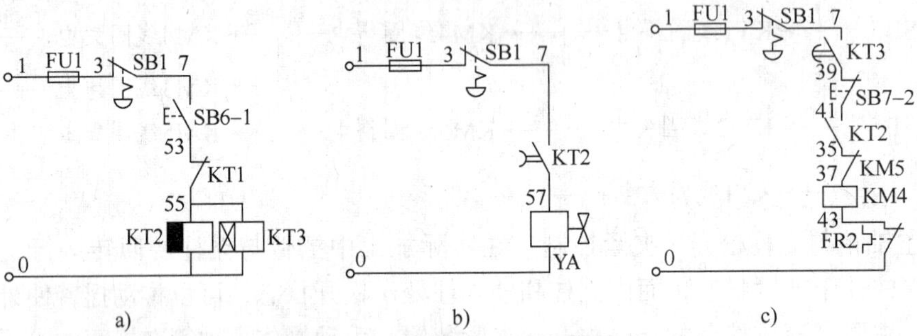

图 2-2-4　主轴箱与立柱电流通道

a）KT2 和 KT3 线圈得电电流回路　b）YA 线圈得电电流回路　c）KM4 线圈得电电流回路

释放按钮SB6 → SB6常开触点（7-53）断开 →

- → KT3线圈失电 → KT3瞬时常开触点（45-47）断开，与KM4实现联锁
  - → KT3瞬时断开延时闭合的常开触点（7-39）断开 →
- → KM4线圈失电 → KM4主触点断开，M3失电（放松结束）
  - → KM4辅助常闭触点（49-51）闭合 →
- → KM5线圈得电 → KM5辅助常闭触点（35-37）断开，与KM4实现联锁
  - → KM5主触点闭合，液压泵电动机M3正转，并通过液压系统送出反向压力油，使主轴箱与立柱夹紧。完成夹紧后，夹紧限位开关SQ3常闭触点（7-47）在机械的作用下断开 →
- → KM5线圈失电 → KM5主触点断开，液压泵电动机M3失电（夹紧结束）
  - → KM5辅助常闭触点（35-37）闭合，解除联锁
- → KT2线圈失电 → KT2瞬时常闭触点（33-35）闭合
  - → KT2瞬时常开触点（33-41）断开，与KT1实现联锁
  - → KT3瞬时闭合延时断开的常开触点（7-57）延时断开 →

→ 电磁阀YA线圈失电 → 切断压力油路，主轴箱与立柱“放松”、“夹紧”结束

立柱与主轴箱夹紧延时控制过程与放松延时控制相似。即

按下SB7 → KT2线圈得电 → YA线圈得电 → 开始夹紧
按下SB7 → KT3线圈得电 —经整定时间→ KM5线圈得电 → 开始夹紧

释放SB7 → KT3线圈失电 → KM5线圈失电 → 结束夹紧
释放SB7 → KT2线圈失电 —经整定时间→ YA线圈失电 → 结束夹紧

（4）局部照明与信号指示电路。

EL：机床局部照明灯。电源电压交流24V，FU3作为局部照明回路的短路保护。

HL1：控制电源指示灯，电源电压交流6V。

HL2：主轴电动机M1运行指示，电源电压交流6V，由KM1辅助常开触点控制。

HL3、HL4：摇臂、立柱松开、夹紧指示，电源电压交流6V，由限位开关SQ4控制。

信号指示回路均由FU2作为短路保护。

（5）联锁保护环节。

1）摇臂“松开”、“夹紧”和“上升”、“下降”以及主轴箱立柱间延时松开、夹紧都采用按钮接触器双重联锁的点动控制。

2）使用夹紧限位SQ3和SQ2来保证摇臂移动时先“松开”再移动、后“夹紧”的运行顺序。

3）使用KT1断电延时控制，是为了保护升降电动机M2完全停转后才实施自动夹紧运行，以避免电动机过载运行和减少机械磨损。

4）SQ1a和SQ1b为摇臂“上升”、“下降”的极限位置保护。

5）主轴箱与立柱延时松开、夹紧时间继电器KT2、KT3保证电磁阀YA先动作、M2后运行，M2先停止电磁阀后失电，避免液压泵电动机过载运行。

6）SQ5是电源箱门限位，只能在关闭电源箱后方可送电至机床电气控制柜。

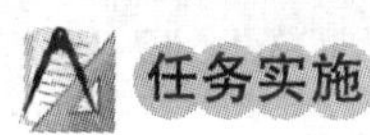

任务实施

一、工作准备

（1）工具：验电器、电工刀、剥线钳、尖嘴钳、斜口钳、旋具等。

（2）仪表：万用表。

（3）设备：Z3040型摇臂钻床。

（4）其他：跨接线若干，穿戴好劳动防护用品。

二、观察故障现象

（1）验电，闭合QF1、QF2、QF3，观察冷却泵电动机是否工作，指示灯HL1是否亮，如果灯亮了，表明设备已接通电源。

（2）按下SB4，观察摇臂是否能上升（KT1、KM4、KM2是否相继得电），松开SB4，观察摇臂是否与立柱夹紧（KM5是否得电）。

（3）按下SB5，观察摇臂是否能下降（KT1、KM4、KM3是否相继得电），松开SB4，观察摇臂是否与立柱夹紧（KM5是否得电）。

观察结果：操作SB4或SB5，摇臂能上升和下降，但移动到需要的位置，不能夹紧，接触器KM5始终没有得电。

三、确定故障范围

接触器KM5线圈没有得电，则故障在KM5线圈支路中，其电流通道如图2-2-5所示。

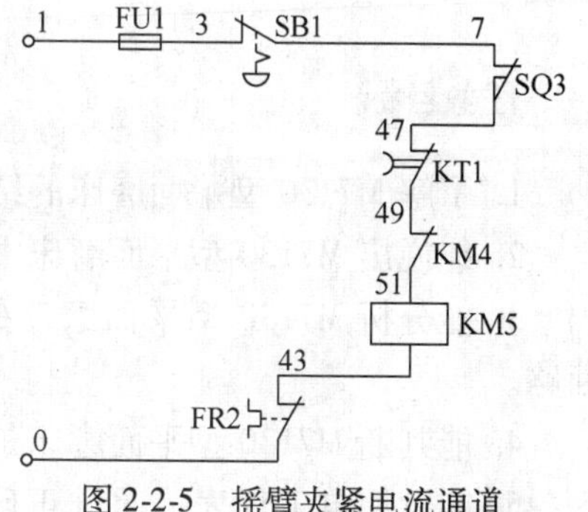

图2-2-5　摇臂夹紧电流通道

四、排除故障经过

用分段电阻测量法检测。断开QF1，将万用表的转换开关拨至“$R\times1$”挡并调零，检查夹紧限位开关SQ3常闭触点(7-47)、KT1常闭触点(47-49)、KM4常闭触点(49-51)、KM5线圈的电器部位。检查相关触点与接线，调整开关位置。

经查，故障点为SQ3常闭触点断开，无法接通，导致KM5线圈始终不能得电。

更换SQ3后，重新试车，工作正常。

任务拓展

一台Z3050型摇臂钻床，按下SB4或SB5，摇臂松开后摇臂不能升、降运动。请分析故障原因，并检修，填写检修记录单。

1. 故障原因分析

（1）行程开关SQ2动作不正常。摇臂放松后，SQ2-1(17-19)未闭合，安装位置有移动。

（2）摇臂升降电动机M2，正、反转控制接触器KM2、KM3的相关公共控制线路有断路故障。

（3）摇臂升降单方向不能运动，极限位置开关SQ1a或SQ1b的触点未闭合，或摇臂上升和下降控制的独立电路有故障。

2. 排除故障方法

（1）调整行程开关SQ2的位置，使摇臂松开后SQ2-2(17-31)断开、SQ2-1(17-19)闭合。

（2）检查摇臂升降电动机M2是否断相。

对KM2、KM3的相关公共控制线路进行测量分析如下：

7# → SB4-1 —15#→ SQ1a / SB5-1 —25#→ SQ1b —17#→ SQ2-1 → 19#

（3）摇臂松开后不能上升，检查摇臂上升极限位置开关SQ1a是否有断路；KM2线圈得电回路是否有断路。

摇臂松开后不能下降，检修方法与上述类似，即检查摇臂下降控制回路的独立电路中有无断路。

任务3　M7130型平面磨床电气控制线路的分析与检修

任务目标

1. 了解M7130型平面磨床的结构、性能、适用范围以及相关技术参数。

2. 能说出M7130型平面磨床中所有元器件的名称、型号、规格以及作用和实际位置。

3. 能分析M7130型平面磨床的电气原理图，根据原理图正确说出操作程序、各电流回路。

4. 能判断M7130型平面磨床是否正常工作，并观察设定的故障现象准确判断故障范围。

5. 能运用电工仪表，通过正确的检测方法检出M7130型平面磨床的故障点，并予以修复。

6. 能自觉、严格地执行安全操作规程，杜绝一切不安全事故的发生。

7. 能自觉遵守“7S”管理规定，做到文明操作。

任务描述

一台 M7130 型平面磨床通电运行时，电源正常，操作按钮所有电动机都不能起动。

1. 仔细观察运行过程，确认故障现象。

2. 根据故障现象判断故障范围，指出对应实际机床的相关元器件位置和控制回路。

3. 正确选用仪表、工具，并对可能出现故障的区域进行仔细测量，查出故障点给予修复。

4. 检修工时：15min。

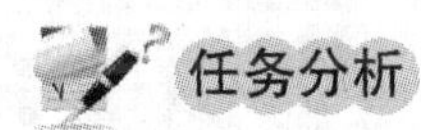

任务分析

磨床是用磨具或磨料（如砂轮、砂带、研磨剂等）对工件进行表面加工的精密机床。磨床种类很多，M7130 型平面磨床是典型的磨床。要完成 M7130 型平面磨床的检修，首先要了解三相异步电动机基本控制线路，具备一定的液压传动和电工电子的知识和技能。在此基础上读懂电气原理图、元器件布置图和接线端子排列表。对各动作原理认真分析，要掌握正确的操作程序，用正确动作程序与现场设备的动作状态进给比较并快速判断故障所在区域以及电流回路。准确找到故障回路中的测量点。灵活选用电压、电阻测量法进行电气测量，并分析测量数据确定具体故障点，采用安全快捷的方法修复故障。

相关知识

一、M7130 型平面磨床的主要结构和运动形式

图 2-3-1 是 M7130 型平面磨床的外形和结构示意图，M7130 型平面磨床主要由立柱、滑座、砂轮箱、电磁吸盘、工作台和床身等组成。

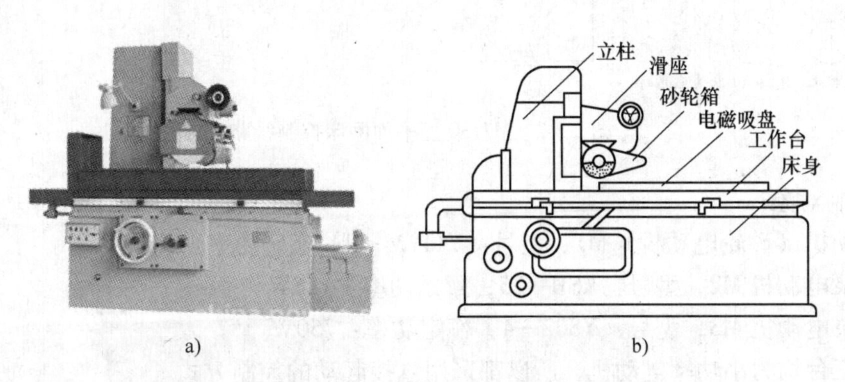

图 2-3-1　M7130 型平面磨床的外形和结构示意图

a）外形　b）结构示意图

M7130 型平面磨床运动方式如下：砂轮的旋转是主运动，工作台的左右移动为进给运动，砂轮箱的上下前后进给均为辅助运动。工作台每完成一次往返运动时，砂轮箱作一次间

断性的横向进给；当加工完整个平面后，砂轮箱作一次间断性的垂向进给。

二、M7130 型平面磨床的电气控制特点

M7130 型平面磨床采用多台电动机拖动，其拖动特点及控制要求是：

（1）砂轮通常采用两极笼型三相异步电动机拖动，不需调速，直接起动，单向连续运行。

（2）砂轮箱的纵向和横向进给采用液压传动。由一台三相异步电动机驱动液压泵，电气控制电动机单向连续运行，直接起动，无调速、反转等要求。

（3）一台三相异步电动机拖动冷却泵，给磨床加工提供冷却液。电气控制电动机单向连续运行，直接起动。

（4）平面磨床采用电磁吸盘来吸持工件，并有“退磁”环节和弱磁保护。

（5）具有各种常规的电气保护环节，安全局部照明装置。

三、M7130 型平面磨床电气控制线路分析

M7130 型平面磨床电气控制线路如图 2-3-2 所示。

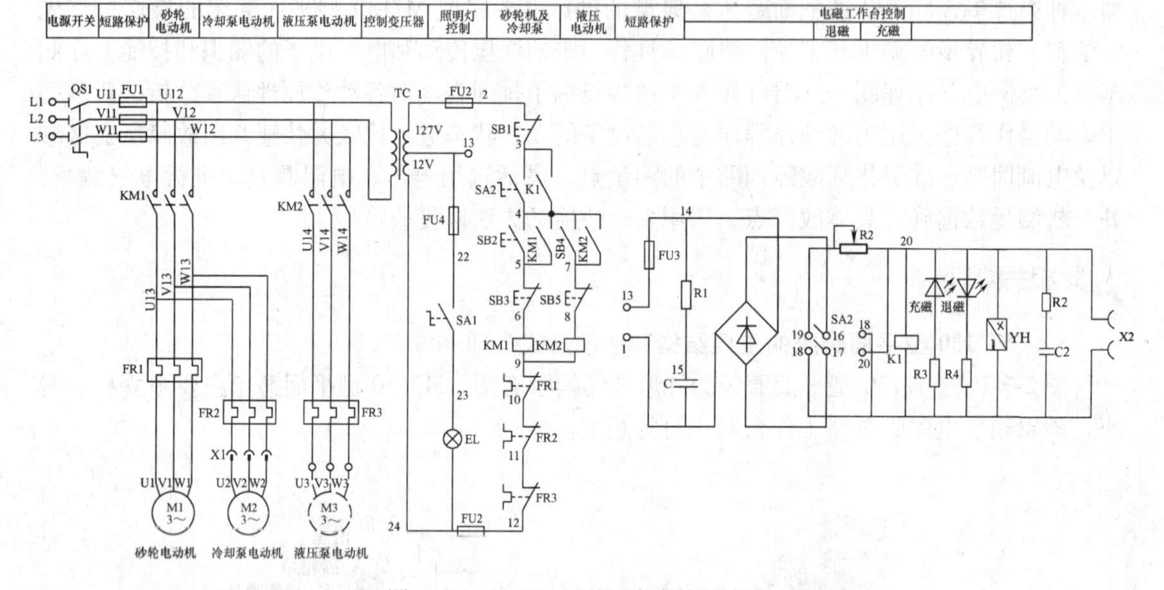

图 2-3-2　M7130 型平面磨床控制线路

1. 控制对象

主电动机（砂轮电动机）M1，型号：Y112M—2，额定功率：4kW。

冷却泵电动机 M2，型号：KSB—25，额定功率：125W。

液压泵电动机 M3，型号：Y802—4，额定功率：750W。

由于三台均为小功率电动机，所以都采用直接起动的控制方式。

2. 电源

M7130 型平面磨床输入总电源为三相四线低压工频电（50Hz），即 L1、L2、L3（380V/220V），由组合开关 QS1 控制。熔断器 FU1 作为总短路保护并兼有电气隔离作用。

控制电源采用交流 127V，由电源变压器 TC（380V/127V）供给。熔断器 FU2 作为控制

线路的短路保护。

电磁吸盘交流输入电源 127V，由电源变压器 TC（380V/127V）供给。熔断器 FU3 作为电磁吸盘电路交流侧的短路保护。

局部照明电源采用安全电压交流 12V，由电源变压器 TC（380V/12V）供给。熔断器 FU4 作为局部照明电路的短路保护。

3. 主电路

砂轮电动机 M1 由接触器 KM1 控制其单向连续运行。热继电器 FR1 对 M1 实现过载保护。冷却泵电动机 M2 与 M1 主电路之间由插销（X1）相连接，当 M1 运行后，需要冷却时对 M2 进行手动控制。热继电器 FR2 对 M2 实现过载保护。

液压泵电动机 M3 由接触器 KM2 控制其单向连续运行。热继电器 FR3 对 M3 实现过载保护。

4. 控制线路

（1）砂轮电动机 M1 的控制　闭合 QS1 接通总电源，将电磁吸盘旋钮 SA2 打到“充磁”位置。在“充磁”状态时，SA2（3-4）断开，SA2（16-18）和（17-20）闭合，实现欠电压（弱磁）保护，因为只有在电磁吸盘的磁力（磁动势）足以吸持工件的前提下，才允许起动砂轮电动机进行磨削加工，否则会造成在加工过程中由于电磁吸力不足而发生工件“飞出”伤人事故，所以平面磨床中设置的欠电压（弱磁）保护是必不可少的安全措施。即

SA2 打到“充磁”位置→K1 线圈得电→K1（3-4）触点闭合→实现电磁吸盘的欠电压（弱磁）保护，并为 KM1、KM2 得电作准备

按下SB2→KM1线圈得电→{KM1辅助常开触点（4-5）闭合自锁；KM1主触点闭合}→砂轮电动机M1单向连续运行

按下SB3→KM1线圈失电→{KM1辅助常开触点断开解除自锁；KM1主触点断开}→M1失电

KM1 线圈得电电流回路如下：

TC —1#→ FU2 —2#→ SB1 —3#→ K1（并联 SA2）—4#→ SB2（并联 KM1）—5#→ SB3 —6#→ KM1线圈 —9#→

—→ FR1 —10#→ FR2 —11#→ FR3 —12#→ FU2 —24#→ TC

（2）液压泵电动机 M3 的控制。

按下SB4→KM2线圈得电→{KM2辅助常开触点（4-7）闭合自锁；KM2主触点闭合}→液压泵电动机M2向连续运行

按下SB5→KM2线圈失电→{KM2辅助常开触点断开，解除自锁；KM2主触点断开}→M2失电

按下 SB1，KM1、KM2 均失电。

KM2 线圈得电电流回路如下：

TC $\xrightarrow{1^{\#}}$ FU2 $\xrightarrow{2^{\#}}$ SB1 $\xrightarrow{3^{\#}}$ K1 $\xrightarrow{4^{\#}}$ SB4 $\xrightarrow{7^{\#}}$ SB3 $\xrightarrow{8^{\#}}$ KM2线圈 $\xrightarrow{9^{\#}}$

SB1 —— SA2 —— KM2 —— SB3

$\longrightarrow$ FR1 $\xrightarrow{10^{\#}}$ FR2 $\xrightarrow{11^{\#}}$ FR3 $\xrightarrow{12^{\#}}$ FU2 $\xrightarrow{24^{\#}}$ TC

（3）电磁吸盘的控制。

1）电磁吸盘的结构与工作原理。电磁吸盘的线圈通电后产生电磁吸力，以吸持铁磁性材料的工件进行磨削加工。与机械夹具相比较，电磁吸盘具有操作简便、不损伤工件的优点，特别适合于同时加工多个小工件；采用电磁吸盘的另一优点是工件在磨削时发热能够自由伸缩，不至于变形。但是电磁吸盘下不能吸持非铁磁性材料的工件，而且其线圈还必须使用直流电。图2-3-3为电磁吸盘结构示意图。

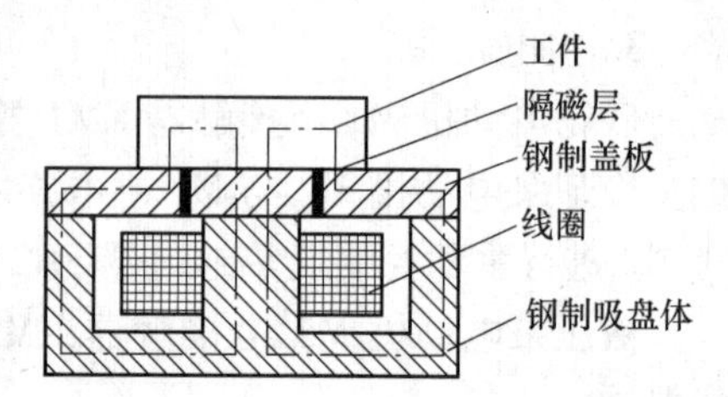

图2-3-3　电磁吸盘结构示意图

2）电磁吸盘控制线路。电源变压器TC将交流380V降至127V后，经二极管桥式整流变成110V直流电压供给电磁吸盘YH。SA2是控制电磁吸盘电源的转换开关，待加工时，将SA2扳到“充磁”位置，SA2(16-18)、(17-20)闭合，SA2(3-4）断开，并向电磁吸盘线圈供给直流电源，使电磁吸盘线圈得电产生磁吸力将工件牢牢吸持。加工完毕后，将SA2扳到“放松”位置，SA2(16-18)、(17-20)断开，电磁吸盘线圈失电，失去电磁吸力可将工件取下或移动。如果工件有剩磁难以移动，则可将SA2扳到“退磁”位置，SA2(16-19)、(17-18)闭合，SA2(3-4）闭合。此时电磁吸盘线圈通过反向电流产生反向磁场，对工件进行退磁。值得注意的是，这时要控制退磁的时间，否则工件会因反向充磁而重新被吸住。在退磁回路中的电位器R2用于调节退磁的反向励磁电流。

电磁吸盘的“充磁”、“退磁”信号指示采用了LED信号灯，由信号指示电路可判别电磁吸盘的“充磁”、“退磁”时直流电流的方向。“充磁”时，$18^{\#}$为正极，$20^{\#}$为负极；“退磁”时，极性相反电流方向也相反。

采用电磁吸盘的磨床还配有专用的交流退磁器，使用时采用插销（X2）与两相380V电源连接。接通电源后，线圈通入交流电流，在磁靴上产生交变磁场。若加工完成后工件经“退磁”仍有剩磁可将工件在交流退磁器的磁靴上来回移动若干次，即可达到去磁要求。

若待加工工件为非铁磁材料，可采用机械夹具固定工件。操作时应先把电磁吸盘转换开关SA2打到“退磁”位置，即SA2的（16-19）、（17-18）和SA2（3-4）都处于闭合状态，才可以起动砂轮电动机和液压泵电动机。

5. 联锁保护环节

（1）电磁吸盘的“充磁”环节　当采用电磁吸盘吸持工件时，必须电磁吸盘先得电“充磁”，牢牢地将工件吸持后才可进行磨削加工。

操作顺序：闭合QS1 $\longrightarrow$ SA2打到“充磁”位置 $\longrightarrow$ 按下SB2和SB4 $\longrightarrow$ M1、M3运行

为了防止误操作而发生安全事故，电路中设置了电磁吸盘与砂轮运行的联锁保护。将电磁吸盘直流电源欠电压保护继电器K1的常开触点（3-4）设置在KM1、KM2线圈得电的公共回路中，以达到只有在“充磁”完成后，才能起动砂轮电动机这一顺序控制和联锁的目的。

（2）电磁吸盘的保护环节。

1）阻-容吸收器。在电磁吸盘交流电源输入端并联R1C1串联支路。电磁吸盘线圈属于感性负载，当断电的瞬间电流发生突变，通过电磁感应电感回路中储存的磁场能量转换成自感电动势，在回路中产生瞬间较高的反向过电压。这个反向高电压容易击穿整流管，而造成电磁吸盘在欠电压（或欠电流）的状态下吸持不住工件发生安全事故。阻-容吸收器的作用是由电容吸收过电压，转换为电场，再通过电阻放电，保护整流二极管不会因反向电压过高而击穿损坏。电磁吸盘两端并联R2C2串联支路，目的在于电磁吸盘断电瞬间给线圈提供放电通路，吸收线圈释放的磁场能量，起到保护电磁吸盘的作用。

2）欠电压保护。电磁吸盘的直流回路中与电磁吸盘线圈并联一欠电压继电器K1。若电磁吸盘的直流回路电压达到额定值，欠电压继电器K1线圈得电动作，K1常开触点（3-4）闭合，连通KM1、KM2线圈得电回路。如果因某种原因电磁吸盘的直流回路电压达不到额定值（欠电压低于85%），K1常开触点（3-4）复位断开，切断KM1、KM2线圈得电回路，以保护砂轮不在电磁吸盘磁吸力不足的情况下磨削工件。

当电磁吸盘“放松”时，欠电压继电器K1的线圈失电。K1常开触点（3-4）不闭合。

作为电磁吸盘磁吸力与砂轮运行间的顺序控制及联锁保护也可用欠电流继电保护装置来实现。

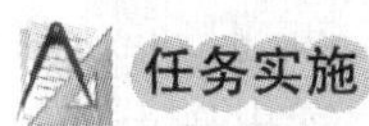

任务实施

一、工作准备

（1）工具：验电器、电工刀、剥线钳、尖嘴钳、斜口钳、旋具等。

（2）仪表：万用表。

（3）设备：M7130型平面磨床。

（4）其他：跨接线若干，穿戴好劳动防护用品。

二、观察故障现象

验电，合上QS1，SA2转换至“充磁”位置时，按下SB2或SB4，KM1、KM2线圈都不能得电。将SA2扳至“退磁”位置，按下SB2或SB4，KM1、KM2线圈都能得电，砂轮和液压泵电动机运行正常。

三、确定故障范围

“退磁”位置时运行状态正常，“充磁”位置时KM1、KM2线圈均不能得电。可将两种操作模式的电流回路进行对比，公共电路无故障，故障存在于单独电路中。

SA2处于“充磁”位置时的回路为：

TC $\xrightarrow{1^{\#}}$ FU2 $\xrightarrow{2^{\#}}$ SB1 $\xrightarrow{3^{\#}}$ K1 $\xrightarrow{4^{\#}}$ SB2 $\xrightarrow{5^{\#}}$ SB3 $\xrightarrow{6^{\#}}$ KM1 线圈 $\xrightarrow{9^{\#}}$ FR1 $\xrightarrow{10^{\#}}$ FR2 $\xrightarrow{11^{\#}}$ FR3 $\xrightarrow{12^{\#}}$ FU2 $\xrightarrow{24^{\#}}$ TC

SA2处于“退磁”位置时的回路为：

TC $\xrightarrow{1^{\#}}$ FU2 $\xrightarrow{2^{\#}}$ SB1 $\xrightarrow{3^{\#}}$ SA2 $\xrightarrow{4^{\#}}$ SB2 $\xrightarrow{5^{\#}}$ SB3 $\xrightarrow{6^{\#}}$ KM1 线圈 $\xrightarrow{9^{\#}}$ FR1 $\xrightarrow{10^{\#}}$ FR2 $\xrightarrow{11^{\#}}$ FR3 $\xrightarrow{12^{\#}}$ FU2 $\xrightarrow{24^{\#}}$ TC

不难看出，两条电路唯一不同支路就是：$3^{\#}$ ⟶ K1 ⟶ $4^{\#}$和$3^{\#}$ ⟶ SA2 ⟶ $4^{\#}$。其中，$3^{\#}$ ⟶ SA2 ⟶ $4^{\#}$可确定无故障，那么，断路故障一定在$3^{\#}$ ⟶ K1 ⟶ $4^{\#}$中。

这种电路比较排除法可将故障范围判断在一个相对较小的区域内。应该注意的是，操作观察时，不要一发现故障现象就着手测量检修，应将相关运行模式完整操作后再进行分析。这样可使分析思路更清晰，判断准确，可减少不必要的无用功。

四、排除故障经过

确定故障范围后，断开电源验电，采用电阻分段法分别测量 SB1—K1 的 3[#]线和 K1—SB2 的 4[#]线有无断路，有断路予以修复（实际电路无断路）。若 3[#]、4[#]线均无断路，将 SA2 扳至“充磁”位置，闭合 SQ1 并按下（或短接）SB2（或 SB4）。运用电压分段法测量 K1 触点上、下桩间电压，0V 为闭合，127V 可视为未闭合（实际测量值 127V 触点未闭合）。

故障点为 K1 触点损坏，用跨接线试车，运行正常，更换电压继电器另一副触点，修复完毕。

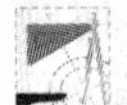

任务拓展

某 M7130 型平面磨床，闭合 SQ1，选择电磁吸盘为“充磁”的工作模式，K1 不得电。选择电磁吸盘为“退磁”的工作模式，按下 SB2 和 SB4 均无动作。

提示：电源变压器 TC 是控制电源电路中的主要元器件。凡控制电源有故障应先检查电源变压器，测量输出电压是否达到额定值，若输出电压为 127V，则说明变压器工作正常，故障可能在控制回路中的 1[#] ~3[#]线间或 24[#]线。如测得变压器输出电压为 0V，再测量一次输入电压，一次输入电压为 0V，故障在一次输入线路中，一次电压为 380V，二次电压为 0V，则可认定变压器存在故障。检查变压器具体什么故障需认真测量仔细分析，首先要了解变压器的结构以及工作原理。根据实际现象，运用电压和电阻测量法对一、二次绕组进行逐级测量。分析变压器是否存在故障及故障点所在，如图 2-3-4 所示。

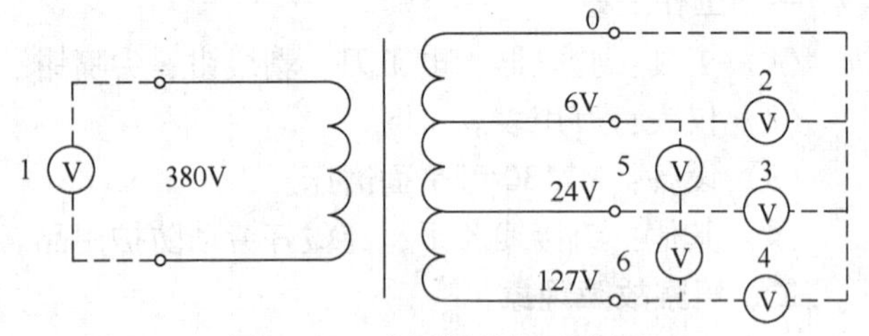

图 2-3-4　变压器检修示意图

任务 4　X62W 型万能铣床电气控制线路的分析与检修

任务目标

1. 能了解 X62W 型万能铣床的性能、结构及相关技术参数。
2. 能说出 X62W 型万能铣床中所有元器件的名称、型号、规格以及作用和实际位置。
3. 能分析 X62W 型万能铣床的电气原理图，根据原理图正确说出操作程序、各电流回路。
4. 能判断 X62W 型万能铣床是否正常工作，并观察设定的故障现象准确判断故障范围。
5. 能运用电工仪表，通过正确的检测方法检出 X62W 型万能铣床的故障点，并予以修复。
6. 能查阅相关资料、养成独立思考和团队协作的精神和能力。
7. 遵守“7S”管理规定，做到文明操作。

任务描述

某机械厂，X62W 型万能铣床工作台纵向不能进给，请予以检修。

1. 能正确分析故障所在并能进行故障排除。
2. 根据测量排除故障法的要求选用适当的仪表和工具，并能正确使用。
3. 学员进入实训场地要穿戴好劳保用品并进行文明操作。

任务分析

铣床是一种通用的多用途机床，它可以用圆柱铣刀、角度铣刀、成型铣刀、端面铣刀等刀具对各种零件进行平面、斜面、螺旋面及成型面的加工，还可以加装万能铣头、分度头和圆工作台等机床附件来扩大加工范围。本次任务是对 X62W 型万能铣床主轴电动机 M1 出现的故障进行维修。完成该任务首先要了解 X62W 型万能铣床的基本结构、运动形式。其次，要掌握电气线路的工作原理，正确操作机床。最后，能检修 X62W 型万能铣床控制线路的常见电气故障。铣床电气控制线路与机械系统的配合十分密切，其电气线路的正常工作往往与机械系统的正常工作是分不开的，这就是铣床电气控制线路的特点。正确判断是电气还是机械故障和熟悉机电部分配合情况，是迅速排除电气故障的关键。这就要求维修电工不仅要熟悉电气控制线路的工作原理，而且还要熟悉有关机械系统的工作原理及机床操作方法。

相关知识

一、X62W 型万能铣床的主要结构

X62W 型万能铣床的外形如图 2-4-1 所示，结构如图 2-4-2 所示。

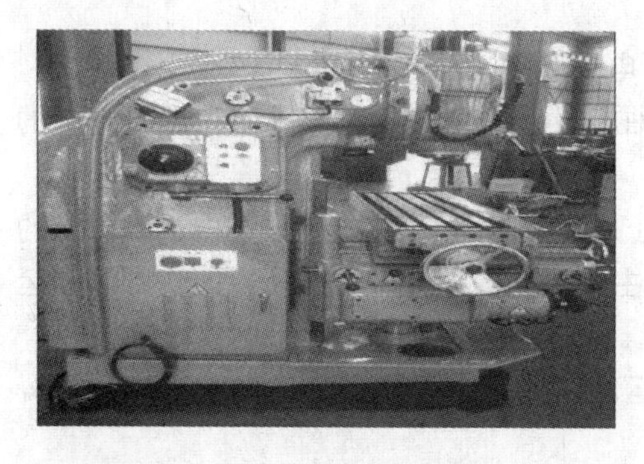

图 2-4-1　X62W 型万能铣床的外形图

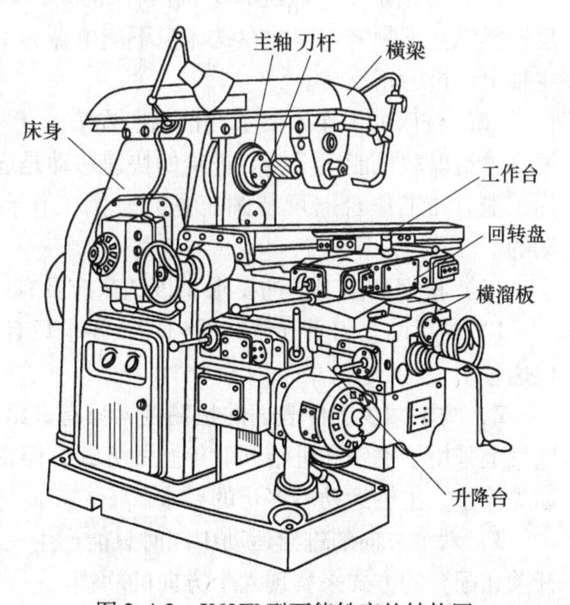

图 2-4-2　X62W 型万能铣床的结构图

从图 2-4-2 中可以看出，万能铣床主要由机身、主轴、刀杆、悬梁、工作台、回转盘、横溜板、升降台和底座等部分组成。箱形的床身固定在底座上，床身内装有主轴的传动机构和变速操纵机构。在床身的顶部有水平导轨，上面装着带有一个或两个刀杆支架的悬梁。刀

杆支架用来支持铣刀心轴的一端，心轴的另一端则固定在主轴上，由主轴带动铣刀铣削。刀架支架在悬梁上及悬梁在床身顶部的水平导轨上部水平移动，以便安装不同的心轴。在车身的前面有垂直导轨，升降台可沿着它上、下移动。在升降台上面的水平导轨上，装有可在平行主轴轴向方向移动（前、后移动）的溜板。溜板上部有可转动的回转盘，工作台就在溜板上部回转盘的导轨上做垂直于主轴轴向方向的移动。工作台上有T形槽用于固定工件。这样，安装在工作台上的工件就可在三个坐标上的六个方向调整位置或进给。由于回转盘相对于溜板可绕中心轴线左右转过一个角度，因此，工作台在水平面上除了能在水平于或垂直于主轴轴线方向进给外，还能在倾斜方向进给，可以加工螺旋槽，所以称其为万能铣床。

二、X62W型万能铣床的运动形式

（1）机床要求有三台电动机，分别称为主轴电动机、进给电动机和冷却泵电动机。

（2）由于加工时有顺铣和逆铣两种，所以要求主轴电动机能正反转及在变速时能瞬时冲动一下，以利于齿轮的啮合，并要求能制动停车和实现两地控制。

（3）工作台的三种运动形式六个方向的移动是依靠机械的方法来达到的，对进给电动机要求能正反转，且要求纵向、横向、垂直三种运动形式相互间应有联锁，以确保操作安全。同时要求工作台进给变速时，电动机也能满足瞬间冲动、快速进给及两地控制等要求。

（4）冷却泵电动机只要求正转。

（5）进给电动机与主轴电动机需实现两台电动机的联锁控制，即主轴工作后才能进给。

三、X62W型万能铣床电力拖动的特点及控制要求

该铣床共有三台异步电动机拖动，它们分别是主轴电动机M1、进给电动机M2和冷却泵电动机M3。

（1）铣削加工有顺铣和逆铣两种加工方式，所以要求主轴电动机正反转，但考虑到正反转操纵并不频繁，因此在铣床身下侧电器箱上设置了一个组合开关，来改变电源相序实现主轴电动机的正反转。

（2）铣床的工作台要求有前后、左右、上下六个方向的进给运动和快速移动，在这里要求进给电动机能正反转。进给的快速移动是通过电磁铁和机械挂挡来完成的。为了扩大其加工能力在工作台上可装圆工作台，圆工作台的回转运动是由进给电动机经传动机构驱动的。

（3）根据加工工艺的要求，该铣床应具有以下电气联锁措施：

1）为了防止刀具和铣床的损坏，要求只有主轴旋转后才允许有进给运动和进给方向的快速移动。

2）为了减少工件表面的粗糙度，只有进给停止后主轴才能停止或同时停止。该铣床的电气上采用了主轴和进给同时停止的方式，但由于主轴运动的惯性很大，所以能达到进给运动先停止，主轴运动后停止的要求。

3）六个方向的进给运动中同时只能产生一种运动，该铣床采用了机械操纵手柄和位置开关相配合的方式来实现六个方向的联锁。

（4）主轴运动和进给采用变速盘来进行速度选择，为保证变速齿轮进入良好啮合状态，两种运动都要求变速后做瞬时点动。

（5）当主轴电动机或冷却泵电动机过载时，为了实现保护功能进给运动必须立即停止。

四、X62W 型万能铣床电气控制线路分析

X62W 型万能铣床电气控制原理图如图 2-4-3 所示。电气原理图由主电路、控制线路和照明电路三部分组成。

1. 主电路分析

电路中有三台电动机：M1 是主轴电动机；M2 是进给电动机；M3 是冷却泵电动机。

（1）主轴电动机 M1 通过换相开关 SA5 与接触器 KM1 配合，能进行正反转控制，而与接触器 KM2 、制动电阻器 R 及速度继电器的配合，能实现串电阻瞬时冲动和正反转反接制动控制。

（2）进给电动机 M2 能进行正反转控制，通过接触器 KM3、KM4 与行程开关及 KM5、牵引电磁铁 YA 配合，能实现进给变速时的瞬时冲动、六个方向的常速进给和快速移动控制。

（3）冷却泵电动机 M3 只能正转。

（4）熔断器 FU1 作为机床总短路保护，也兼作 M1 的短路保护；FU2 作为 M2、M3 及控制变压器 TC 的短路保护；FU3 作为控制线路的短路保护；FU4 作为照明灯 EL 的短路保护；热继电器 FR1、FR2、FR3 分别作为 M1、M2、M3 的过载保护。

2. 控制线路分析

（1）主轴电动机控制线路　从 X62W 型万能铣床电气原理图中，将主轴电动机 M1 的电气控制线路部分单独画出，如图 2-4-4 所示。

为了操作方便，主轴电动机 M1 采用两地控制方式。KM1 是主轴电动机 M1 的起动接触器，并兼作失电压和欠电压保护；KM2 是主轴电动机 M1 串电阻反接制动接触器；SQ7 是主轴变速时瞬时点动的位置开关；热继电器 FR1 作为过载保护。

铣床的加工方式有逆铣和顺铣两种，在开始工作前选定，加工过程中是不改变的，因此，主轴电动机 M1 的正反转的转向由主轴换向转换开关 SA5 预先确定。

X62W 型万能铣床的主轴电动机 M1 的控制可以分为主轴电动机起动、主轴电动机停车制动、主轴换铣刀控制和主轴变速冲动等。

1）M1 起动。起动前，先选择主轴的转速，将主轴换向转换开关 SA5 扳到所需要的转向。然后合上铣床电源总开关 QS。

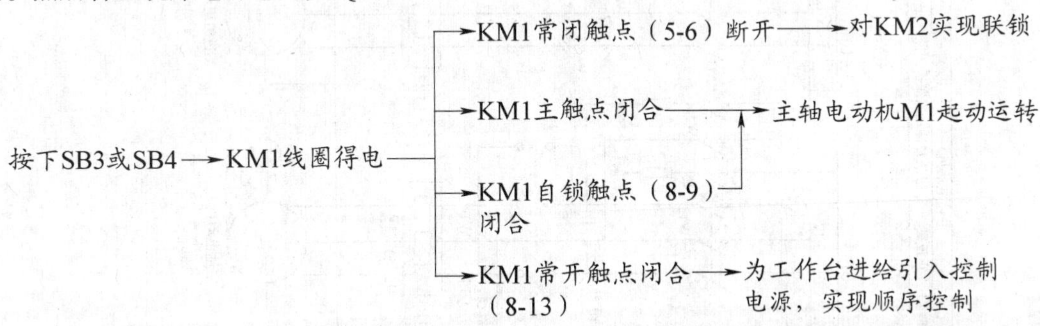

当 M1 定向运行转速 $n \geqslant 130\text{r/min}$ 时，KS-1（KS-2）闭合为 M1 反接制动做准备。

主轴起动控制回路电流通道：FU3 $\xrightarrow{1^{\#}}$ FR1 $\xrightarrow{2^{\#}}$ SQ7 $\xrightarrow{3^{\#}}$ SB1 $\xrightarrow{7^{\#}}$ SB2 $8^{\#}$ SB3（或 SB4）$\xrightarrow{9^{\#}}$ KM2 $\xrightarrow{10^{\#}}$ KM1 线圈 $\longrightarrow$ $0^{\#}$。

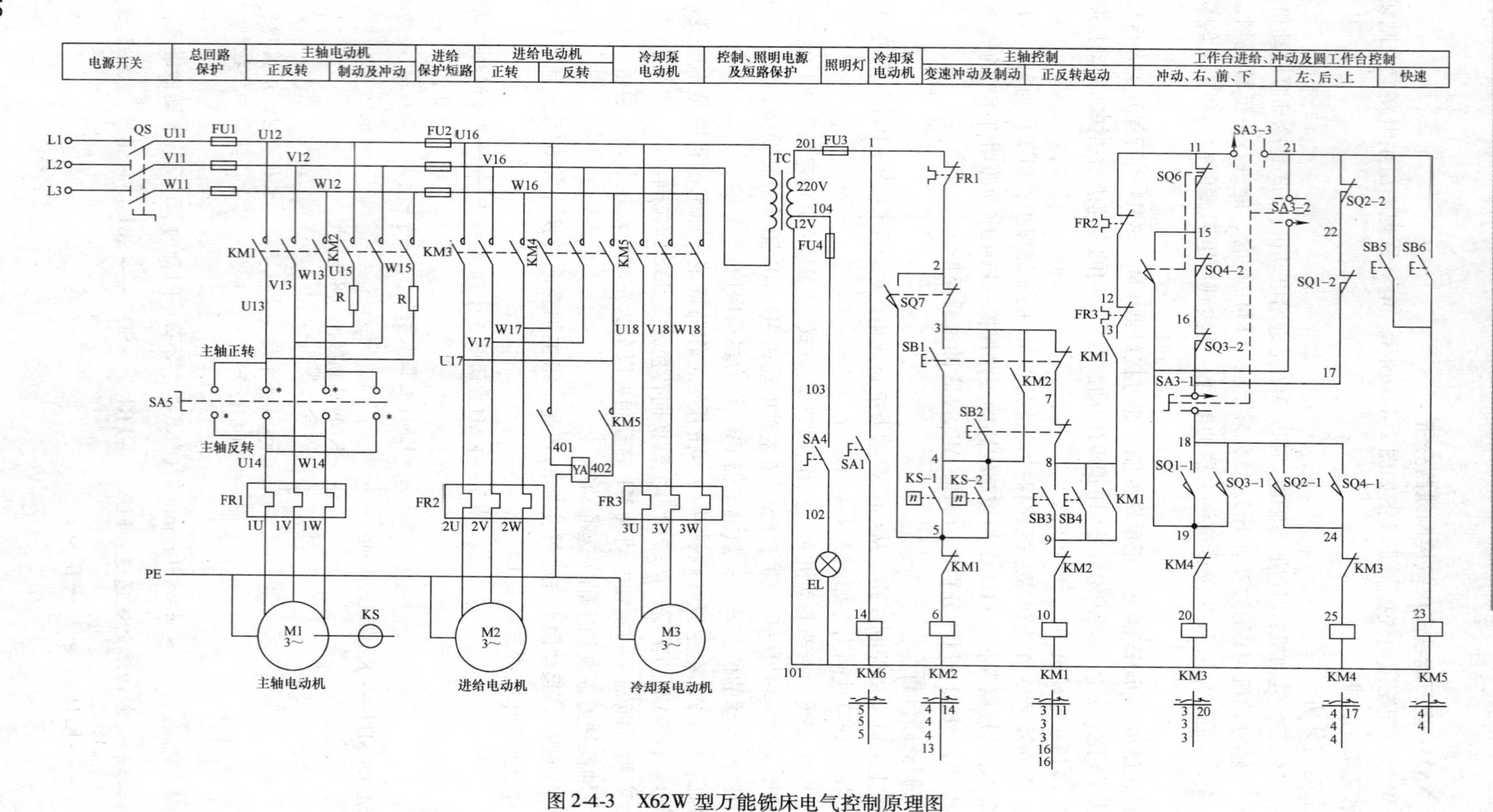

图 2-4-3　X62W 型万能铣床电气控制原理图

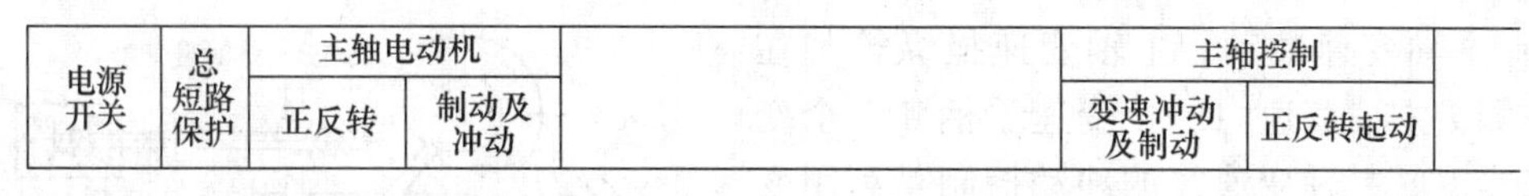

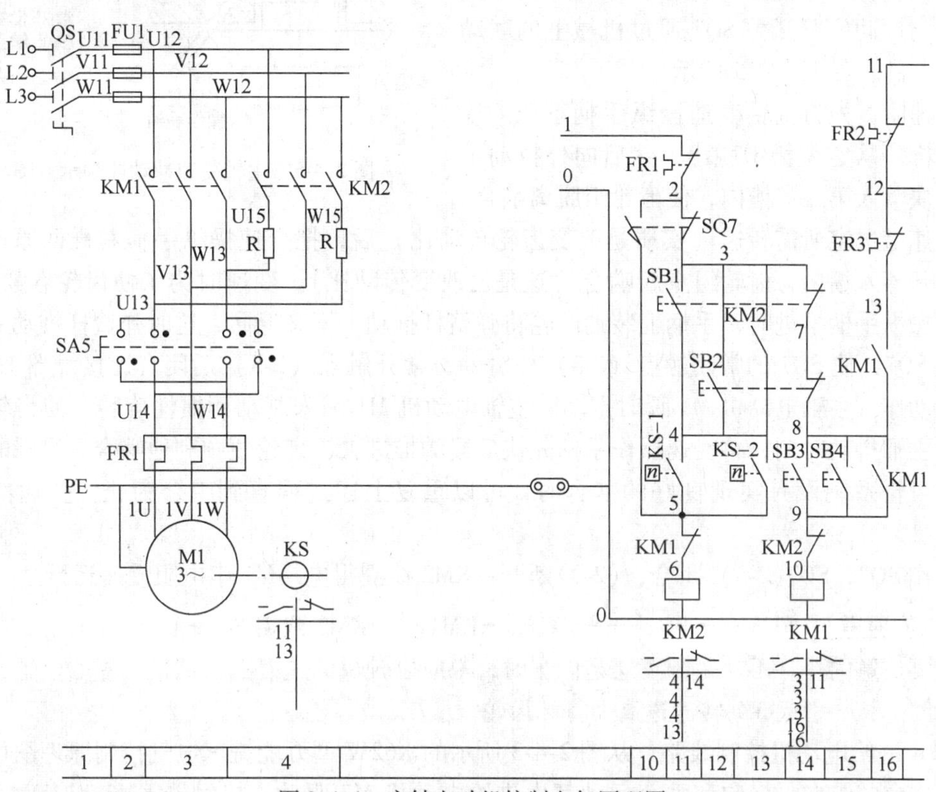

图2-4-4 主轴电动机控制电气原理图

2）M1停车制动。当铣削完毕，需要主轴电动机M1停止时，为使主轴能迅速停止，主电路采用串电阻反接制动。

按下SB1或SB2→SB1常闭触点（3-7）先断开→KM1线圈失电→KM1主触点断开，M1失电惯性运行

→KM1常闭触点（5-6）闭合，解除KM2联锁，为KM2得电做准备

→SB1常开触点（3-4）后闭合→KM2线圈得电→KM2常闭触点（9-10）断开与KM1的联锁

→KM2常开触点（3-4）闭合自锁

→KM2主触点闭合→M1串电阻反接制动

当$n \leqslant 30\mathrm{r/min}$时，速度继电器的KS-1（或KS-2）触点（4-5）断开，使KM2线圈失电，电动机M1制动结束。

电流通道：FU3 $\xrightarrow{1^{\#}}$ FR1 $\xrightarrow{2^{\#}}$ SQ7 $\xrightarrow{3^{\#}}$ SB1（或SB2）$\xrightarrow{4^{\#}}$ KS-1（或KS-2）$\xrightarrow{5^{\#}}$ KM1 $\xrightarrow{6^{\#}}$ KM2线圈 $\longrightarrow$ $0^{\#}$。

3）主轴变速冲动。主轴变速操纵箱装在床身左侧，主轴变速由一个变速手柄和一个变速盘来实现。主轴变速时的冲动控制是利用变速手柄与冲动位置开关 SQ7 通过机械上的联动机构进行的，如图 2-4-5 所示。

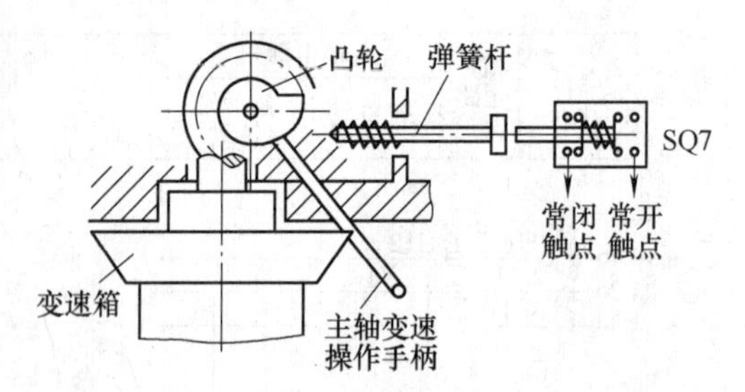

图 2-4-5　主轴变速冲动控制示意图

变速时，先将主轴变速操纵手柄下压，使手柄的榫块从定位槽中脱出，然后向外拉动手柄使榫块落入第二道槽内，使齿轮组脱离啮合。转动变速盘选定所需转速（实质是改变齿轮传动比）后，把变速操纵手柄右推回原位，使榫块重新落入槽内，齿轮组重新啮合（这是已改变传动比）。变速时为了使齿轮容易啮合，在主轴操纵手柄推进时，手柄上装的凸轮将弹簧杆推动一下又返回，这时弹簧杆推动一下位置开关 SQ7，使 SQ7 的常闭触点（2-3）先分断，常开触点（2-5）后闭合，接触器 KM2 瞬时得电动作，主轴电动机 M1 瞬时点动。主轴电动机 M1 因未制动而惯性旋转，使齿轮系统抖动，主轴抖动时刻，将变速操作手柄先快后慢的推进去，齿轮便顺利地啮合。当瞬时点动过程中齿轮系统没有实现良好的啮合时，可以重复上述过程直到啮合为止。变速前应先停车。

动作 SQ7，SQ7(2-5）闭合，(2-3)断开→KM2 线圈得电→M1 串电阻慢速运行。

【电流通道】：FU3 $\xrightarrow{1^{\#}}$ FR1 $\xrightarrow{2^{\#}}$ SQ7 $\xrightarrow{5^{\#}}$ KM1 $\xrightarrow{6^{\#}}$ KM2 线圈 $\longrightarrow$ $0^{\#}$。

需要注意的是，不论是开车还是停车时，都应以较快的速度把手柄推回原始位置，以免通电时间过长，引起 M1 转速过高而打坏齿轮。

（2）进给电动机控制线路　从图 2-4-3 所示的 X62W 型万能铣床电气控制原理图可以看出：工作台的纵向、横向和垂直运动都由进给电动机 M2 驱动，接触器 KM3 和 KM4 使 M2 实现正反转，用以改变进给运动方向。它的控制线路采用了与纵向运动机械操作手柄联动的行程开关 SQ1、SQ2 和横向及垂直运动机械操作手柄联动的行程开关 SQ3、SQ4，组成复合联锁控制。即在选择三种运动形式的六个方向移动时，只能进行其中一个方向的移动，以确保操作安全，当这两个机械操作手柄都在中间位置时，各行程开关都处于未压的原始状态。

【准备工作】：

1）起动主轴电动机 M1，因进给控制电流需通过 KM1（8-13）。

2）圆工作台转换开关扳至“断”的位置（SA3），即 SA3-1（17-18）闭合，SA3-2（19-21）断开，SA3-3（11-21）闭合。

3）察看 SQ6 进给冲动按钮是否处于释放（被压迫后主轴起动，KM3 动作）。

在分析故障时，多采用电流通道法，因为每一个状态线圈得、失电不多，只有 1 ~2 个，但电流通道较复杂，各状态的共同通道较多。

进给操作均为操纵杆（手柄），上下、前后为一十字开关（手柄），左、右为一字开关（手柄）。

具体分布：SQ1：向右进给；SQ2：向左进给；SQ3：向前、向下进给；SQ4：向后、向上进给。

① 工作台向右进给：动作 SQ1，SQ1-1（18-19）闭合，SQ1-2（17-22）断开。

电流通道：KM1(8-13) $\xrightarrow{13^{\#}}$ FR3 $\xrightarrow{12^{\#}}$ FR2 $\xrightarrow{11^{\#}}$ SQ6(11-15) $\xrightarrow{15^{\#}}$ SQ4-2 $\xrightarrow{16^{\#}}$ SQ3-2 $\xrightarrow{17^{\#}}$ SA3-1 $\xrightarrow{18^{\#}}$ SQ1-1 $\xrightarrow{19^{\#}}$ KM4(19-20) $\xrightarrow{20^{\#}}$ KM3 线圈 $\longrightarrow$ $101^{\#}$。

KM3 线圈得电，KM3 主触点闭合，进给电动机 M2 得电动作，带动工作台向右进给。

② 工作台向左进给：动作 SQ2，SQ2-1（18-24）闭合，SQ2-2（21-22）断开。

电流通道：KM1(8-13) $\xrightarrow{13^{\#}}$ FR3 $\xrightarrow{12^{\#}}$ FR2 $\xrightarrow{11^{\#}}$ SQ6(11-15) $\xrightarrow{15^{\#}}$ SQ4-2 $\xrightarrow{16^{\#}}$ SQ3-2 $\xrightarrow{17^{\#}}$ SA3-1 $\xrightarrow{18^{\#}}$ SQ2-1 $\xrightarrow{24^{\#}}$ KM3(24-25) $\xrightarrow{25^{\#}}$ KM4 线圈 $\longrightarrow$ $101^{\#}$。

KM4 线圈得电，KM4 主触点闭合进给电动机 M2 得电动作，带动工作台向左进给。

③ 工作台向前或向下进给：动作 SQ3，SQ3-1（18-19）闭合，SQ3-2（16-17）断开。

电流通道：KM1(8-13) $\xrightarrow{13^{\#}}$ FR3 $\xrightarrow{12^{\#}}$ FR2 $\xrightarrow{11^{\#}}$ SA3-3 $\xrightarrow{21^{\#}}$ SQ2-2 $\xrightarrow{22^{\#}}$ SQ1-2 $\xrightarrow{17^{\#}}$ SA3-1 $\xrightarrow{18^{\#}}$ SQ3-1 $\xrightarrow{19^{\#}}$ KM4(19-20) $\xrightarrow{20^{\#}}$ KM3 线圈 $\longrightarrow$ $101^{\#}$。

KM3 线圈得电，KM3 主触点闭合，进给电动机 M2 得电动作，带动工作台向前（下）进给。

④ 工作台向后或向上进给：动作 SQ4，SQ4-1(18-27）闭合，SQ4-2(15-16）断开，电流通道。

电流通道：KM1(8-13) $\xrightarrow{13^{\#}}$ FR3 $\xrightarrow{12^{\#}}$ FR2 $\xrightarrow{11^{\#}}$ SA3-3 $\xrightarrow{21^{\#}}$ SQ2-2 $\xrightarrow{22^{\#}}$ SQ1-2 $\xrightarrow{17^{\#}}$ SA3-1 $\xrightarrow{18^{\#}}$ SQ4-1 $\xrightarrow{24^{\#}}$ KM3(24-25) $\xrightarrow{25^{\#}}$ KM4 线圈 $\longrightarrow$ $101^{\#}$。

KM4 线圈得电，KM4 主触点闭合，进给电动机 M2 得电动作，带动工作台向后（上）进给。

注：以上三个方式六个方向的进给，为了保护防误操作采用了多种形式的互锁。

手柄控制具有可靠的机械联锁。

KM3 与 KM4 的常闭触点实现了电气联锁。

SQ1 和 SQ4 的常闭触点分别设置在一闭合回路的两端，使上下、前后和左右分别走两条不同的支路，并实现支路互锁。

⑤ 工作台进给变速冲动控制：机械与电气控制原理与主轴变速，操作进给变速花盘：动作 SQ6，SQ6（15-19）闭合，SQ6（11-15）断开。

电流通道（工作台变速前，所有进给手柄都必须扳至“0”位）：KM1(8-13) $\xrightarrow{13^{\#}}$ FR3 $\xrightarrow{12^{\#}}$ FR2 $\xrightarrow{11^{\#}}$ SA3-3 $\xrightarrow{21^{\#}}$ SQ2-2 $\xrightarrow{22^{\#}}$ SQ1-2 $\xrightarrow{17^{\#}}$ SQ3-2 $\xrightarrow{16^{\#}}$ SQ4-2 $\xrightarrow{15^{\#}}$ SQ6(15-19) $\xrightarrow{19^{\#}}$ KM4(19-20) $\xrightarrow{20^{\#}}$ KM3 线圈 $\longrightarrow$ $101^{\#}$。

注：工作台进给变速冲动的电流通道分别通过 SQ1-2、SQ2-2、SQ3-2、SQ4-2，只要有任何一个方向的进给，上述触点就会有一个断开从而切断冲动回路。

⑥圆工作台的进给控制。

准备：停止主轴电动机 M1，因圆工作台没有专用的起动、停止按钮，只有转换开关 SA1，在圆工作台通的状态时，圆工作台的起动、停止均由主轴起动、停止按钮来共同控制。

圆工作台转换开关扳至“通”的位置，即 SA3-1（17-18）断开、SA3-2（19-21）闭合、SA3-3（11-21）断开。所有进给手柄均扳至“0”位。具体操作为按下 SB3（SB4）→KM1

得电。

圆工作台电流通道：KM1(8-13) $\xrightarrow{13^{\#}}$ FR3 $\xrightarrow{12^{\#}}$ FR2 $\xrightarrow{11^{\#}}$ SQ6(11-15) $\xrightarrow{15^{\#}}$ SQ4-2 $\xrightarrow{16^{\#}}$ SQ3-2 $\xrightarrow{17^{\#}}$ SQ1-2 $\xrightarrow{22^{\#}}$ SQ2-2 $\xrightarrow{21^{\#}}$ SA3-2 $\xrightarrow{19^{\#}}$ KM4 $\xrightarrow{20^{\#}}$ KM3 线圈得电 $\longrightarrow$ 101#。

注：与进给冲动一样，电流通道要分别通过 SQ1-2、SQ2-2、SQ3-2、SQ4-2 的四个常闭触点，只要有一个断开，圆工作台就不能工作。

3. 其他控制

1）冷却泵电动机控制。由旋钮 SA1 控制 KM6 线圈即可（控制需在 M1 得电后）。

2）快速进给控制。由 SB5 和 SB6 两地点动控制 KM5 线圈以控制牵引电磁铁 YA 的得电、失电，快速进给时需先锁定进给方式的方向，才可进行操作。

3）照明控制。X62W 型万能铣床照明电路由控制电压器 TC 的二次侧提供 12V 交流电压，作为铣床低压照明灯的电源，熔断器 FU4 对照明灯 EL 起短路保护作用。

合上铣床电源开关 SA1，合上照明开关灯，照明灯 EL 亮。照明灯开关断开，照明灯 EL 熄灭。

任务实施

一、工作准备

（1）工具：验电器、电工刀、剥线钳、尖嘴钳、斜口钳、旋具等。

（2）仪表：万用表。

（3）设备：X62W 型万能铣床。

（4）其他：跨接线若干，穿戴好劳动防护用品。

二、观察故障现象

（1）验电，合上 QS，按下 SB3（或 SB4），观察 KM1 是否得电，主电动机 M1 是否起动。

（2）压下 SQ1 或 SQ2，观察 KM3 或 KM4 能否吸合，进给电动机 M2 能否纵向进给。

（3）压下 SQ3 或 SQ4，观察 KM3 或 KM4 能否吸合，进给电动机 M2 能否横向和垂向进给。

（4）压下 SQ6，观察 KM3 是否得电吸合，进给冲动是否正常。

观察结果：主电动机工作正常，工作台横向或垂向进给正常，进给冲动也正常，但是不能纵向进给。

三、确定故障范围

从观察到的现象分析，说明主电动机 M1、进给电动机 M2、接触器 KM3 和 KM4、纵向进给相关的公共支路都正常，此时应重点检查行程开关 SQ6(11-15)、SQ4-2 及 SQ3-2，即线号为 11#—15#—16#—17#支路，因为只要三对常闭触点中有一对不能闭合、有一根线头脱落就会使纵向不能进给。进给变速冲动也正常，则故障的范围已缩小到 SQ6(11-15) 及 SQ1-1、SQ2-1 上，但一般 SQ1-1、SQ2-1 两副常开触点同时发生故障的可能性极小，所以，故障范围基本确定在 SQ6（11-15）触点及连线上。

四、排除故障经过

确定故障范围后，断开电源，将操作手柄置于“0”位，采用电阻分段法分别测量。

测 SQ6 触点（11-15）阻值为0Ω；测 11#线为0Ω；测 15#线为∞。

说明故障点为15#线断开，用跨接线代替试车，正常，后发现SQ6（11-15）下桩线头脱开，重做线头连接，故障排除。

任务拓展

仔细阅读下列X62W型万能铣床常见故障现象与故障分析，分析图中V11#线、101#线、7#线、20#线、22#线断开的故障现象，如何查找？

【故障现象1】：主轴停车时无制动。

【故障分析】：主轴无制动时要首先检查按下停止按钮SB1或SB2后，反接制动接触器KM2是否吸合。若KM2不吸合，则故障原因一定在控制线路部分，检查时可先操作主轴变速冲动手柄，若有冲动，故障范围就缩小到速度继电器（KS）和按钮（SB1或SB2）支路上。若接触器KM2吸合，则故障原因就较复杂一些，其故障原因之一，是主电路的KM2、R制动支路中至少有断相的故障存在；其二是，速度继电器的常开触点过早断开，但在检查时，只要仔细观察故障现象，这两种故障原因是能够区别的，前者的故障现象是完全没有制动作用，而后者则是制动效果不明显。

由以上分析可知，主轴停车时无制动的故障原因，较多是由于速度继电器KS发生故障引起的。如KS常开触点不能正常闭合，其原因有推动触点的胶木摆杆断裂；KS轴伸端圆销扭弯、磨损或弹性连接元器件损坏；螺钉、销钉松动或打滑等。若KS常开触点过早断开，其原因有KS动触点的反力弹簧调节过紧；KS的永久磁铁转子的磁性衰减等。

应该说明，机床电气的故障不是千篇一律的，所以在维修中，不可生搬硬套，而应该采用理论与实践相结合的灵活处理方法。

【故障现象2】：主轴停车后产生短时反向旋转。

【故障分析】：这一故障一般是由于速度继电器KS动触点弹簧调整得过松，使触点分断过迟引起的，只要重新调整反力弹簧便可消除。

【故障现象3】：按下停止按钮后主轴电动机不停转。

【故障分析】：产生故障的原因有接触器KM1主触点熔焊、反接制动时两相运行、SB3或SB4在起动M1后绝缘被击穿。这三种故障原因，在故障的现象上是能够加以区别的：如按下停止按钮后，KM1不释放，则故障可断定是由熔焊引起；如按下停止按钮后，接触器的动作顺序正确，即KM1能释放，KM2能吸合，同时伴有嗡嗡声或转速过低，则可断定是制动时主电路有断相故障存在；若制动时接触器动作顺序正确，电动机也能进行反接制动，但放开停止按钮后，电动机又再次自起动，则可断定故障是由起动按钮绝缘击穿引起。

【故障现象4】：工作台不能做向下进给运动。

【故障分析】：由于铣床电气线路与机械系统的配合密切和工作台向上进给运动的控制处于多回路线路之中，因此，不宜采用按部就班地逐步检查的方法。在检查时，可先依次进行快速进给、进给变速冲动或圆工作台向前进给、向左进给及向后进给的控制，来逐步缩小故障的范围（一般可从中间环节的控制开始），然后再逐个检查故障范围内的元器件、触点、导线及接点，来查出故障点。在实际检查时，还必须考虑到由于机械磨损或移位使操纵失灵等因素，若发现此类故障原因，应与机修钳工互相配合进行修理。

下面假设故障点在行程开关 SQ4-1 处，由于安装螺钉松动而移动位置，造成操纵手柄虽然到位，但触点 SQ4-1（18-24）仍不能闭合，在检查时，若进行进给变速冲动控制正常后，也就说明线路 11#—21#—22#—17# 是完好的，再通过向左进给控制正常，又能排除线路 17#—18# 和 24#—25#—0# 存在故障的可能性。这样就将故障的范围缩小到 18—SQ4—1—24 的范围内。再经过仔细检查或测量，就能很快找出故障点。

【故障现象 5】：工作台各个方向都不能进给。

【故障分析】：可先进行进给变速冲动或圆工作台控制，如果正常，则故障可能在开关 SA3-1 及引接线 17#、18# 上，若进给变速也不能工作，要注意接触器 KM3 是否吸合，如果 KM3 不能吸合，则故障可能发生在控制线路的电源部分，即 11#—15#—16#—18#—20# 线路及 0# 线上，若 KM3 能吸合，则应着重检查主电路，包括电动机的接线及绕组是否存在故障。

【故障现象 6】：工作台不能快速进给。

【故障分析】：常见的故障原因是牵引电磁铁电路不通，多数是由线头脱落、线圈损坏或机械卡死引起。如果按下 SB5 或 SB6 后，接触器 KM5 不吸合，则故障在控制线路部分，若 KM5 能吸合，且牵引电磁铁 YA 也吸合正常，则故障大多是由于杠杆卡死或离合器摩擦片间隙调整不当引起的，应与机修钳工配合进行修理。需强调的是，在检查 11#—15#—16#—17# 支路和 11#—21#—22#—17# 支路时，一定要把 SA3 开关扳到中间空挡位置，否则，由于这两条支路是并联的，将检查不出故障点。

任务 5　T68 型卧式镗床电气控制线路的分析与检修

任务目标

1. 了解 T68 型卧式镗床的结构、性能、适用范围以及相关技术参数。
2. 能说出 T68 型卧式镗床中所有元器件的名称、型号、规格以及作用和实际位置。
3. 能分析 T68 型卧式镗床电气原理图，根据原理图正确说出操作程序、各电流回路。
4. 能判断 T68 型卧式镗床是否正常工作，观察设定的故障现象并准确判断故障范围。
5. 能运用电工仪表，通过正确的检测方法检出 T68 型卧式镗床的故障点，并予以修复。
6. 能查阅相关资料、养成独立思考和团队协作的精神和能力。
7. 遵守“7S”管理规定，做到文明操作。

任务描述

某机床厂 T68 型卧式镗床主轴电动机 M1 出现故障，不能正常运转请予以检修。

1. 能正确分析故障所在并能进行故障排除。
2. 根据测量排除故障法的要求选用适当的仪表和工具，并能正确使用。
3. 学员进入实训场地要穿戴好劳保用品并进行文明操作。

任务分析

镗床是一种精密加工机床，主要用于加工精度要求高的孔或孔与孔间距要求精确的工件，即用来钻孔、扩孔、铰孔、镗孔等，使用一些附件后，还可以车削圆柱表面、螺纹，装上镗刀还可以进行铣削。因此，镗床的加工范围非常广泛。完成该任务首先要了解T68型卧式镗床的基本结构、运动形式。其次，要掌握电气线路的工作原理，正确操作机床。最后，能检修T68型卧式镗床控制线路的常见电气故障。

相关知识

一、T68型卧式镗床的主要结构及运动形式

1. T68型卧式镗床的主要结构

T68型卧式镗床的外形如图2-5-1所示。T68型卧式镗床主要由车身、主轴箱、前立柱、带尾架的后立柱、下滑板、上滑板和工作台等部分组成。

图2-5-1 T68型卧式镗床外形图

T68型卧式镗床（见图2-5-2）的车身是一个整体铸件。在它的一端固定有前立柱，其上的垂直导轨上装有镗头架。镗刀架可沿着导轨垂直移动，里面装有主轴、变速箱、进给箱和操纵机构等部件。切削刀是固定在镗轴前端的锥形孔里或装在花盘的刀具溜板上，在工作时，镗轴一面旋转，一面沿轴向做进给运动。花盘只能旋转，其上的刀具溜板可作垂直于主轴轴线方向的径向进给运动。镗轴和花盘主轴是通过单独的传动链传动，因此可以独立运动。

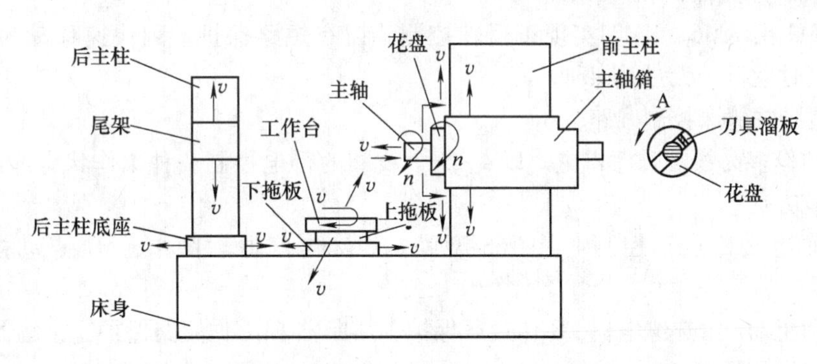

图2-5-2 T68型卧式镗床结构示意图

后立柱的尾架用来支撑装夹在堂轴上的镗杆末端，它与镗头架同时升降，两者的轴线始终在一直线上。后立柱可沿床身导轨在镗轴的轴线方向调整位置。

安装工件的工作台安置在床身中部的导轨上，它由上溜板、下溜板和可转动的台面组成，工作台可作平行和垂直于镗轴轴线方向移动，并可以转动。

2. T68型卧式镗床的运动形式

（1）主运动包括镗床主轴的旋转运动和花盘的旋转运动。

（2）进给运动包括镗床主轴的轴向进给、花盘上刀具的径向进给、镗头的垂向进给、工作的横向进给和纵向进给。

（3）辅助运动包括镗床工作台的回转，后立柱的轴向水平移动，尾架的垂直移动及各部分的快速移动。

二、T68 型卧式镗床的控制要求

（1）为了满足主轴在大范围内调速的要求，多采用交流电动机驱动的滑移齿轮变速系统。由于镗床主拖动要求恒功率拖动，所以采用“△—YY”双速电动机。

（2）为了防止滑移齿轮变速时出现顶齿现象，要求主轴变速时电动机做低速断续冲动。

（3）为了适应加工过程中调整的需要，通过主轴电动机低速点动来实现主轴的正反点动调整。

（4）为了满足主轴快速停车的要求采用电动机反接制动，但有的也采用电磁铁制动。

（5）主轴电动机低速时可采用直接起动，但高速时为了减少起动电流，先接通低速，经过延时再接通高速。

（6）为了满足进给部件更多的要求，快速进给则采用单独电动机拖动。

三、T68 型卧式镗床电气控制线路分析

图 2-5-3 所示为 T68 型卧式镗床的电气控制原理图。

1. 主电路分析

图 2-5-3 中，M1 为主轴与进给电动机，M2 为快速移动电动机。其中，M1 为一台 4/2 极的双速电动机，绕组接法为“△—YY”。

电动机 M1 由五只接触器控制，其中，KM1 和 KM2 为电动机正反转接触器，KM3 为制动电阻短接接触器，KM4 为低速运转接触器，KM5 为高速运转接触器（KM5 为一只双线圈接触器或由两只接触器并联使用）。主轴电动正反转停车时均由速度继电器 KS 实现反接制动。另外还设有短路保护和过载保护。

电动机 M2 由 KM6、KM7 实现正反转控制，设有短路保护。因快速移动为电动控制，所以 M2 为短时运行，无过载保护。

2. T68 型卧式镗床控制线路分析

机床各动作多为线圈顺序得电，以 4～5 个线圈的得电控制一种工作状态即以线圈得电顺序来分析较方便。

（1）主轴电动机点动控制　从 T68 型卧式镗床电气原理图中，M1 点动控制线路如图 2-5-4 所示。

主轴电动机 M1 由热继电器 FR 作过载保护，熔断器 FU1 作短路保护，接触器 KM4 控制作失电压和欠电压保护。

控制线路的电源由控制变压器 TC 二次侧提供 110V 电压。

1）主轴电动机正向点动控制。主轴电动机正向点动控制是通过按下正向点动按钮 SB4，使接触器 KM1 和 KM4 的线圈得电，M1 接成三角形低速运转实现的。

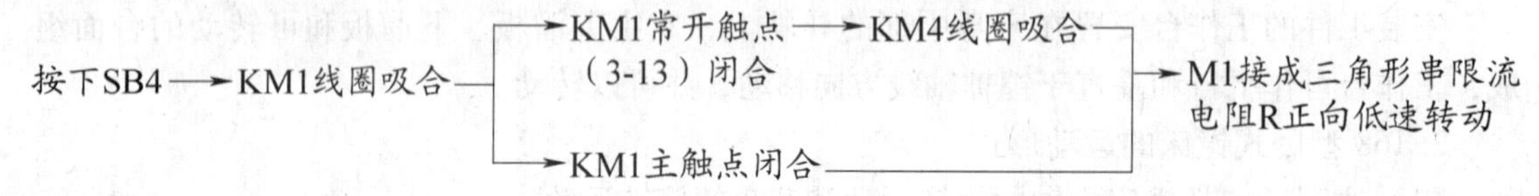

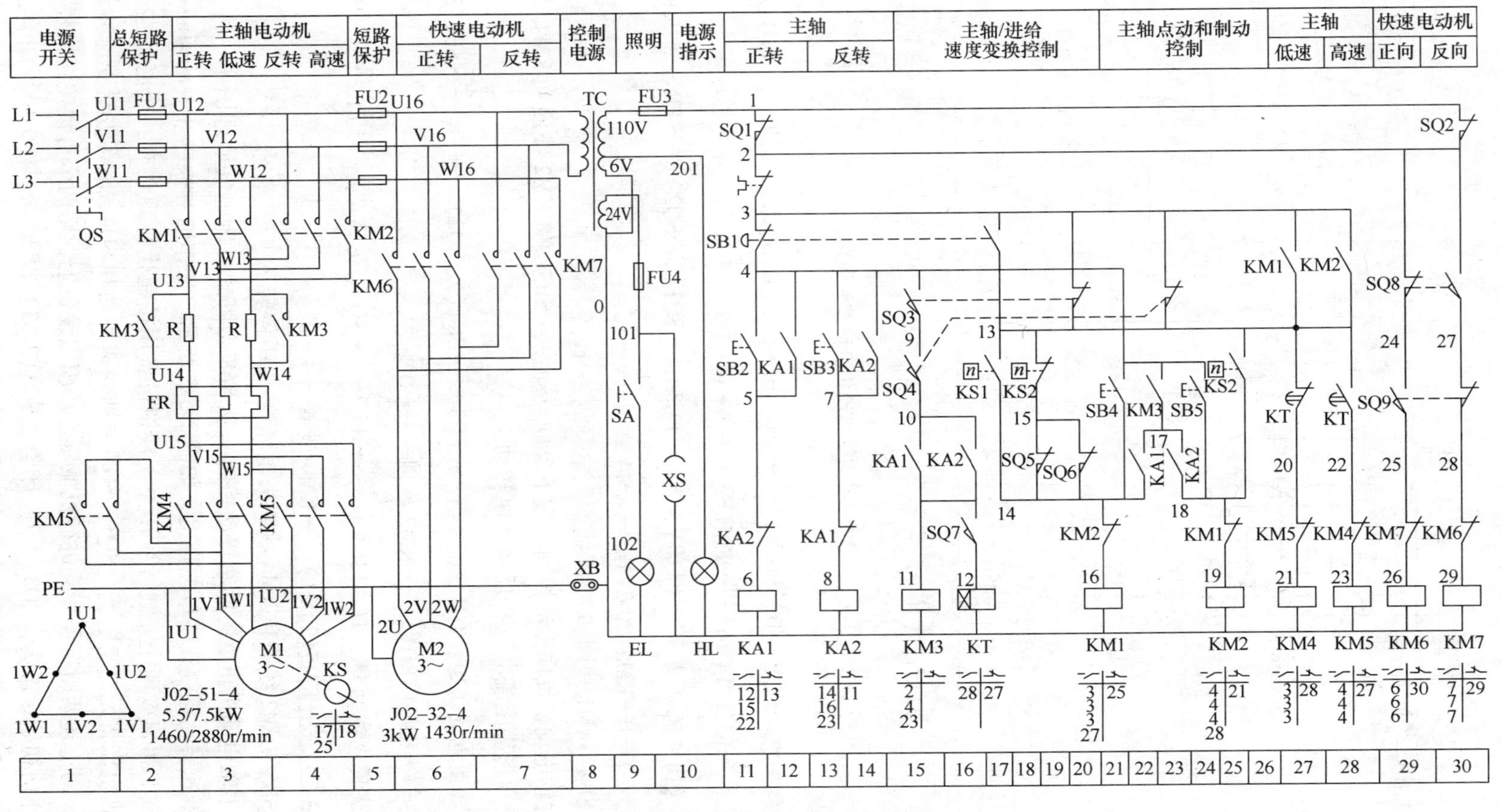

图 2-5-3 T68 型卧式镗床电气原理图

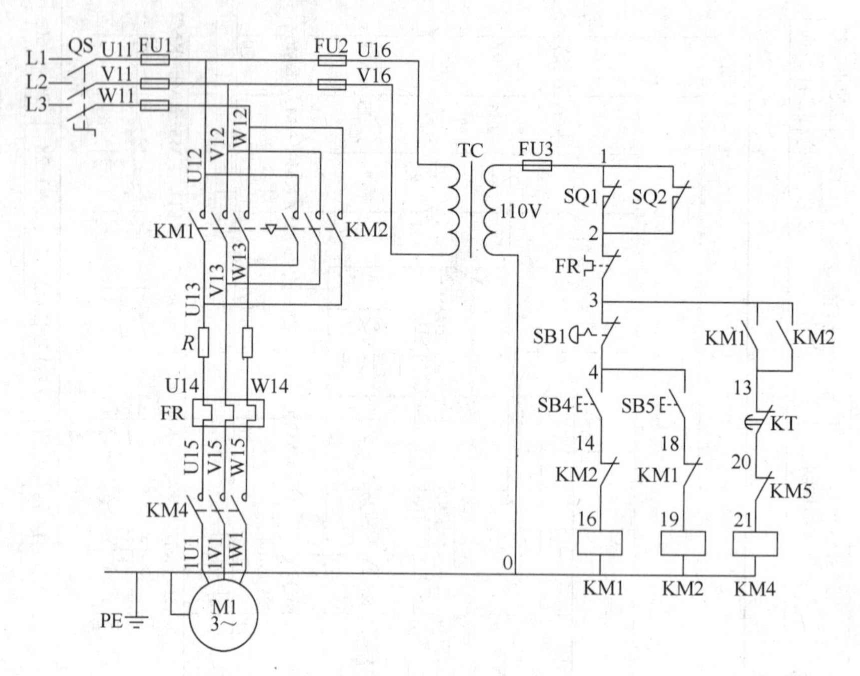

图 2-5-4　主轴电动机点动控制线路

KM1 线圈电流通道：TC(110V) $\longrightarrow$ FU3 $\xrightarrow{1^\#}$ SQ1(或 SQ2) $\xrightarrow{2^\#}$ FR $\xrightarrow{3^\#}$ SB1(3-4) $\xrightarrow{4^\#}$ SB4(4-14) $\xrightarrow{14^\#}$ KM2(14-16) $\xrightarrow{16^\#}$ KM1 线圈 $\longrightarrow$ $0^\#$。

KM4 线圈电流通道：TC(110V) $\longrightarrow$ FU3 $\xrightarrow{1^\#}$ SQ1(或 SQ2) $\xrightarrow{2^\#}$ FR $\xrightarrow{3^\#}$ KM1(3-13) $\xrightarrow{13^\#}$ KT(13-20) $\xrightarrow{20^\#}$ KM5(20-21) $\xrightarrow{21^\#}$ KM4 线圈 $\longrightarrow$ $0^\#$。

松开 SB4→KM1 线圈和 KM4 线圈失电释放→M1 停转。

2）主轴电动机反向点动控制。按下反向点动按钮 SB5，使 KM2 线圈和 KM4 线圈得电，M1 接成三角形串限流电阻 R 反向低速转动。

KM2 线圈电流通道：TC(110V) $\longrightarrow$ FU3 $\xrightarrow{1^\#}$ SQ1(或 SQ2) $\xrightarrow{2^\#}$ FR $\xrightarrow{3^\#}$ SB1(3-4) $\xrightarrow{4^\#}$ SB5(4-18) $\xrightarrow{18^\#}$ KM1(18-19) $\xrightarrow{19^\#}$ KM2 线圈 $\longrightarrow$ $0^\#$。

KM4 线圈电流通道：TC(110V) $\longrightarrow$ FU3 $\xrightarrow{1^\#}$ SQ1(或 SQ2) $\xrightarrow{2^\#}$ FR $\xrightarrow{3^\#}$ KM2(3-13) $\xrightarrow{13^\#}$ KT(13-20) $\xrightarrow{20^\#}$ KM5(20-21) $\xrightarrow{21^\#}$ KM4 线圈 $\longrightarrow$ $0^\#$。

松开 SB5→KM2 线圈和 KM4 线圈失电释放→M1 停转。

（2）主轴电动机正反向低速转动控制　从 T68 型卧式镗床电气原理图中，将主轴电动机正反向低速转动控制线路单独画出，如图 2-5-5 所示。操作前对操纵开关的通断情况作如下说明：SQ1 和 SQ2 两个互锁行程开关（模拟设备用按钮代替）中有一个必须在闭合的位置上，否则机床将无控制电流；SQ3、SQ5 主轴变速冲动和 SQ4、SQ6 进给变速冲动的花盘必须推进，对上述两组行程开关进行机械压迫。模拟设备上，用两个自锁按钮代替，必须按下，使操作前初始状态为：SQ3(4-9）闭合，SQ3(3-13）断开，SQ4(9-10）闭合，SQ4(3-13）断开，SQ5(14-15）断开，SQ6(14-15）断开。

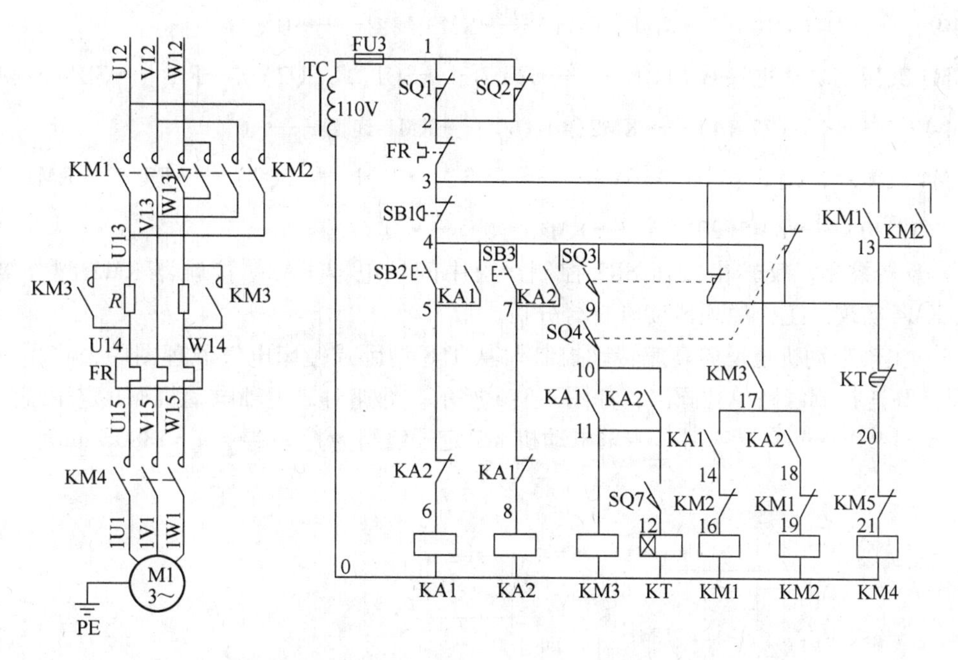

图 2-5-5　主轴电动机正反向低速转动控制线路

1）正转控制。

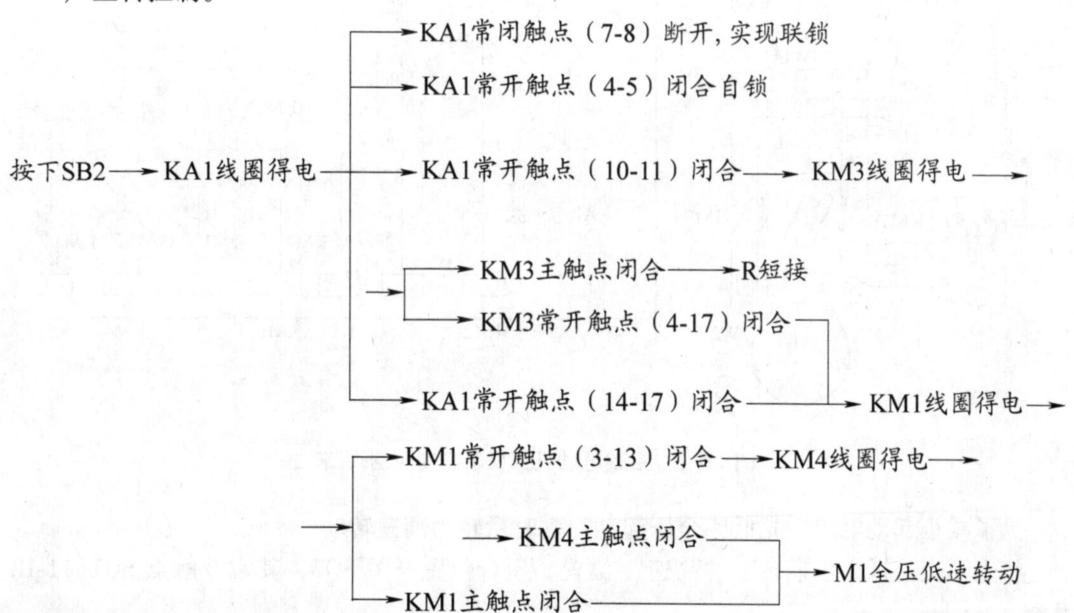

归纳四个线圈的得电顺序为 KA1 线圈→KM3 线圈→KM1 线圈→KM4 线圈。线圈电流通道分别如下：

KA1 线圈电流通道：TC(110V)⟶FU3 $\xrightarrow{1^{\#}}$ SQ1（或 SQ2）$\xrightarrow{2^{\#}}$ FR $\xrightarrow{3^{\#}}$ SB1(3-4) $\xrightarrow{4^{\#}}$ SB2(4-5) $\xrightarrow{5^{\#}}$ KA2(5-6) $\xrightarrow{6^{\#}}$ KA1 线圈⟶$0^{\#}$。

KM3 线圈电流通道：TC(110V)⟶FU3 $\xrightarrow{1^{\#}}$ SQ1（或 SQ2）$\xrightarrow{2^{\#}}$ FR $\xrightarrow{3^{\#}}$ SB1(3-4) $\xrightarrow{4^{\#}}$

SQ3(4-9)$\xrightarrow{9^{\#}}$SQ4(9-10)$\xrightarrow{10^{\#}}$KA1(10-11)$\xrightarrow{11^{\#}}$KM3 线圈——→0#。

KM1 线圈电流通道：TC(110V)——→FU3$\xrightarrow{1^{\#}}$SQ1(或 SQ2)$\xrightarrow{2^{\#}}$FR$\xrightarrow{3^{\#}}$SB1(3-4)$\xrightarrow{4^{\#}}$KM3(4-17)$\xrightarrow{17^{\#}}$KA1(17-14)$\xrightarrow{14^{\#}}$KM2(14-16)$\xrightarrow{16^{\#}}$KM1 线圈——→0#。

KM4 线圈电流通道：TC(110V)——→FU3$\xrightarrow{1^{\#}}$SQ1(或 SQ2)$\xrightarrow{2^{\#}}$FR$\xrightarrow{3^{\#}}$KM1(3-13)$\xrightarrow{13^{\#}}$KT(13-20)$\xrightarrow{20^{\#}}$KM5(20-21)$\xrightarrow{21^{\#}}$KM4 线圈——→0#。

2）反转控制。反转由按钮 SB3 控制，由中间继电器 KA2、接触器 KM2 配合接触器 KM3、KM4 实现。工作原理请读者自行分析。

（3）主轴电动机正反向高速转动控制　从 T68 型卧式镗床电气原理图中，将主轴电动机正反向高速控制线路单独画出，如图 2-5-6 所示。低速时，主轴电动机 M1 定子绕组为△联结，$n=1460$r/min；高速时，主轴电动机 M1 定子绕组为YY联结，$n=2880$r/min。

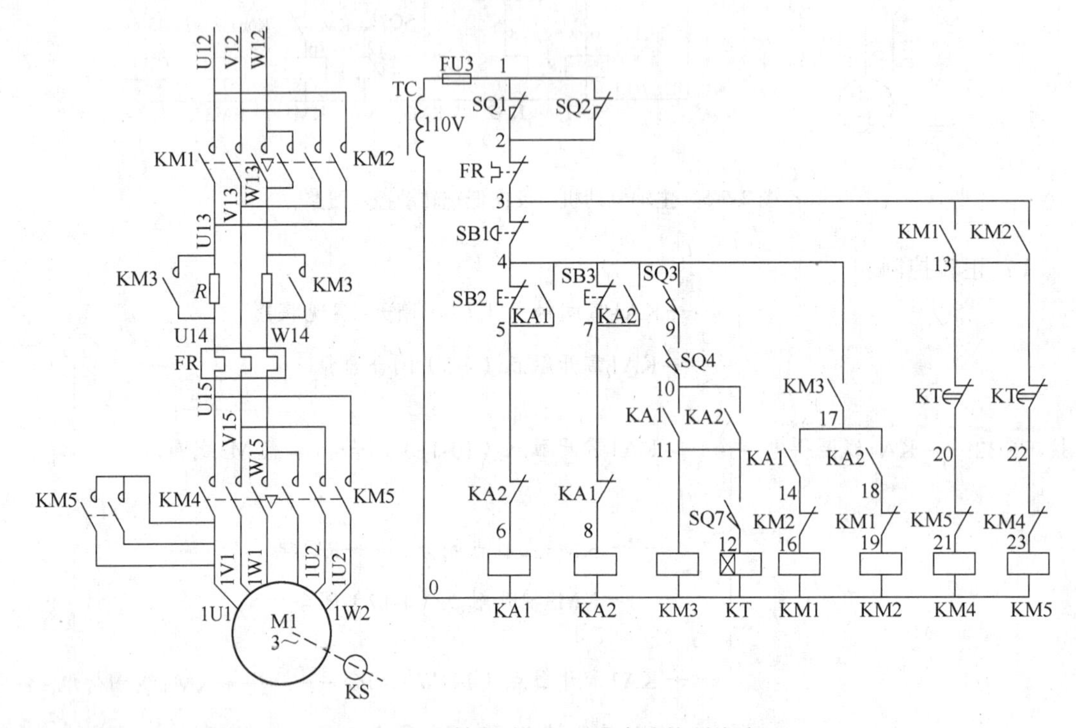

图 2-5-6　主轴电动机正反向高速控制线路

为了减小起动电流，先低速全压起动，延时后转为高速转动。

将主轴变速操作手柄转至“高速”位置，压合位置开关 SQ7，其常开触点 SQ7(11-12)闭合。

1）高速正转。由正向起动按钮 SB2 控制，中间继电器 KA1 线圈，接触器 KM3、KM1、KM4 的线圈及时间继电器 KT 相继得电，M1 接成三角形低速运行，延时后，由 KT 控制，KM4 线圈失电，接触器 KM5 得电，M1 接成双星形高速运行。其工作原理如下：

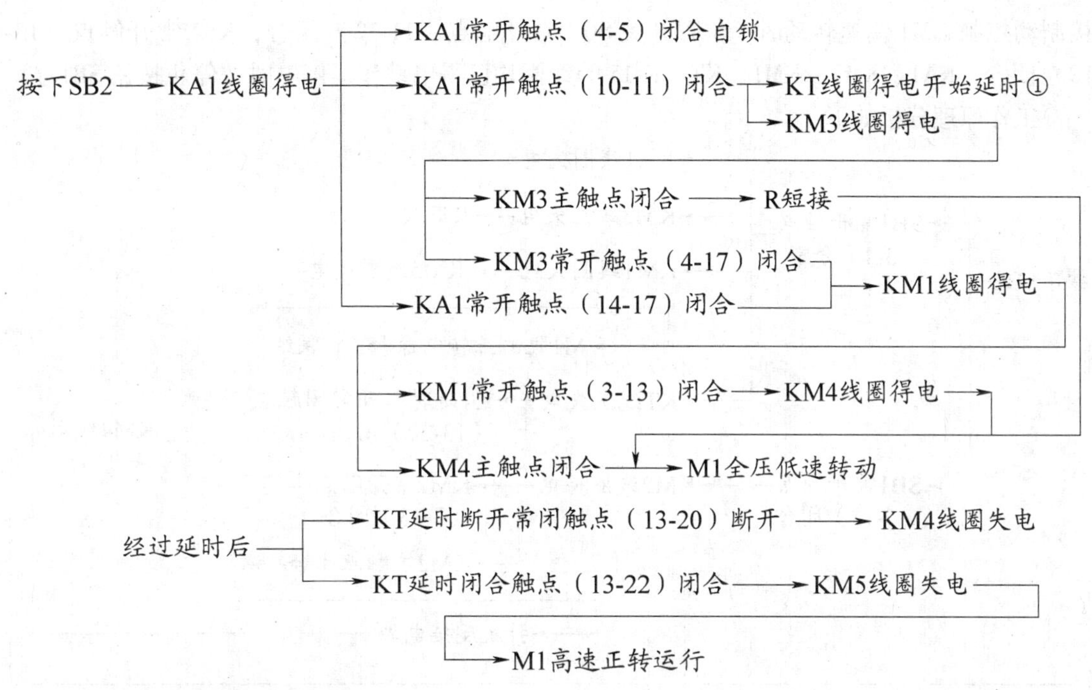

KT、KM5 线圈的电流通道如下：

【**KT 线圈电流通道**】：TC（110V）$\longrightarrow$ FU3 $\xrightarrow{1^{\#}}$ SQ1（或 SQ2）$\xrightarrow{2^{\#}}$ FR $\xrightarrow{3^{\#}}$ SB1（3-4）$\xrightarrow{4^{\#}}$ SQ3（4-9）$\xrightarrow{9^{\#}}$ SQ4（9-10）$\xrightarrow{10^{\#}}$ KA1（10-11）$\xrightarrow{11^{\#}}$ SQ7（11-12）$\xrightarrow{12^{\#}}$ KT 线圈 $\longrightarrow$ $0^{\#}$。

【**KM5 线圈电流通道**】：TC（110V）$\longrightarrow$ FU3 $\xrightarrow{1^{\#}}$ SQ1（或 SQ2）$\xrightarrow{2^{\#}}$ FR $\xrightarrow{3^{\#}}$ KM1（3-13）$\xrightarrow{13^{\#}}$ KT（13-22）$\xrightarrow{22^{\#}}$ KM4（22-23）$\xrightarrow{23^{\#}}$ KM5 线圈 $\longrightarrow$ $0^{\#}$。

2）高速反转。由反向起动按钮 SB3 控制，KA2、KM3、KM2、KM4 和 KT 等线圈相继得电，M1 低速转动，延时后，KM4 线圈失电，KM5 线圈得电，M1 高速转动，其工作原理请读者自行分析。

（4）主轴制动控制　T68 型卧式镗床主轴电动机停车制动采用由速度继电器 KS、串电阻 R 的双向低速反接制动。如 M1 为高速转动，则转为低速后再制动。

从 T68 型卧式镗床电气原理图中，将主轴制动控制线路单独画出，如图 2-5-7 所示。

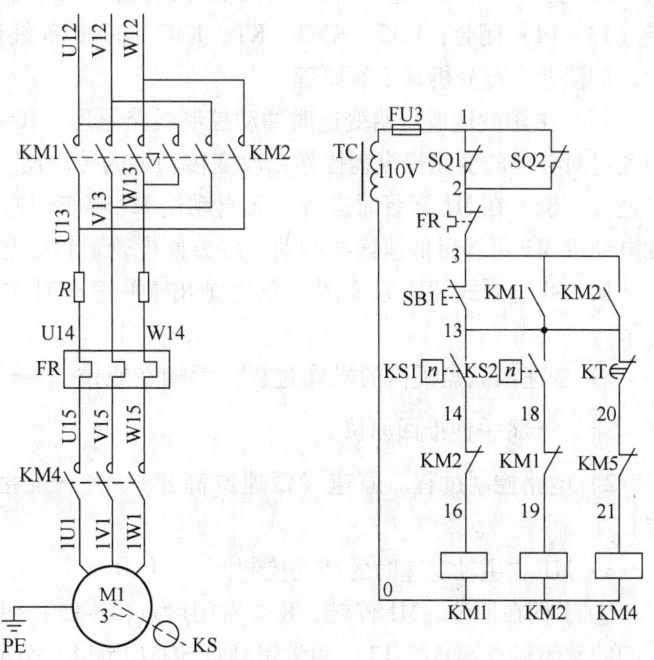

图 2-5-7　主轴制动电气控制线路

1）主轴电动机高速正转反

接制动控制。M1 高速转动时，位置开关 SQ7 常开触点（11-12）闭合，KS2 常开触点（13-18）闭合，KA1、KM3、KM1、KT、KM5 等线圈均已得电动作，停电时按停止按钮 SB1。

工作原理分析如下：

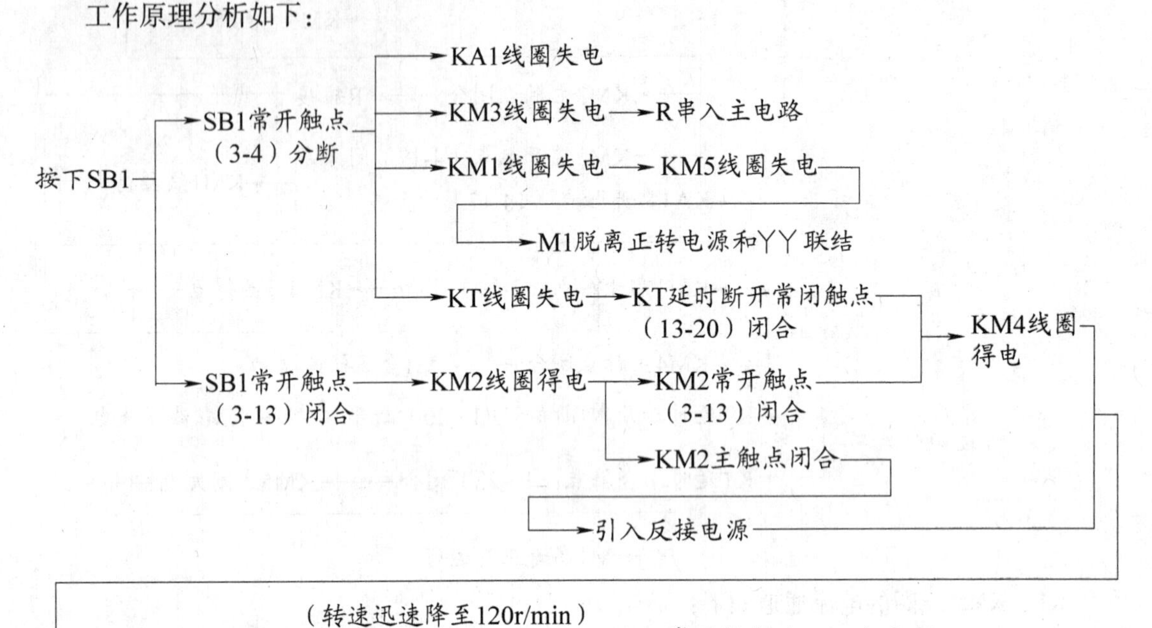

如制动前 M1 为低速转动，则按 SB1 后，没有 KM5 线圈和 KT 线圈失电两个环节。

2）主轴电动机高速反转制动控制。反转时，SQ7 常开触点（11-12）闭合，KS1 常开触点（13－14）闭合，KA2、KM3、KT、KM2、KM5 等线圈均已得电动作。按停止按钮 SB1 后，请读者自行分析其工作原理。

（5）主轴变速或进给变速时冲动控制线路原理　T68 型卧式镗床主轴变速和进给变速分别通过对各自的变速操纵盘操作以改变传动链的传动比。调速不但可在主轴电动机 M1 停车时进行，也可在 M1 运行时进行（先自动使 M1 停车调速，再自动使 M1 转动）。调速时，主轴电动机 M1 可获得低速连续冲动，以方便齿轮顺利啮合。

从 T68 型卧式镗床原理图中单独画出 M1 停车时主轴变速冲动控制线路，如图 2-5-8 所示。

1）变速操纵盘机构的操作过程。手柄在原位——→拉出手柄反压，转动操纵盘进行变速$\xrightarrow{\text{齿轮啮合}}$将手柄推回原位。

2）电路控制过程。原速（低速或高速）——→反接制动$\xrightarrow{\text{冲动}}$新速度（低速或再转高速）。

3）M1 在主轴变速时的冲动控制。

① 手柄在原位。M1 停转，KS2 常闭触点（13-15）闭合，位置开关 SQ3 和 SQ5 被压动，它们的常闭触点 SQ3（3-13）和常闭触点 SQ5（15-14）分断。

② 拉出手柄反压，转动操纵盘进行变速。SQ3 和 SQ5 复位，KM1 线圈经 TC（110V）

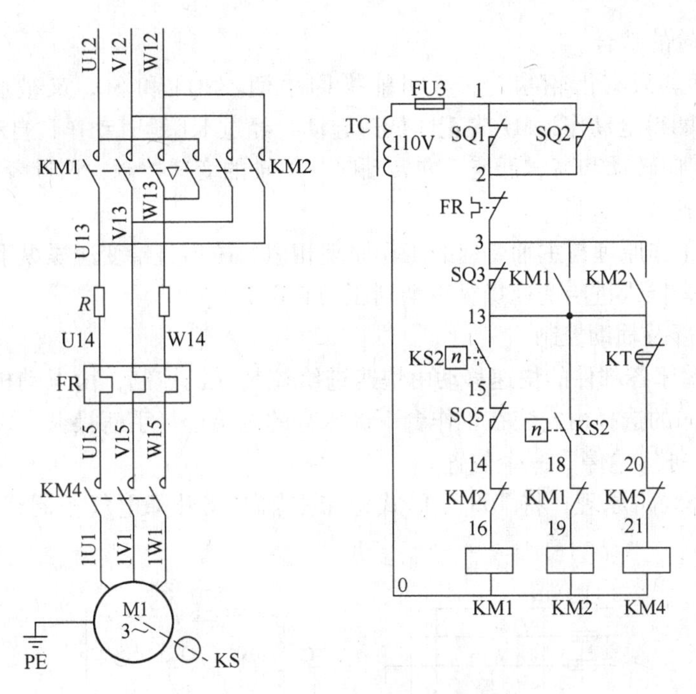

图 2-5-8　主轴变速冲动控制线路

$\longrightarrow$ FU3 $\xrightarrow{1^{\#}}$ SQ1（或 SQ2）$\xrightarrow{2^{\#}}$ FR $\xrightarrow{3^{\#}}$ SQ3（3-13）$\xrightarrow{13^{\#}}$ KS（13-15）$\xrightarrow{15^{\#}}$ SQ5（15-14）$\xrightarrow{14^{\#}}$ KM2（14-16）$\xrightarrow{16^{\#}}$ KM1 线圈 $\longrightarrow$ $0^{\#}$得电动作，KM4 线圈经 TC（110V）$\longrightarrow$ FU3 $\xrightarrow{1^{\#}}$ SQ1（或 SQ2）$\xrightarrow{2^{\#}}$ FR $\xrightarrow{3^{\#}}$ SQ3（3-13）$\xrightarrow{13^{\#}}$ KT（13-20）$\xrightarrow{20^{\#}}$ KM5（20-21）$\xrightarrow{21^{\#}}$ KM4 线圈 $\longrightarrow$ $0^{\#}$得电动作，M1 经限流电阻 R（KM3 未得电）接成三角形低速正向运转。

当 M1 转速升高到一定值（120r/min）时，KS2 常闭触点（13-15）分断，KM1 线圈失电释放，M1 脱离正转电源；由于 KS2 常开触点（13-18）闭合，KM2 线圈经 TC（110V）$\longrightarrow$ FU3 $\xrightarrow{1^{\#}}$ SQ1（或 SQ2）$\xrightarrow{2^{\#}}$ FR $\xrightarrow{3^{\#}}$ SQ3（3-13）$\xrightarrow{13^{\#}}$ KS（13-18）$\xrightarrow{18^{\#}}$ KM1（18-19）$\xrightarrow{19^{\#}}$ KM2 线圈 $\longrightarrow$ $0^{\#}$得电动作，M1 反接制动。当 M1 转速下降到一定值（100r/min），KS2 常开触点（13-18）分断，KM2 线圈失电释放；KS2 常闭触点闭合，KM1 线圈又得电动作，M1 又恢复起动。

M1 重复上述过程，间歇地起动与反接制动，处于冲动状态，便于齿轮的啮合。

③ 将手柄推回原位。只有在齿轮啮合后，才能推回手柄。压合 SQ3 和 SQ5，SQ3 常开触点（4-9）闭合，SQ3 常闭触点（3-13）和 SQ5 常闭触点（15-14）分断，切断 M1 的电源，M1 停转。

4）M1 在高速正向转动时的主轴变速控制。

① 手柄在原位，压动 SQ3 和 SQ5。这时 M1 在 KA1、KM3、KT、KM1、KM5 等线圈得电动作，KS2 常开触点（13-18）闭合的情况下高速正向转动。

② 拉出手柄反压，转动操作盘进行变速。SQ3 和 SQ5 复位，它们的常开触点分断，SQ3 常闭触点（3-13）和 SQ5 常闭触点（15-14）闭合，使 KM3、KT 线圈失电，进而使 KM1、KM5 线圈也失电，切断 M1 的电源。继而 KM2 和 KM4 线圈得电动作，M1 串入限流电阻 R 反接制动。当制动结束，由于 KS2 常闭触点（13-15）闭合，KM1 线圈得电控制 M1 正向低

速冲动，便于齿轮的啮合。

③ 推回手柄。只有齿轮啮合，才可能推回手柄。SQ3 和 SQ5 又被压动，KM3、KT、KM1、KM4 等线圈得电动作，M1 先正向低速起动，经过 KT 延时动作，自动转为高速运行。

M1 在低速正向转动和高、低速反向转动时，主轴的变速控制，请读者自行分析。

（6）进给变速原理分析

进给变速的工作原理与主轴变速的工作原理相似。拉出进给变速操纵手柄，使位置开关 SQ4 和 SQ6 复位，推入进给变速操纵手柄则压动它们。

（7）刀架升降及辅助控制

T68 型卧式镗床各部件的快速移动由快速进给控制手柄控制，由电动机 M2 拖动。运动部件及其运动方向的选择由安装在工作台下部床身的进给选择手柄操纵。快速进给控制手柄有“正向”、“反向”、“停”三个位置。

1）刀架升降线路原理。将 T68 型卧式镗床主轴刀架升降电气控制线路单独画出，如图 2-5-9 所示。

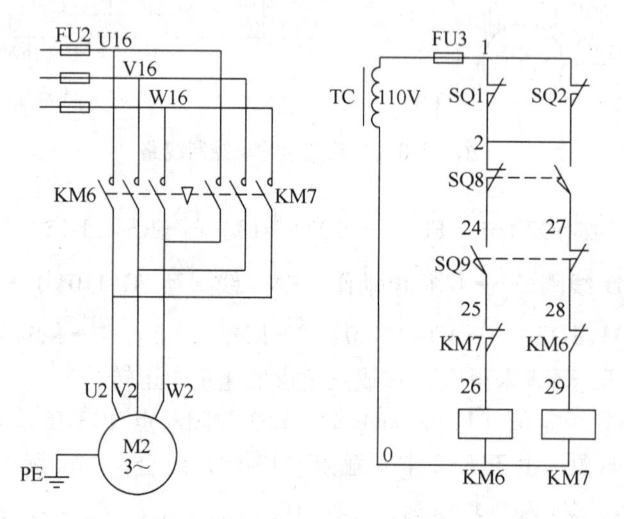

图 2-5-9　镗床主轴刀架升降电气控制线路

先扳动相关手柄，接通相关离合器，挂上有方向的丝杆，然后由快速操纵手柄压动位置开关 SQ8、SQ9，使接触器 KM6 或 KM7 线圈得电，快速移动电动机 M2 正转或反转，拖动有关部件快速移动。

① 将快速移动手柄扳到“正向”位置，压动 SQ9，SQ9 的常开触点（24-25）闭合，KM6 线圈经 TC（110V）$\longrightarrow$ FU3 $\xrightarrow{1^\#}$ SQ1（或 SQ2）$\xrightarrow{2^\#}$ SQ8（2-24）$\xrightarrow{24^\#}$ SQ9（24-25）$\xrightarrow{25^\#}$ KM7（25-26）$\xrightarrow{26^\#}$ KM6 线圈 $\longrightarrow$ $0^\#$ 回路得电动作，M2 正向转动。将手柄扳到中间位置，SQ9 复位，KM6 线圈失电，M2 停转。

② 将快速手柄扳到“反向”位置，压动 SQ8，KM7 线圈得电动作，M2 反向转动。

为了防止工作台、主轴箱与主轴同时机动进给，损坏机床或刀具，在电气线路上采取了相互联锁措施。联锁是通过两个并联的位置开关 SQ1、SQ2 实现的。当工作台或主轴箱的操纵手柄扳到机动进给位置时，压动 SQ1，SQ1 常闭触点（1-2）分断；此时如果将主轴或花盘刀架操纵手柄扳到机动进给位置时，压动 SQ2，SQ2 常闭触点（1-2）分断。两个位置开关的常闭触点都分断，切断了整个控制线路的电源，M1 和 M2 都不能运转。

2）辅助线路（照明和指示电路）原理。控制变压器 TC 的二次侧分别输出 24V 和 6V 电压（照明和指示参照图 2-5-3 中 9 区、10 区），作为机床照明灯和指示灯的电源。EL 为机床的低压照明灯，由开关 SA 控制，由 FU 作短路保护；HL 为电源指示灯，当机床接通电源后，指示灯 HL 亮，表示机床可以工作。

任务实施

一、工作准备

（1）工具：验电器、电工刀、剥线钳、尖嘴钳、斜口钳、旋具等。

（2）仪表：万用表。

（3）设备：T68 型卧式镗床。

（4）其他：跨接线若干，穿戴好劳动防护用品。

二、观察故障现象、确定故障范围

下面用图 2-5-10 所示的检修流程图来说明按下按钮 SB2 后，主轴电动机 M1 不能正常低速正转的检修流程。图中，菱形块是观察的对象，首先要观察清楚故障现象。

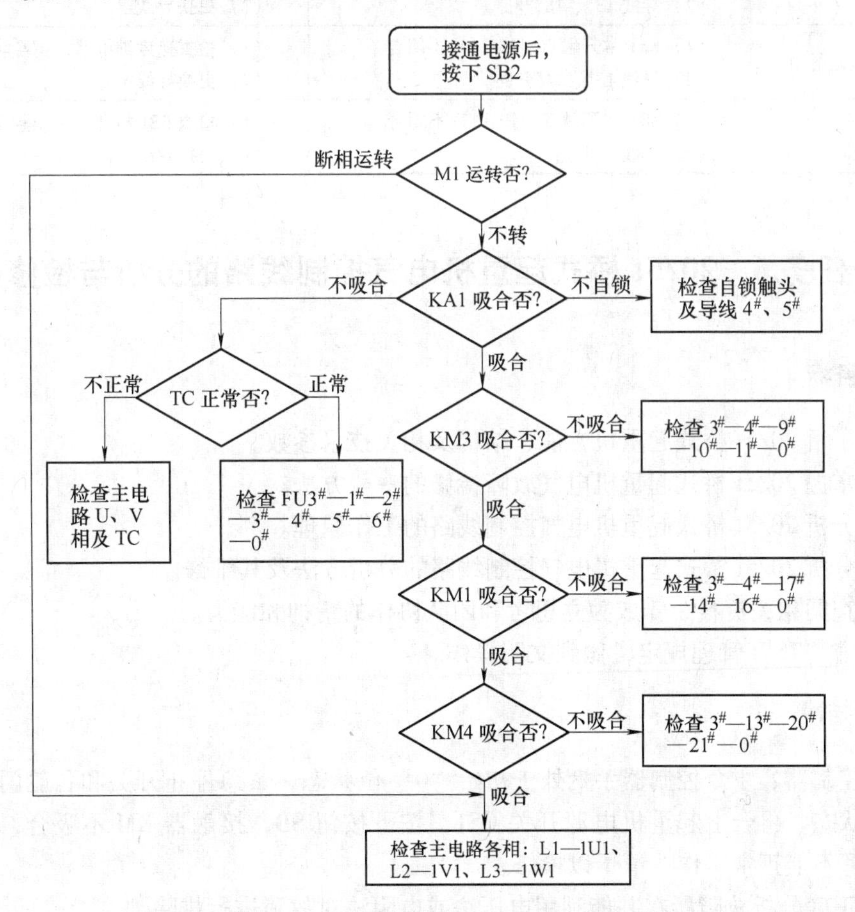

图 2-5-10　主轴电动机低速正转故障检修流程图

图中方框是根据故障现象，用逻辑分析的方法判断出的故障范围。

三、排除故障经过

根据故障范围和线路的复杂情况，选择合适的检修方法进行检修，检修时所用工具、仪表等应符合使用要求，带电操作检修时，必须有指导教师监护，确保人身、设备安全。注意检修的顺序，发现某个故障时，必须及时修复故障点，同时防止扩大故障范围或引发新故障。

任务拓展

阅读下列材料，然后参照图 2-5-10 画出主轴制动电气故障检修流程图。

T68 型卧式镗床主轴制动电路的故障主要是主轴电动机 M1 在停车时，SB1 按钮未按到底或速度继电器的常开触点在转速达到 120r/min 时未闭合造成的，检修制动故障时必须在主轴正反转起动运行正常的情况下进行。主轴制动电路电气故障的分析和检修见表 2-5-1。

表 2-5-1　主轴制动电路常见电气故障的分析和检修

故障现象	故障原因	故障维修
正转停车无制动	（1）KS2 常开触点（13-18）不闭合 （2）导线 13#、18#开路	（1）检查速度继电器，更换触点 （2）更换导线
反转停车无制动	（1）KS1 常开触点（13-14）不闭合 （2）导线 13#、14#开路	（1）检查速度继电器，更换触点 （2）更换导线
正反转停车无制动	（1）SB1 常开触点（13-14）不闭合 （2）导线 3#开路	（1）检查 SB1 按钮，更换触点 （2）更换导线

任务 6　20/5t 桥式起重机电气控制线路的分析与检修

任务目标

1. 能了解 20/5t 桥式起重机性能、结构及相关技术参数。
2. 能掌握 20/5t 桥式起重机电气故障检修的一般方法。
3. 能分析 20/5t 桥式起重机电气控制线路的工作原理。
4. 能分析 20/5t 桥式起重机电气控制线路的分析方法及其维修。
5. 能查阅相关资料、养成独立思考和团队协作的精神和能力。
6. 遵守“7S”管理规定，做到文明操作。

任务描述

凸轮控制器、主令控制器手柄处于初始“0”位状态，紧急停止开关和各舱门行程开关处于闭合状态。再合上起重机电源开关 QS1，按下按钮 SB，接触器 KM 不吸合，副钩、小车、大车都不能正常工作，请予以检修。

1. 能正确分析故障所在并能利用电压法或电阻法对故障进行排除。
2. 根据测量排除故障法的要求选用适当的仪表和工具，并能正确使用。
3. 学员进入实训场地要穿戴好劳保用品并进行文明操作。

任务分析

20/5t 桥式起重机是一种用来吊起或放下重物并使重物在短距离内水平移动的起动设备，俗称为吊车、行车或天车。起重设备按结构分，有桥式、塔式、门式、旋转式和缆索等多种，不同结构的起重设备分别应用于不同的场合。生产车间内使用的桥式起重机，常见的有 5t、10t 单钩和 15/3t、20/5t 双钩等。本次任务是对 20/5t 桥式起重机电气线路中接触器 KM 不能动作的故障进行维修。完成该任务首先要了解 20/5t 桥式起重机的基本结构、运动形式。其次，要掌握电气线路工作原理，正确操作起重机。最后，能检修 20/5t 桥式起重机控制线路常见电气故障。

相关知识

一、20/5t 桥式起重机的结构和运动形式

20/5t 桥式起重机的外形图如图 2-6-1 所示。

图 2-6-1　20/5t 桥式起重机的外形图

桥式起重机的结构示意图如图 2-6-2 所示，主要由桥架、大车、小车、主钩和副钩组成。大车的轨道敷设在车间两侧的立柱上，大车可在轨道上沿车间纵向移动；大车上装有小车轨道，供小车横向移动；主钩和副钩都在小车上，主钩用来提升重物，副钩除可提升轻物外，还可以协同主钩完成工件的吊运，但不允许主、副钩同时提升两个物件。当主、副钩同时工作时，物件的重量不允许超过主钩的额定起重量。这样，桥式起动机可以在大车能够行走的整个车间范围内进行起重运输。

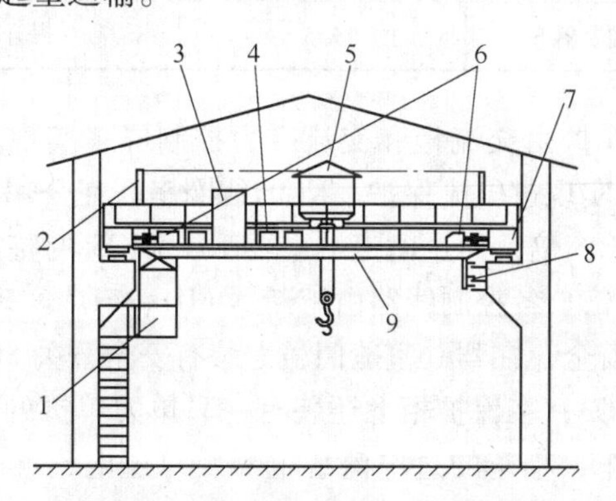

图 2-6-2　桥式起重机的结构示意图

1—驾驶舱　2—辅助滑线架　3—交流磁力控制屏　4—电阻箱　5—起重小车
6—大车拖动电动机　7—端梁　8—主滑线　9—主梁

20/5t 桥式起重机采用三相交流电源供电，由于起重机工作时经常移动，因此需采用可移动的电源供电。小型起重机常采用软电缆供电，软电缆可随大、小车的移动而伸展和叠卷。大型起重机一般采用滑触线和集电刷供电。三根主滑触线沿着平行于大车轨道的方向敷设在车间厂房的一侧。三相交流电源经由主滑触线和集电刷引入起重机驾驶室内的保护控制柜上，再从保护控制柜上引出两相电源至凸轮控制器，另一相称为电源公用相，直接从保护控制柜接到电动机的定子接线端。

二、20/5t 桥式起重机对电力拖动的要求

（1）由于桥式起重机经常在重载下进行频繁起动、制动、反转、变速等操作，要求电动机具有较高的机械强度和较大的过载能力，同时还要求电动机的起动转矩大，起动电流小，因此使用绕线转子异步电动机。

（2）要有合理的升降速度，轻载或空载时速度要快，以提高效率，重载时速度要慢。

（3）要有适当的低速区，在 30% 额定转速内应分几挡，以便提升或下降到预定位置附近时灵活操作。

（4）提升第一级为预备级，用以消除传动间隙和预紧钢丝绳，以避免过大的机械冲击。

（5）当下放货物时，可根据负载大小情况选择电动机的运行状态。

（6）有完备的保护环节（零位短路保护、过载保护、限位保护）和可靠的制动方式。

三、20/5t 桥式起重机电气控制线路原理

1. 20/5t 桥式起重机的电气设备及控制、保护装置

20/5t 桥式起重机的电气原理图如图 2-6-3、图 2-6-4 所示，共有五台绕线转子电动机，其控制盒保护电器见表 2-6-1。

表 2-6-1　20/5t 桥式起重机中电动机的控制保护电器

名称及代号	控制电器	过电流和过载保护电器	终端限位保护电器	电磁抱闸制动器
大车电动机 M3、M4	凸轮控制器 Q3	KI3、KI4	SQ_L、SQ_R	YA3、YA4
小车电动机 M2	凸轮控制器 Q2	KI2	SQ_{BW}、SQ_{FW}	YA2
副钩升降电动机 M1	凸轮控制器 Q1	KI1	SQ_{U1}（提升限位）	YA1
主钩升降电动机 M5	主令控制器 SA	KI5	SQ_{U2}（提升限位）	YA5

整个起重机的控制和保护由交流柜和交流磁力控制屏来实现。总电源由隔离开关 QS1 控制，由过电流继电器 KI 实现过电流保护。KI 的线圈串联在公用相，其整定值不应超过全部电动机额定电流总和的 1.5 倍，而过电流继电器 KI1 ~ KI5 的整定值一般整定在被保护电动机额定电流的 2.2 ~2.5 倍。各控制线路由熔断器 FU1、FU2 实现短路保护。

为了保障维修人员的安全，在驾驶室舱门盖上装有安全开关 SQ1；在横梁两侧栏杆门上分别装有安全开关 SQ2、SQ3；在保护柜上还装有一只单刀单掷的紧急开关 SA1。上述各开关的常开触点与副钩、大车、小车的过电流继电器及总过电流继电器的常闭触点串联，这样，当驾驶室舱门或横梁栏杆门开启时，主接触器 KM 不能获电，起重机的所有电动机都不能起动运行，从而保证了人身安全。

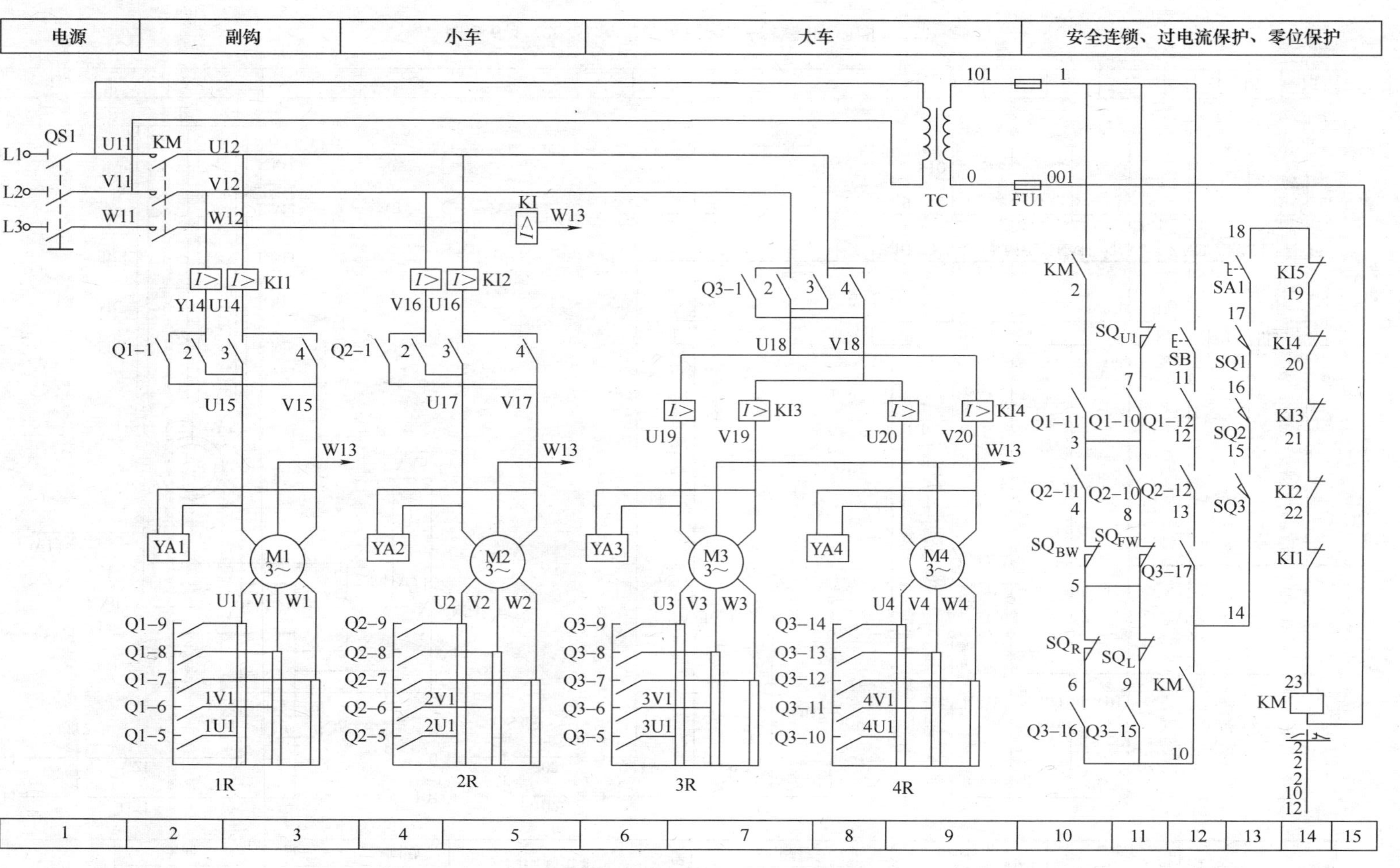

图 2-6-3 20/5t 桥式起重机的电气控制原理图（一）

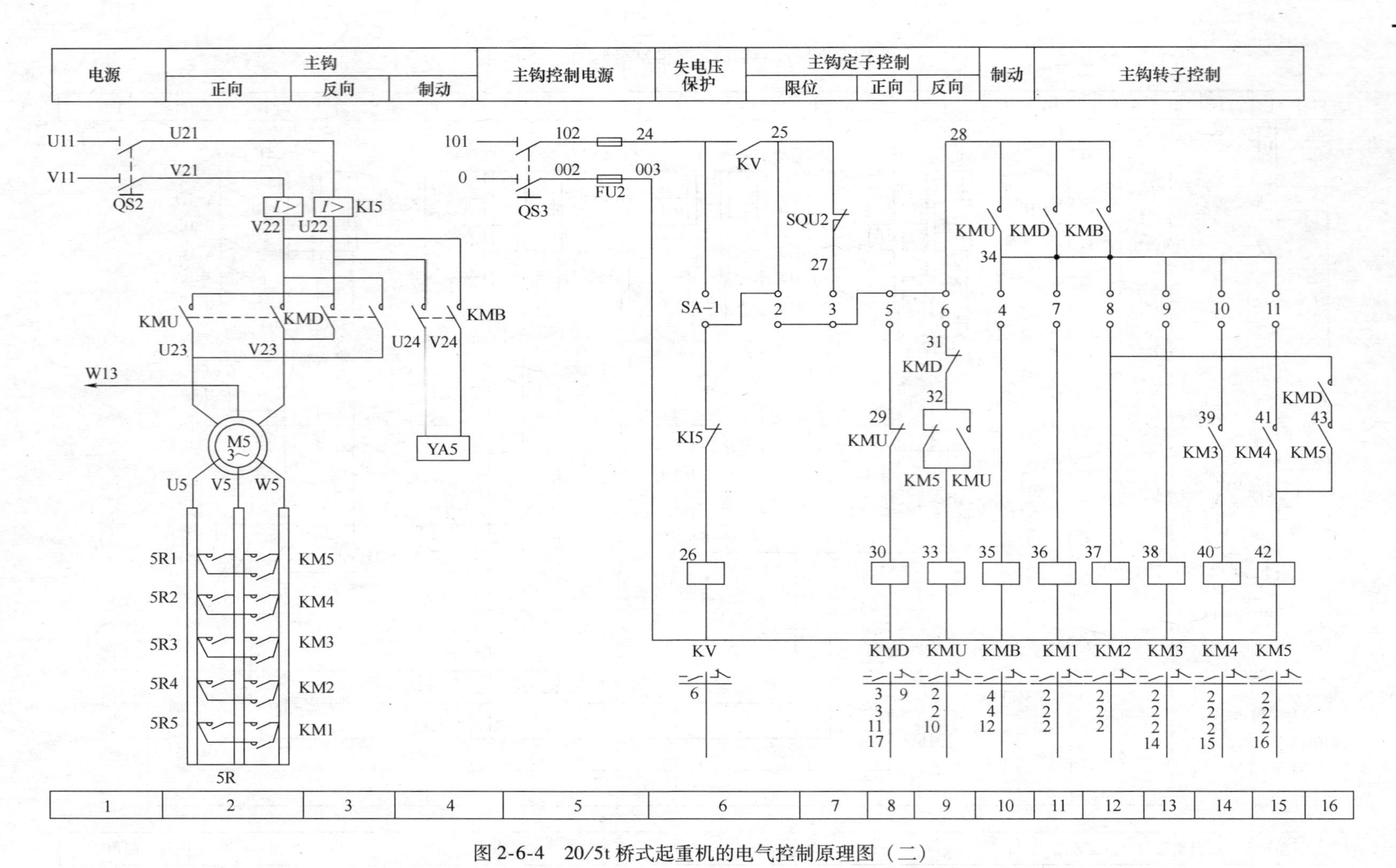

图 2-6-4 20/5t 桥式起重机的电气控制原理图（二）

起重机还设置了零位联锁保护，只有当所有的控制器手柄都处于零位时，起重机才能起动运行，其目的是为了防止电动机在转子回路电阻被切除的情况下直接起动，产生很大的冲击电流造成事故。

电源总开关 QS1、熔断器 FU1 和 FU2、主接触器 KM、紧急开关 SA1 以及过电流继电器 KI1 ~ KI5 都安装在保护柜上。保护柜、凸轮控制器及主令控制器均安装在驾驶室内，以便于驾驶员操作。电动机转子的串电阻及磁力控制屏则安装在大车桥架上。起重机的导轨及金属桥架应可靠接地。

2. 主接触器 KM 的控制

准备阶段：在起重机投入运行前，应将所有凸轮控制器手柄置于零位，使零位联锁触点 Q1-12、Q2-12、Q3-17（均在图 2-6-3 的 12 区）闭合；合上紧急开关 SA1（图 2-6-3 的 13 区），关好舱门和横梁栏杆门，使行程开关 SQ1、SQ2、SQ3（均在图 2-6-3 的 13 区）的常开触点也处于闭合状态。

起动运行阶段：合上电源开关 QS1，按下起动按钮 SB，主接触器 KM 得电吸合，KM 主触点闭合，使两相电源（U12、V12）引入各凸轮控制器。同时，KM 的两副辅助常开触点（图 2-6-3 的 10 区和 12 区）闭合自锁，主接触器 KM 的线圈经 1#—2#—3#—4#（或 8#）—5#—6#（或 9#）—10#—14#—15#—16#—17#—18#—19#—20#—21#—22#—23#—001#—FU1—0#形成通路得电。

3. 凸轮控制器的控制

桥式起重机凸轮控制器、主令控制器触点状态表如图 2-6-5 所示。

Q1(副钩控制)、Q2(小车控制)

Q1 Q2	向后、向下					零位	向前、向上				
	5	4	3	2	1	0	1	2	3	4	5
1							+	+	+	+	+
2	+	+	+	+	+						
3							+	+	+	+	+
4	+	+	+	+	+						
5	+	+	+	+				+	+	+	+
6	+	+	+						+	+	+
7	+	+								+	+
8	+										+
9	+										+
10						+	+	+	+	+	+
11	+	+	+	+	+	+					
12						+					

Q3(大车控制)

Q3	向右					零位	向左				
	5	4	3	2	1	0	1	2	3	4	5
1							+	+	+	+	+
2	+	+	+	+	+						
3							+	+	+	+	+
4	+	+	+	+	+						
5	+	+	+	+				+	+	+	+
6	+	+	+						+	+	+
7	+	+								+	+
8	+										+
9	+										+
10	+	+	+	+				+	+	+	+
11	+	+	+						+	+	+
12	+	+								+	+
13	+										+
14	+										+
15						+	+	+	+	+	+
16	+	+	+	+	+	+					
17						+					

SA(主钩控制)

SA		下降						零位	上升				
		强力			制动				加速→				
		5	4	3	2	1	C	0	1	2	3	4	5
1	KV							+					
2		+	+	+									
3					+	+	+		+	+	+	+	+
4	KMB	+	+	+	+	+			+	+	+	+	+
5	KMD	+	+	+									
6	KMU				+	+	+		+	+	+	+	+
7	KM1	+	+	+		+	+		+	+	+	+	+
8	KM2	+	+	+			+			+	+	+	+
9	KM3	+	+								+	+	+
10	KM4	+										+	+
11	KM5	+											+

图 2-6-5　桥式起重机凸轮控制器、主令控制器触点状态表

20/5t 桥式起重机的大车、小车、副钩电动机的功率都较小，一般采用凸轮控制器控制。

由于大车被两台电动机 M3 和 M4 同时拖动，所以大车凸轮控制器 Q3 比 Q1、Q2 多了五对常开触点，以供切除电动机 M4 的转子电阻 3R 用。大车、小车和副钩的控制过程基本相同，以副钩为例，说明控制过程。

副钩凸轮控制器 Q1 的手轮共有 11 个位置，中间位置是零位，左、右两边各有五个位置，用来控制电动机 M1 在不同转速下的正、反转，即用来控制副钩的升降。

在主接触器 KM 得电吸合、总电源接通的情况下，转动凸轮控制器 Q1 的手轮至向上任意一挡时，Q1 的主触点 V14-V15 和 U14-U15 闭合，电动机接通三相电源正转，副钩上升。反之将手轮扳至向下位置的任意一挡时，Q1 的主触点 V14-U15 和 U14-V15 闭合，M1 反转，带动副钩下降。

当将 Q1 的手柄扳到“1”时，Q1 的五对辅助常开触点 Q1-5～Q1-9 均断开，副钩电动机 M1 的转子回路串入全部电阻起动，M1 以最低转速带动副钩运动。依次扳到“2～5”挡时，五对辅助常开触点 Q1-5～Q1-9 逐个闭合，依次短接电阻 Q1-5～Q1-9，电动机 M1 的电阻转速逐步升高，直至达到预定转速。

当断电或将手轮转至“0”位时，电动机 M1 断电，同时电磁抱闸制动器 YA1 也断电，M1 被迅速制动停转。当副钩带有重负载时，考虑到负载的重力作用，在下降负载时，应先把手轮逐级扳到“下降”的最后一挡，然后根据速度要求逐级退回升速，以免引起下降过快造成事故。

4. 主令控制器的控制

主钩电动机的功率较大，一般采用主令控制器配合磁力控制屏进行控制，即用主令控制器控制接触器，再由接触器控制电动机。为提高主钩运行的稳定性，在切除转子附加电阻时，采用三相平衡切除，使三相转子电流平衡。

主钩上升与副钩上升的工作过程基本相似，区别仅在于它是通过接触器控制的。

主钩下降时与副钩的工作过程有明显的差异，主钩下降有六挡位置，“C”、“1”、“2”为制动下降位置，用于重负载低速下降，电动机处于倒拉反接制动运行状态；“3”、“4”、“5”挡为强力下降位置，主要用于轻负载快速下降。

先合上电源开关 QS1（图 2-6-3 的 1 区）、QS2（图 2-6-4 的 1 区）、QS3（图 2-6-4 的 5 区），接通主电路和控制线路电源，将主令控制器 SA 的手柄置于零位，其触点 SA-1（图 2-6-4 的 6 区）闭合，电压继电器 KV 得电吸合，其常开触点（图 2-6-4 的 6 区）闭合，为主钩电动机 M5 起动做好准备。手柄处于各挡时的工作情况见表 2-6-2。

桥式起重机在实际运行过程中，操作人员要根据具体情况选择不同的挡位。例如主令控制器 SA 的手柄在强力下降位置“5”挡时，仅适用于起重负载较小的场合。如果需要较低的下降速度或起重较大负载的情况下，就需要将 SA 的手柄扳回到制动下降位置“1”或“2”挡进行反接制动下降。为了避免转换过程中可能发生过高的下降速度，接触器 KM5 电路中常用负载常开触点 KM5（图 2-6-4 的 16 区）自锁；同时为了不影响提升调速，在该支路中再串联一个辅助常开触点 KMD（图 2-6-4 的 16 区），以保证 SA 的手柄由强力下降位置向制动下降位置转换时，接触器 KM5 线圈始终通电，只有将手柄扳至制动下降位置后，KM5 的线圈才断电。

另外，串接在接触器 KMU 线路电路中的 KMU 常开触点（图 2-6-4 的 9 区）与 KM5 常闭触点（图 2-6-4 的 9 区）并联，主要作用是当接触器 KMD 线圈断电释放后，只有在 KM5 断电释放的情况下，接触器 KMU 才能得电自锁，从而保证了只有在转子电路中串接一定附加电阻的前提下，才能进行反接制动，以防止反接制动产生过大的冲击电流。

表 2-6-2　主钩电动机的工作情况

SA 手柄位置	AC4 闭合触点	得电动作的接触器	主钩的工作状态
制动下降位置“C”挡	SA-1、SA-6、SA-7、SA-8	KMU、KM1、KM2	电动机 M5 接正序电压产生提升方向的电磁转矩，但由于 YA5 线圈未得电而处于制动状态，在制动器和载重的重力作用下，M5 不能起动旋转。此时，M5 转子电路接入三段电阻，为起动做好准备
制动下降位置“1”挡	SA-3、SA-4、SA-6、SA-7	KMB、KMU、KM1	电动机 M5 仍接正序电压，但由于 KMB 得电动作，YA5 线圈得电松开，M5 能自由旋转；由于 KM2 断电释放，转子回路接入四段电阻，M5 产生的提升转矩减少，此时若重物产生的负载倒拉力矩大于 M5 的电磁转矩，M5 运转在倒拉反接制动状态，低速下放重物。反之，重物反而被提升，此时，必须将 SA 的手柄迅速扳到下一挡
制动下降位置“2”挡	SA-3、SA-4、SA-6	KMB、KMU	电动机 M5 仍接正序电压，但 SA－7 断开，KM1 断电释放，附加电阻全部串入转子回路，M5 产生的电磁转矩减少，重负载的下降速度比“1”挡时加快
强力下降位置“3”挡	SA-2、SA-4、SA-5、SA-7、SA-8	KMB、KMD、KM1、KM2	KMD 得电吸合，电动机 M5 接负序电压，产生下降方向的电磁转矩；KM1、KM2 吸合，转子回路切除两级电阻 5U5 和 5U4；KMB 吸合，YA5 的抱闸松开，此时若负载较轻，M5 处于反转电动状态，强力下降重物；若负载较重，使电动机的转速超过其同步转速，M5 将进入再生发电制动状态，限制下降速度
强力下降位置“4”挡	SA-2、SA-4、SA-5、SA-7、SA-8、SA-9	KMB、KMD、KM1、KM2、KM3	KM3 得电吸合，转子附加电阻 5U3 被切除，M5 进一步加速，轻负载下降速度加快。另外，KM3 的辅助常开触点（14 区）闭合，为 KM4 得电做准备
强力下降位置“5”挡	SA-2、SA-4、SA-5、SA-7、SA-8、SA-9、SA-10、SA-11	KMB、KMD、KM1、KM2、KM3、KM4、KM5	SA 闭合的触点较“4”挡又增加了 SA-10、SA-11，KM4、KM5 依次得电吸合，转子附加电阻 5U2、5U1 依次逐级切除，以避免过大的冲击电流；M5 旋转速度逐渐增加，最后以最高速度运转，负载以最快速度下降。此时若负载较重，使实际下降速度超过电动机的同步转速，电动机将进入再生发电制动状态，电磁转矩变成制动转矩，限制负载下降速度继续增加

一、工作准备

（1）工具：验电器、电工刀、剥线钳、尖嘴钳、斜口钳、旋具等。

（2）仪表：万用表。

（3）设备：20/5t 桥式起重机。

（4）其他：跨接线若干，穿戴好劳动防护用品。

二、观察故障现象

检查各凸轮控制器、主令控制器手柄状态，紧急停止开关和各舱门行程开关闭合状态。合上起重机电源开关 QS1，按下按钮 SB，接触器 KM 不吸合，副钩、小车、大车都不能正常工作。

三、确定故障范围

判断故障范围，根据故障现象，判断故障范围在控制线路中。

FU1 $\xrightarrow{1^{\#}}$ SB $\xrightarrow{11^{\#}}$ Q1-12 $\xrightarrow{12^{\#}}$ Q2-12 $\xrightarrow{13^{\#}}$ Q3-17 $\xrightarrow{14^{\#}}$ SQ3 $\xrightarrow{15^{\#}}$ SQ2 $\xrightarrow{16^{\#}}$ SQ1 $\xrightarrow{17^{\#}}$ SA1 $\xrightarrow{18^{\#}}$ KI $\xrightarrow{19^{\#}}$ KI4 $\xrightarrow{20^{\#}}$ KI3 $\xrightarrow{21^{\#}}$ KI2 $\xrightarrow{22^{\#}}$ KI1 $\xrightarrow{23^{\#}}$ KM 线圈 $\xrightarrow{24^{\#}}$ FU1

四、排除故障经过

主要采用电阻分段测量检查法。

1. 先测量本线路控制电压。将万用表转换开关拨至交流“500V”挡，两支表笔测在FU1两下桩处，测得电压值为380V，为正常。若测得无电压，则说明熔断器及电源线路有故障，应予以排除。

2. 断开电源开关QS1，将万用表转换开关拨至“$R\times1$”或（“$R\times10$”）挡，并调零。

（1）测量1#线。万用表两支表笔分别测在FU1下桩1#线和按钮SB1#线处，测得电阻值为0Ω，正常。

（2）测量001#线。万用表两支表笔分别测在FU1下桩001#线和接触器KM线圈001#线处，测得电阻值为0Ω，正常。

（3）测量接触器KM线圈的阻值约为550Ω（交流接触器型号为CJT1-20，380V）。

分别测量其他各线路。将万用表一支表笔测在按钮SB的11#线处，另一支表笔逐点测量：

测量Q1-12的11#线，测得电阻值为0Ω，正常；

测量Q1-12的12#线，测得电阻值为0Ω，正常；

测量Q2-12的12#线，测得电阻值为0Ω，正常；

测量Q2-12的13#线，测得电阻值为0Ω，正常；

测量Q3-17的13#线，测得电阻值为0Ω，正常；

测量Q3-17的14#线，测得电阻值为0Ω，正常；

测量SQ3的14#线，测得电阻值为0Ω，正常；

测量SQ3的15#线，测得电阻值为0Ω，正常；

测量SQ2的15#线，测得电阻值为0Ω，正常；

测量SQ2的16#线，测得电阻值为0Ω，正常；

测量SQ1的16#线，测得电阻值为0Ω，正常；

测量SQ1的17#线，测得电阻值为0Ω，正常；

测量SA1的17#线，测得电阻值为0Ω，正常；

测量SA1的18#线，测得电阻值为0Ω，正常；

测量KI的18#线，测得电阻值为0Ω，正常；

测量KI的19#线，测得电阻值为0Ω，正常；

测量KI4的19#线，测得电阻值为0Ω，正常；

测量KI4的20#线，测得电阻值为0Ω，正常；

测量KI3的20#线，测得电阻值为0Ω，正常；

测量KI3的21#线，测得电阻值为0Ω，正常；

测量KI1的22#线，测得电阻值为0Ω，正常；

测量KI2的21#线，测得电阻值为0Ω，正常；

测量KI2的22#线，测得电阻值为0Ω，正常；

测量KI1的22#线，测得电阻值为0Ω，正常；

测量KI1的23#线，测得电阻值为0Ω，正常；

测量KM的23#线，测得电阻值为∞，不正常。

由此说明23#线断线或接线头脱落。用跨接线试验，正常，进一步检查，发现线头脱落，修复后通电试车。通电检查起重机各项的操作，直至符合要求。以上的 26 步检查，待熟练后可以合并为几步测量。

特别提示：桥式起重机控制电源没有采用隔离变压器，检修必须在起重机停止工作且切断电源时进行，一般不准带电操作，如果带电检修时特别要注意安全，因设备较大，带电检修时，使用验电器相对比较方便。另外，由于是空中作业，必须严格遵守空中作业的规范，做好各种安全防护措施。检修时必须思想集中，确保人身安全。在起重机移动时不准走动，停车时走动也要手扶栏杆，以防发生意外。

任务拓展

桥式起重机的结构复杂，工作环境恶劣，故障率较高。为了保证人身和设备的安全，必须坚持经常性的维护保养和检修。阅读 20/5t 桥式起重机常见电气故障及可能原因（见表 2-6-3），上网查询桥式起重机设备保养的要求，制定凸轮控制器保养方案。

表 2-6-3　桥式起重机常见电气故障及可能原因

故障现象	故障原因
合上电源总开关 QS1，并按下起动按钮 SB 后，接触器 KM 不动作	（1）线路无电压 （2）熔断器 FU1 熔断或过电流继电器动作后未复位 （3）紧急开关 SA1 或安全开关 SQ1、SQ2、SQ3 未合上 （4）各凸轮控制器手柄未在零位 （5）主接触器 KM 线圈断路
主接触器 KM 吸合后，过电流继电器立即动作	（1）凸轮控制器电路接地 （2）电动机绕组接地 （3）电磁抱闸线圈接地
接通电源并转动凸轮控制器的手轮后，电动机不起动	（1）凸轮控制器主触点接触不良 （2）滑触线与电刷接触不良 （3）电动机的定子绕组或转子绕组接触不良 （4）电磁抱闸线圈断路或制动器未松开
转动凸轮控制器后，电动机能起动运转，但不能输出额定功率且转速明显减慢	（1）电源电压偏低 （2）制动器未完全松开 （3）转子电路串接的附加电阻未完全切除 （4）机构卡住
制动电磁铁线圈过热	（1）电磁铁线圈的电压与线路电压不符 （2）电磁铁工作时，动、静铁心间的间隙过大 （3）电磁铁的牵引力过载 （4）制动器的工作条件与线圈数据不符 （5）电磁铁铁心歪斜或机械卡阻
制动电磁铁噪声过大	（1）交流电磁铁短路环开路 （2）动、静铁心端面有油污 （3）铁心松动或铁心端面不平整 （4）电磁铁过载
凸轮控制器在工作过程中卡住或不到位	（1）凸轮控制器的动触点卡在静触点下面 （2）定位机构松动
凸轮控制器在转动过程中火花过大	（1）动、静触点接触不良 （2）控制的电动机功率过大

单元3 电气控制线路的设计与改装

3

单元目标

方法能力目标

1. 独立自主学习能力。
2. 搜集、整理处理信息的能力。
3. 制定、实施工作计划的能力。
4. 理论知识应用实践操作的能力。
5. 电气控制线路设计的方法能力。
6. 电气控制线路改装的系统思考能力。

专业能力目标

1. 电气控制线路的综合分析能力。
2. 可编程序控制器的应用能力。
3. 电气控制线路的改装与调试能力。
4. 设计与改装后电气控制线路的运行检查能力。
5. 电工工具和仪表的使用能力。

社会能力目标

1. 沟通协调能力。
2. 语言表达能力。
3. 团队组织能力。
4. 自我评价能力。
5. 责任心与职业道德。
6. 安全与自我保护能力。

单元任务

随着企业产品的转型升级和电气设备的不断更新，一台先进的机械设备往往要配备先进合理的电气控制系统，电气控制线路的设计与改装显得越来越重要，因此，作为一名电工高技能人才或电气技术工程人员，除了掌握电气控制线路进行分析、安装、调试和检修外，还应掌握对机械设备进行电气控制线路的设计和改装的技能。所以本单元首先介绍电气控制线路的设计方法、设计步骤，然后用实际案例来说明用可编程序控制器改装电气控制线路的方法和步骤，要求能做到举一反三。

任务1　电气控制线路的设计

任务目标

1. 归纳电动机控制的方式和保护形式。
2. 明确设计电气控制线路的原则、步骤方法和注意事项。
3. 能根据技术要求设计较简单的电气控制线路。
4. 能根据电动机的容量和电气控制线路图正确选择元器件的型号及规格。
5. 能查阅相关资料、提高独立工作的能力和团队协作的能力。

任务描述

某机床需要两台电动机拖动，根据该机床的特点，要求两地控制，一台电动机（M1）需要正反转控制，而另一台电动机（M2）只需单向控制，并且还要求一台电动机（M1）起动15s后，另一台电动机（M2）才能起动；停车时逆序停止；两台电动机都具有短路保护、过载保护、失电压保护和欠电压保护（电动机M1为Y132M—6，380V，7.5kW，△联结；M2为Y112M—4，380V，3kW，Y联结）。

具体要求：

1. 设计出符合要求的电气控制线路图。
2. 根据电动机的功率选择电气控制线路图上元器件的型号和规格。
3. 所需工时：60min。

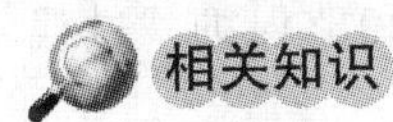

任务分析

设计电气控制线路时，首先要掌握常用控制线路的基本方案，分析所设计机械设备的电气控制要求和保护要求，通过技术分析，选择合理和最佳的控制方案，力求简单合理、工作可靠、维修方便，符合使用的安全性，贯彻最新的国家标准，设计出电气控制线路以后，再根据电动机的功率选择元器件的型号和规格，列出明细表，进行采购，然后才可进行安装与调试，以实现控制要求。

相关知识

一、电动机的控制方式

以上介绍了电动机的各种基本电气控制线路，而生产机械的电气控制线路都是在这些控制线路的基础上，根据生产工艺过程的控制要求设计的，而生产工艺过程必然伴随着一些物理量的变化，并根据这些量的变化对电动机实现自动控制。对电动机控制的一般方式，归纳起来，有以下几种：行程控制方式、时间控制方式、速度控制方式和电流控制方式。现分别叙述如下：

1. 行程控制方式

根据生产机械运动部件的行程或位置，利用位置开关来控制电动机的工作状态称为行程控制方式，行程控制方式是机械电气自动化中应用最多和工作原理最简单的一种方式，如位置控制线路和自动循环控制线路都是按行程方式来控制的。

2. 时间控制方式

利用时间继电器按一定时间间隔来控制电动机的工作状态称为时间控制方式。如在电动机的减压起动、制动以及变速过程中，利用时间继电器按一定的时间间隔改变线路的接线方式，来自动完成电动机的各种控制要求。在这里，换接时间的控制信号由时间继电器发出，换接时间的长短则根据生产工艺要求或者电动机起动、制动和变速过程的持续时间来整定时间继电器的动作时间，如Y—△减压起动等线路就是按时间方式来控制的。

3. 速度控制方式

根据电动机的速度变化，利用速度继电器等电器来控制电动机的工作状态称为速度控制方式。反应速度变化的电器有多种，直接测量速度的电器有速度继电器和小型测速发电机；间接测量电动机速度的电器，对于直流电动机用其感生电动势来反映，通过电压继电器来控制，如反接制动控制线路中制动结束的控制就是利用速度控制方式来实现的。

4. 电流控制方式

根据电动机主回路电流的大小，利用电流继电器来控制电动机的工作状态称为电流控制方式，如机床横梁夹紧机构的自动控制线路就是按行程控制方式和电流控制方式来控制的。

在确定控制方式时，究竟采用何种控制方式，这就需要根据设计要求来选择。如在控制过程中，由于工作条件不允许放置行程开关，那么只能将位置控制的物理量转换成时间的物理量，从而采用时间控制方式。又如某些压力、切削力、转矩等物理量，通过转换可变成电流物理量，就可采用电流控制方式来控制这些物理量。因此，尽管实际情况有所不同，只要通过物理量的相互转换，便可灵活地使用各种控制方式。

在实际生产中，反接制动控制中不允许采用时间控制方式，而在能耗制动控制中采用时间控制方式；一般对组合机床和自动生产线等的自动工作循环，为了保证加工精度而常用行程控制；对于反接制动和速度反馈环节用速度控制；对Y—△减压起动或多速电动机的变速控制则采用时间控制；对过载保护、电流保护等环节则采用电流控制。

二、电动机的保护

电动机在运行的过程中，除按生产机械的工艺要求完成各种正常运转外，还必须在线路出现短路、过载、过电流、欠电压、失电压及失磁等现象时，能自动切断电源使电动机停转，以防止和避免电气设备和机械设备损坏，保证操作人员的人身安全。为此，在生产机械的电气控制线路中，采取了对电动机的各种保护措施。常用的电动机保护有短路保护、过载保护、过电流保护、欠电压保护、失电压保护及失磁保护等。

1. 短路保护

当电动机绕组和导线的绝缘损坏、控制电器及线路损坏发生故障时，线路将出短路现象（产生很大的短路电流），使电动机、电器、导线等电气设备严重损坏。因此，在发生短路故障时，保护电器必须立即动作，迅速将电源切断。

常用的短路保护电器是熔断器和自动空气断路器。熔断器的熔体与被保护的电路串联，当电路正常工作时，熔断器的熔体不起作用，相当于一根导线，其上面的电压降很小，可忽略不计。当电路短路时，很大的短路电流流过熔体，使熔体立即熔断，切断电动机电源，电动机停转。同样，若电路中接入自动空气断路器，当出现短路时，自动空气断路器会立即动作，切断电源使电动机停转。

2. 过载保护

当电动机负载过大，起动操作频繁或断相运行时，会使电动机的工作电流长时间超过其额定电流，电动机绕组过热，温升超过其允许值，导致电动机的绝缘材料变脆，寿命缩短，严重时会使电动机损坏。因此，当电动机过载时，保护电器应动作切断电源，电动机停转，避免电动机在过载下运行。

常用的过载保护电器是热继电器。当电动机的工作电流等于额定电流时，热继电器不动作，电动机正常工作；当电动机短时过载或过载电流较小时，热继电器不动作，或经过较长时间才动作；当电动机过载电流较大时，串接在主电路中的热元件会在较短时间内发热弯曲，使串接在控制线路中的常闭触点断开，先后切断控制线路和主电路的电源，使电动机停转。

3. 欠电压保护

当电网电压降低时，电动机便在欠电压下运行。由于电动机载荷没有改变，所以欠电压下电动机转速下降，定子绕组中的电流增加。因为电流增加的幅度尚不足以使熔断器和热继电器动作，所以这两种电器起不到保护作用。如不采取保护措施，时间一长将会使电动机过热损坏。另外，将引起一些电器释放，使电路不能正常工作，也可能导致人身伤害和设备损坏事故。因此，应避免电动机在欠电压下运行。

实现欠电压保护的电器是接触器和电磁式电压继电器。在机床电气控制线路中，只有少数线路专门装设了电磁式电压继电器起欠电压保护作用；而大多数控制线路，由于接触器已兼有欠电压保护功能，所以不必再加设欠电压保护电器。一般当电网电压降低到额定电压的85%以下时，接触器（或电压继电器）线圈产生的电磁吸力减小到小于复位弹簧的拉力，动铁心被迫释放，其主触点和自锁触点同时断开，切断主电路和控制线路电源，使电动机停转。

4. 失电压保护（零电压保护）

生产机械在工作时，由于某种原因而发生电网突然停电，这时电源电压下降为零，电动机停转，生产机械的运动部件也随之停止运转。一般情况下，操作人员不可能及时拉开电源开关，如不采取措施，当电源电压恢复正常时，电动机便会自行起动运转，可能造成人身伤害和设备损坏事故，并引起电网过电流和瞬间网络电压下降。因此，必须采取失电压保护措施。

在电气控制线路中，起失电压保护作用的电器是接触器和中间继电器。当电网停电时，接触器和中间继电器线圈中的电流消失，电磁吸力减小为零，动铁心释放，触点复位，切断了主电路和控制线路电源。当电网恢复供电时，若不重新按下起动按钮，则电动机就不会自行起动，实现了失电压保护。

5. 过电流保护

为了限制电动机的起动或制动电流，在直流电动机的电枢绕组中或在交流绕线转子异步电动机的转子绕组中需要串入附加的限流电阻。如果在起动或制动时，附加电阻被短接，将会造成很大的起动或制动电流，使电动机或机械设备损坏。因此，对直流电动机或绕线转子异步电动机常常采用过电流保护。

过电流保护常用电磁式过电流继电器来实现。当电动机过电流值达到电流继电器的动作值时，过电流继电器动作，使串接在控制线路中的常闭触点断开切断控制线路，电动机随之脱离电源停转，达到了过电流保护的目的。

6. 失磁保护

直流电动机必须在磁场有一定强度下才能起动正常运转。若在起动时，电动机的励磁电流太小，产生的磁场太弱，将会使电动机的起动电流很大；若电动机在正常运转过程中，磁场突然减弱或消失，电动机的转速将会迅速升高，甚至发生“飞车”。因此，在直流电动机的电气控制线路中要采取失磁保护。失磁保护是在电动机励磁回路中串入失磁继电器（即欠电流继电器）来实现的。在电动机起动运行过程中，当励磁电流值达到失磁继电器的动作值时，欠电流继电器就吸合，使串接在控制线路中的常开触点闭合，允许电动机起动或维持正常运转；当励磁电流减小或消失时，失磁继电器就释放，其常开触点断开，切断控制线路，接触器线圈失电，电动机断电停转。

三、电气控制线路的设计原则及方法

1. 设计原则

（1）电气设备应最大限度地满足机械设备对电气控制线路的控制要求和保护要求。

（2）在满足生产工艺要求的前提下，应力求使控制线路简单、经济、合理。

（3）保证控制的可靠性和安全性。

（4）操作和维修方便。

2. 设计步骤

（1）分析设计要求。

（2）确定拖动方案和控制原则。

（3）设计主电路。

（4）设计控制线路。

（5）将主电路与控制线路合并成一个整体。

（6）检查与完善。

3. 设计方法

设计电气控制线路是在拖动方案和控制方式确定后进行的。继电器接触式基本控制线路的设计方法通常有两种：一种是经验设计法，另一种是逻辑设计法。

经验设计法是根据生产工艺要求与工艺过程，将现已成型的典型基本控制线路组合起来，并加以补充修改，综合成所需的控制线路。这种设计方法比较简单，但是要求设计者必须熟悉大量的基本控制线路，同时又要掌握一定的设计方法和技巧。在设计过程中往往还要经过多次反复修改，才能使线路符合设计要求。这种设计方法灵活性比较大，初步设计时，设计出来的功能不一定完善，此时要加以比较分析，根据生产工艺要求逐步完善，并加以适当的联锁和保护环节。经验设计法的设计顺序为：主电路→控制线路→信号及照明电路→联锁与保护电路→总体检查与完善，最后再根据实际需要选择所用电器的型号与规格。

逻辑设计法是根据生产工艺要求，利用逻辑代数来分析、设计线路。这种设计方法虽然设计出来的线路比较合理，但是掌握这种方法的难度比较大，一般情况下不用，只是在完成较复杂生产工艺要求的所需的控制线路时才使用。

四、电气控制线路设计的一般要求

1. 合理选择控制电源

当控制电器较少，控制线路较简单时，控制线路可直接使用主电路电源，如380V或220V电源。当控制电器较多，控制线路较复杂时，通常采用控制变压器，将控制电压降低到 220V 或 110V 及以下。对于要求吸力稳定又操作频繁的直流电磁器件，如液压阀中的电磁铁，必须采用相应的直流控制电源。

2. 尽量缩减电器种类的数量

采用标准件和尽可能选用相同型号的电器设计线路时，应减少不必要的触点以简化线路，提高线路的可靠性。若把图 3-1-1a 所示线路改接成图 3-1-1b 所示线路，就可以减少一个触点。

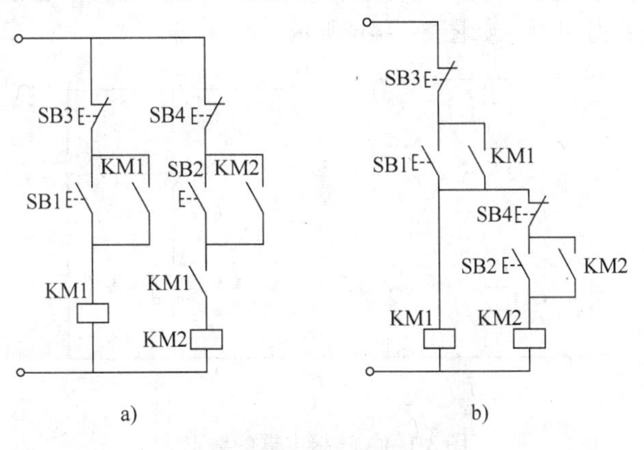

图 3-1-1　简化线路触点

a）多一个触点　b）少一个触点

3. 尽量缩短连接导线的数量和长度

设计线路时，应考虑到各元器件之间的实际接线，特别要注意电气柜、操作台和行程开关之间的连接线。例如，图 3-1-2a 所示的接线就不合理，因为按钮通常是安装在操作台上，而接触器是安装在电气柜内，所以按此线路安装时，由电气柜内引出的连接线势必要两次引接到操作台上的按钮处。因此合理的接法应当是把起动按钮和停止按钮直接连接，而不经过接触器线圈，如图 3-1-2b 所示，这样就减少了一次引出线。

4. 正确连接电器的线圈

在交流控制线路的一条支路中不能串联两个电器的线圈，如图 3-1-3a 所示。即使外加电压是两个线圈额定电压之和，也是不允许的。因为每个线圈上所分配到的电压与线圈阻抗成正比，两个电器需要同时动作时，其线圈应该并接，如图 3-1-3b 所示。

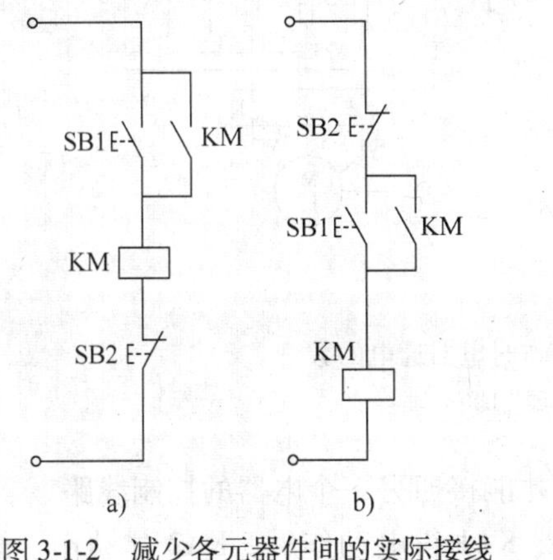

图 3-1-2　减少各元器件间的实际接线

a）不合理　b）合理

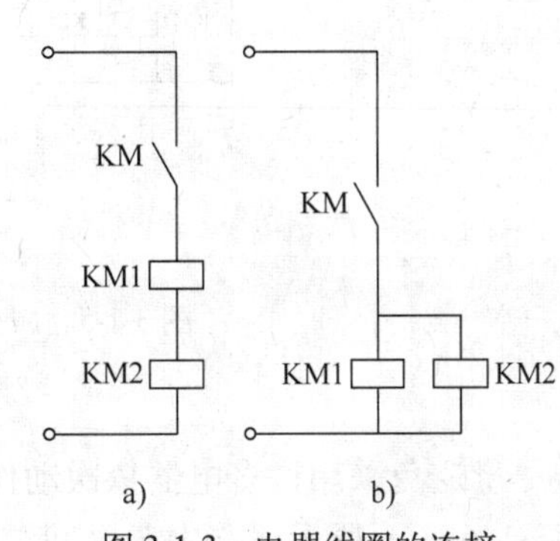

图 3-1-3　电器线圈的连接

a）不正确　b）正确

5. 正确连接电器的触点

同一个电器的常开和常闭辅助触点靠得很近，如果连接不当，将会造成线路工作不正常。如图 3-1-4a 所示接线，行程开关 SQ 的常开触点和常闭触点由于不是等电位，当触点断开产生电弧时很可能在两对触点间形成飞弧而造成电源短路。因此，在一般情况下，将共用同一电源的所有接触器，继电器以及执行电器线圈的一端，均接在电源的一侧，而这些电器的控制触点接在电源的另一侧，如图 3-1-4b 所示。

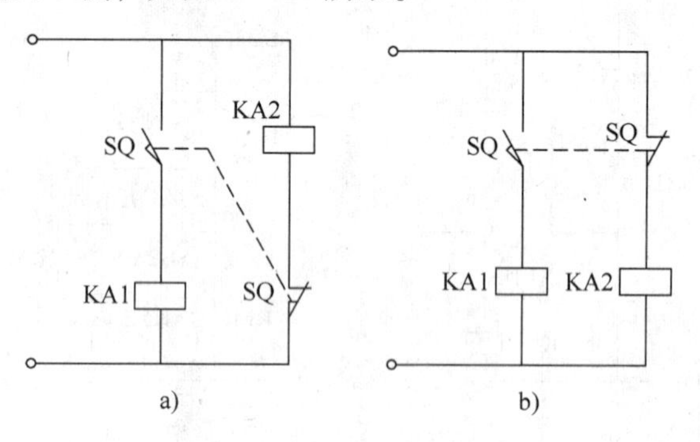

图 3-1-4 连接电器的触点

a）不合理 b）合理

6. 在满足控制要求的情况下，应尽量减少电器通电的数量

图 3-1-5a、b 均是电动机定子绕组串电阻减压起动线路。电动机起动，图 3-1-5a 中，KM1 和 KT 失去作用后仍需长期通电，而图 3-1-5b 中，电动机起动，KM1 和 KT 失去作用后即断电，减少了电器通电的数量。

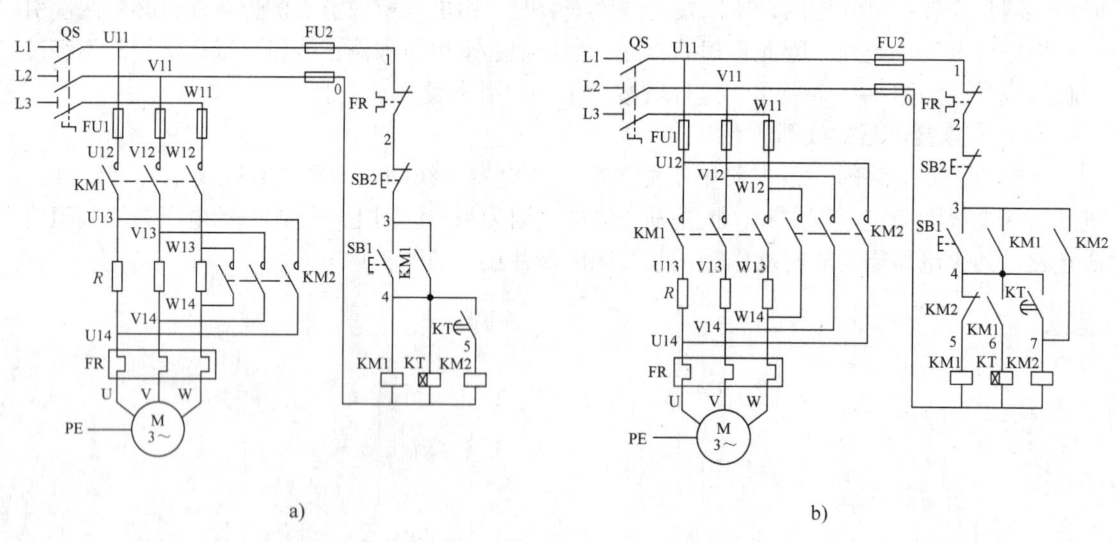

图 3-1-5 减少工作时电器通电的数量

a）不合理 b）合理

7. 应尽量避免采用许多电器依次动作后才能接通另一个电器的控制线路

如图 3-1-6a、b 所示线路中，中间继电器 KA1 得电动作后，KA2 才动作，而后 KA3 才能得电动作。KA3 的得电动作要通过 KA1 和 KA2 两个电器的动作，若换接成图 3-1-6c 所示

线路，KA3 的动作只需 KA1 电器动作，故工作可靠。

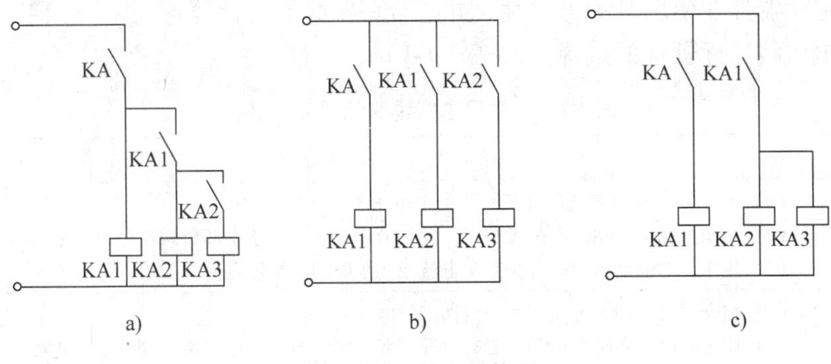

图 3-1-6　触点的使用

a）不合理　b）不合理　c）合理

8. 在控制线路中应避免出现寄生回路

在控制线路的动作过程中，非正常接通的线路叫做寄生回路。在设计线路时要避免出现寄生回路。因为它会破坏元器件和控制线路的动作顺序。图 3-1-7 所示线路是一个具有指示灯和过载保护的正反转控制线路。在正常工作时，能完成正反转起动、停止和信号指示。但当热继电器 FR 动作时，线路就出现了寄生回路。这时虽然 FR 的常闭触点已断开，由于存在寄生回路，仍有电流沿图 3-1-7 中虚线所示的路径流过 KM1 线圈，使正转接触器 KM1 不能可靠释放，起不到过载保护作用。

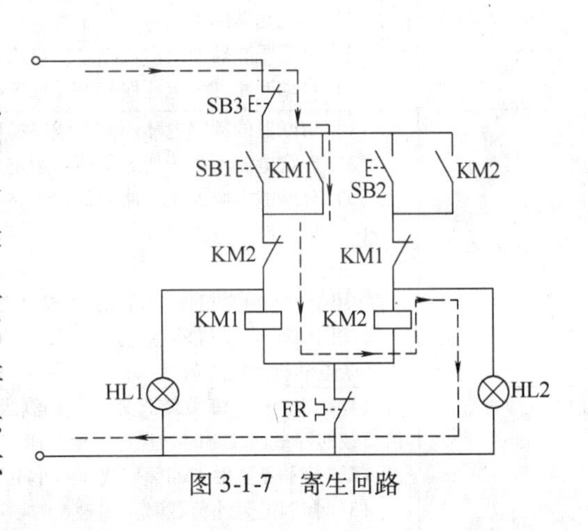

图 3-1-7　寄生回路

9. 保证控制线路工作可靠和安全

保证控制线路工作可靠，最主要的是选用可靠的元器件。如选用电器时，尽量选用机械和电气寿命长，结构合理，动作可靠，抗干扰性能好的电器。在线路中采用小容量继电器的触点断开和接通大容量接触器的线圈时，要计算继电器触点断开和接通容量是否足够。若不够，必须加大继电器容量或增加中间继电器，否则工作不可靠。

10. 线路应具有必要的保护环节

控制线路应保证即使在误操作情况下也不致造成事故。一般应根据线路的需要选用过载、短路、过电流、过电压、失电压、弱磁等保护环节，必要时还应考虑设置合闸、断开、事故、安全等指示信号。

五、常用元器件的选择

1. 元器件的选择

元器件的选择对控制线路的设计是很重要的，元器件的选择应遵循以下原则：

（1）根据对控制元器件功能的要求，确定元器件的类型。

（2）确定元器件承受能力的临界值及使用寿命。主要是根据控制的电压、电流及功率的大小来确定元器件的规格。

（3）确定元器件的工作环境及供应情况。

（4）确定元器件在使用时的可靠性，并进行一些必要的计算。

2. 常用电气线路元器件的选择（见表 3-1-1）

表 3-1-1　常用电气线路元器件的选择

电器名称	选择一般要求
刀开关	（1）刀开关（开启式负荷开关）的额定电压不小于线路工作电压 （2）用于照明、电热负荷的控制时，开关额定电流不小于全部负载额定电流之和 （3）用于控制电动机时，开关额定电流不小于电动机额定电流的 3 倍
组合开关	（1）组合开关的额定电压不小于线路工作电压 （2）用于照明、电热负荷的控制时，开关额定电流不小于全部负载额定电流之和 （3）用于控制电动机时，开关额定电流不小于电动机额定电流的 1.5 ~2.5 倍
断路器	（1）自动断路器的工作电压不小于线路或电动机的额定电压，额定电流不小于线路的实际工作电流 （2）热脱扣器的整定电流等于所控制的电动机或其他负载的额定电流 （3）电磁脱扣器的瞬时动作整定电流大于负载电路正常工作时可能出现的峰值电流 （4）自动断路器欠电压脱扣器的额定电压等于线路额定电压
熔断器	（1）熔断器的额定电压不小于线路的额定电压 （2）额定电流不小于所装熔体的额定电流 （3）分断能力应大于电路中最大短路电流 （4）熔体额定电流选择 ① 用于照明、电热负荷的控制时，熔体额定电流不小于全部负载额定电流之和 ② 用于单台电动机的短路保护，熔体额定电流不小于电动机额定电流的 1.5 ~2.5 倍 ③ 用于多台电动机的总短路保护，熔体额定电流不小于最大功率电动机额定电流的 1.5 ~2.5 倍加上其余电动机额定电流之和
接触器	（1）交（直）流负载选交（直）流接触器。如控制系统中主要是交流电动机，而直流电动机或直流负载的容量比较小时，也可以全选用交流接触器进行控制，但是触点的额定电流应适当大一些 （2）接触器主触点的额定电压不小于负载回路的额定电压 （3）控制电阻性负载时，主触点的额定电流等于负载的工作电流；控制电动机时，主触点的额定电流不小于电动机的额定电流 （4）接触器吸引线圈电压等于控制回路电压 （5）接触器触点的数量、种类应满足控制线路的要求 （6）接触器使用在频繁起动、制动和频繁可逆的场合时，一般可选用大一个等级的交流接触器
热继电器	（1）热继电器的额定电压不小于电动机的额定电压；额定电流不小于电动机的额定电流 （2）在结构形式上，一般都选三相结构；对于三角形联结的电动机，可选用带断相保护装置的热继电器 （3）热继电器的整定电流为电动机额定电流的 0.95 ~1.05 倍
按钮	（1）根据使用场合选择按钮的种类，如开启式、保护式等 （2）根据用途选用合适的形式，如一般式、旋钮式等 （3）根据控制回路需要，确定不同的按钮数，如单联按钮、双联按钮等 （4）按工作状态指示和工作情况要求，选择按钮和指示灯的颜色
位置开关	（1）根据使用场合选择位置开关的种类和形式 （2）根据控制回路需要，确定不同开关的数量
时间继电器	（1）根据系统的延时范围和精度选择时间继电器的类型和系列 （2）根据控制线路的要求选择时间继电器的延时方式（通电延时或断电延时），考虑线路对瞬时触点的要求 （3）根据控制线路电压选择时间继电器吸引线圈的电压

（续）

电器名称	选择一般要求
中间继电器	中间继电器的额定电流应满足被控电路的要求；继电器触点的品种和数量必须满足控制线路的要求。另外，还要注意核查一下继电器的额定电压和励磁线圈的额定电压是否适用
制动电磁铁	（1）制动电磁铁取电应遵循就近、容易、方便的原则。当制动装置的动作频率超过300次/h，应选用直流电磁铁 （2）制动电磁铁行程的长短，主要根据机械制动装置制动力矩的大小、动作时间的长短及安装位置来确定 （3）串励电动机的制动装置都是采用串励制动电磁铁，并励电动机的制动装置则采用并励制动电磁铁。有时为安全起见，在一台电动机的制动中，既用串励制动电磁铁，又用并励制动电磁铁 （4）制动电磁铁的形式确定以后，要进一步确定容量、吸力、行程和回转角等参数
控制变压器	（1）控制变压器一、二次电压应符合交流电压、控制线路和辅助电路电压的要求 （2）保证接在变压器二次侧的交流电磁器件起动时可靠地吸合 （3）电路正常运行时，变压器的温升不应超过允许值
整流变压器	（1）整流变压器一次电压应与交流电源电压相等，二次电压应满足直流电压的要求 （2）整流变压器的容量要根据直流电压、直流电流来确定，二次侧的交流电压、交流电流与整流方式有关
机床工作灯和信号灯	（1）根据机床机构、电源电压、灯泡功率、灯头形式和灯架长度，确定所用的工作灯 （2）信号灯的选用主要是确定其额定电压、功率、灯壳、灯头型号、灯罩颜色及附加电阻的功率和阻值等参数。可用各种型号发光二极管替代信号灯，它具有工作电流小、能耗小、寿命长、性能稳定等优点
接线板	根据连接线路的额定电压、额定电流和接线形式，选择接线板的形式与数量
导线	根据负载的额定电流选用铜芯多股软线，考虑其强度，不能采用0.75mm^{2}以下的导线（弱电线路除外）；应采用不同颜色的导线表示不同电压及主、辅电路

本设备的设计要求是具有两地控制、正反转控制、顺序起动和逆序停止，并且具有短路保护、过载保护、失电压保护和欠电压保护，无调速控制要求和制动控制要求。通过分析设计要求，本设备的电气控制线路设计属于基本控制线路的组合。

1. 主电路设计

根据本设备的设计要求，主电动机M1需要正反转控制，故选择接触器控制的正反转线路，顺序起动、逆序停止的控制要求放在控制线路中实现，主电路中M1、M2的短路保护由FU1实现，M1、M2的过载保护分别由FR1、FR2实现，欠电压和失电压保护由接触器KMl、KM2和KM3来分别实现，本课题要求一台电动机起动15s后另一台电动机才能起动，所以采用时间继电器来实现时间控制。设计的主电路的草图如图3-1-8所示。

2. 控制线路设计

对主电动机采用双重联锁接触器联锁正反转控制；对顺序控制采取通电延时时间继电器进行控制；对于逆序停车采用将KM3的辅助常开触点与停止按钮SB1并联的形式来实施；由于需要KM3的三个辅助触点，可采用加装中间继电器给予解决，具体控制线路图如图3-1-9所示。

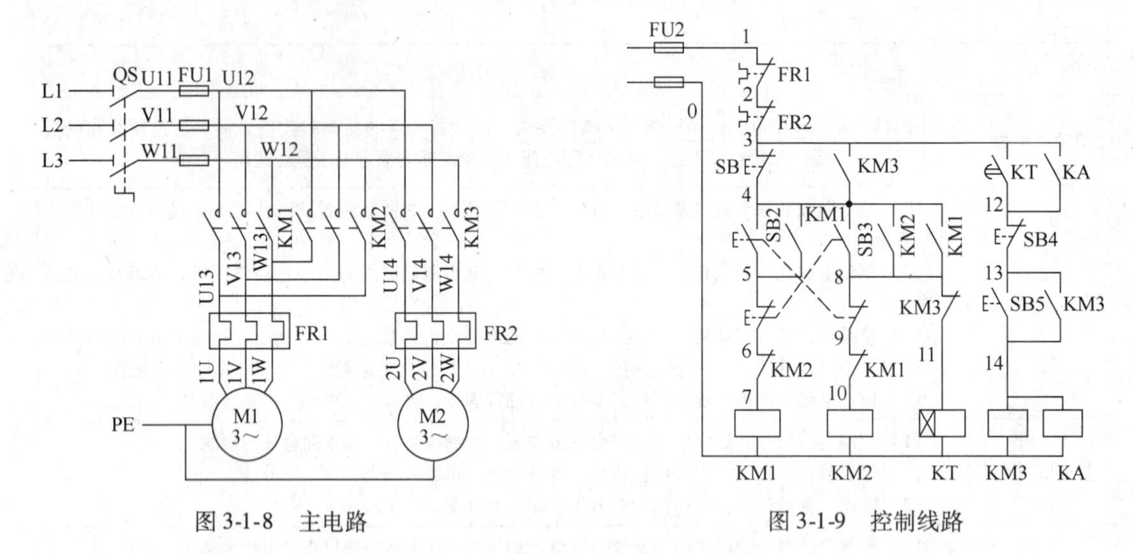

图 3-1-8　主电路　　　　　　　　　　图 3-1-9　控制线路

3. 主电路与控制线路合并

将主电路与控制线路合并一个整体，如图 3-1-10 所示。

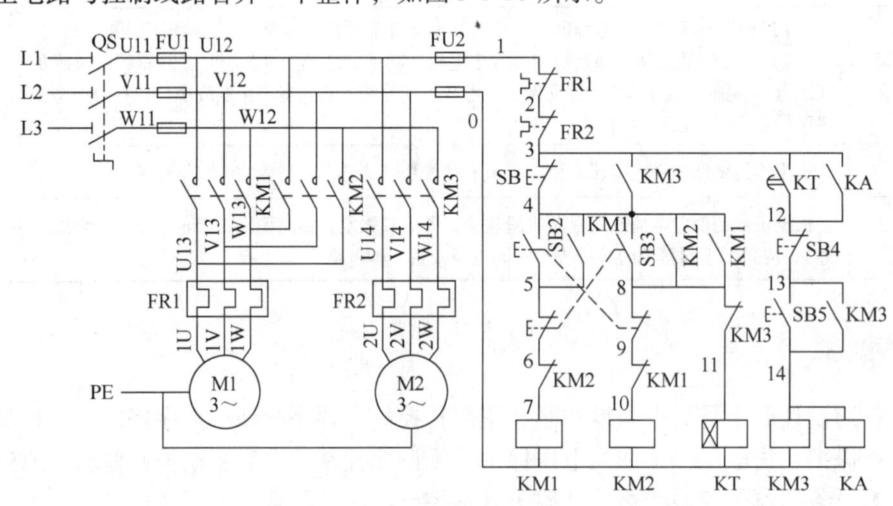

图 3-1-10　电路图

4. 检查与完善

控制线路初步设计完成后，可能还有不合理、不可靠、不安全的地方，应当根据经验和控制要求对线路进行认真仔细地校核，以保证线路的正确性和实用性。

5. 选择元器件

本设备的元器件选择见表 3-1-2，选择依据作如下说明：

（1）本设备主要考虑电动机 M1 和 M2 的起动电流，QS 选择三极转换开关（组合开关）作为电源开关。M1 电动机的额定电流为 7.5A×2＝15A，M2 电动机的额定电流为 3A×2＝6A，根据组合开关的选择原则，其额定电流应大于等于 15A×（1.5～2.5）＋6A＝36A（取系数为 2），可选 HZ10—60/3 型，额定电流为 60A。

注： 电动机额定电流的估算方法：额定电流为额定功率的 2 倍。

（2）根据电动机 M1 和 M2 的额定电流，电动机 M1 选择额定电流为 20A 的热继电器，其整定电流为 M1 的额定电流，选择 15A 的整定电流，其调节范围为 10A～13A～16A，由于电动机采用△联结，应选择带断相保护的热继电器。因此，可选用型号为 JR16—20/3D。电动机 M2 选择额定电流为 20A 的热继电器，其整定电流为 M2 的额定电流，选择 6A 的整定电流，其调节范围为 4.5A～6A～7.2A，由于电动机采用Y联结，应选普通的热继电器。因此，可选用型号为 JR16—20/3。

（3）由于电动机 M1 功率为 7.5kW，因此，KM1、KM2 可选择 CJ10—20/3 的交流接触器，主触点的额定电流为 20A，线圈电压为 380V；电动机 M2 的功率为 3kW，则 KM3 选择 CJ10—10/3 的交流接触器，主触点的额定电流为 10A，线圈电压为 380V，中间继电器 KA 选用 JZ7 系列，其线圈电压也为 380V。

（4）根据设计要求熔断器 FU1 对 M1 和 M2 进行总短路保护，根据 M1 和 M2 的额定电流，其熔体的额定电流应大于等于15A×（1.5～2.5）+6A=36A（取系数为2），选用 RL1—60 型熔断器，配用额定电流为 40A 的熔体。FU2 分别对控制线路短路保护，选用 RL1—15 型熔断器，配用额定电流为 4A 的熔体。

（5）三个起动按钮选用绿色或黑色，两个停止按钮选用红色 LA4—3H 型按钮。

（6）本设计任务要求延时 60s，故选用通电延时的 ST3PA 型晶体管时间继电器。

（7）导线截面积的选择，因主电路最大电流可达 21A，又采用槽板走线，所以，主电路导线可选择 BVR-4mm^2，控制线路电流较小，可选 BVR-1mm^2导线，按钮选 BVR-0.75mm^2导线。

（8）根据电路图，画出元器件布置图。

（9）安装控制线路，并进行安装调试。

表 3-1-2　元器件选择明细表

序号	代号	名称	型号	规格	数量	备注
1	M1	电动机	Y132M—6	7.5kW，380V，△联结	1	驱动
2	M2	电动机	Y112M—4	3kW，380V，Y联结	1	驱动
3	QS	组合开关	HZ10—60/3	60A、380V	1	电源总开关
4	FU1	熔断器	RL1—60/40	60A、熔体 40A	3	主电路短路保护
5	FU2	熔断器	RL1—15/4	15A、熔体 4A	2	控制线路短路保护
6	KM1、KM2	交流接触器	CJ10—20/3	20A、线圈电压 380V	1	控制 M1 正反转
7	KM3	交流接触器	CJ10—10/3	10A、线圈电压 380V	1	控制 M2
8	FR1	热继电器	JR16—20/3D	20A、整定电流 15A	1	M1 过载保护
9	FR2	热继电器	JR16—20/3	20A、整定电流 6A	1	M2 过载保护
10	KT	时间继电器	ST3PA	15s、线圈电压 380V	1	控制时间
11	KA	中间继电器	JZ7—44	线圈电压 380V	1	增加触点
12	SB1～SB3	按钮	LA4—3H	三联按钮	1	M1 正反转、停操作
13	SB4～SB5	按钮	LA4—3H	三联按钮	1	M2 起动、停止操作

任务拓展

某机械设备有两台电动机，请根据下列要求和相关国家标准，规范地设计出两台电动机M1、M2的控制线路（包括主电路和控制线路），并列出元器件明细表，控制要求和电动机的规格如下：

（1）电动机M1的短路保护为FU1、过载保护为FR1；电动机M2的短路保护为FU2、过载保护为FR2。

（2）由接触器KM1控制电动机M1，接触器KM2控制电动机M2。

（3）电动机M1、M2可以单独起动和停止。

（4）电动机M1、M2可以同时起动、同时停止。

（5）当任何一台电动机发生过载时，两台电动机能同时停止。

（6）电动机M1单独起动用按钮SB11，单独停止用按钮SB12；电动机M2单独起动用按钮SB21，单独停止用按钮SB22。

（7）电动机M1、M2同时起动用按钮SB1，同时停止用按钮SB2，同时起动必须同时停止。

（8）当按下SB1同时起动按钮3s后，电动机M1、M2才能同时起动运行。

（9）该控制线路要求采用低压断路器作为电源开关。

（10）两台电动机型号为Y112M—4，380V，Y联结，其中，电动机M1功率为1.1kW，电动机M2功率为5.5kW。

任务2　用PLC设计改装基本电气控制线路

任务目标

1. 熟悉FX2N系列PLC的编程元件及指令。
2. 会应用GX-Developer（或FX—WIN—C）软件。
3. 明确PLC改装继电-接触器电气控制线路的步骤方法和注意事项。
4. 能分析双速电动机低速、高速自动变速线路的工作原理。
5. 能用PLC设计双速电动机低速、高速自动变速线路。
6. 能安装和调试PLC控制的双速电动机低速、高速自动变速线路。
7. 能查阅相关资料、提高独立工作的能力和团队协作的能力。
8. 遵守“7S”管理规定，做到文明操作。

任务描述

用PLC改造图3-2-1所示的双速电动机自动控制的基本电气控制线路，并进行安装与调试，具体要求如下：

1. 列出PLC控制I/O（输入/输出）口元器件地址分配表，画出主电路电路图及PLC控制I/O（输入/输出）口接线图，设计梯形图，根据梯形图，列出指令表。

2. 按电路图及PLC控制I/O接线图，在模拟配线板上正确安装接线，元器件在配线板

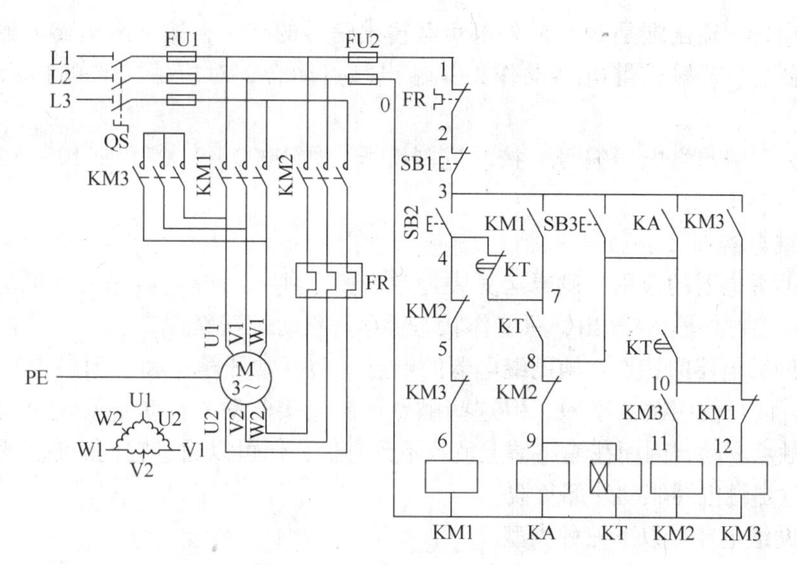

图 3-2-1　双速电动机自动控制的基本电气控制线路

上布置要合理，安装要准确、紧固，配线导线要紧固、美观，导线要进行线槽，导线要有端子标号，引出端要用别径压端子。

3. 用 GX-Developer（或 FX—WIN—C）软件编写程序，能正确地编写程序并输入到 PLC 中，按照被控设备的动作要求进行模拟调试，达到设计要求。

4. 通电试验：正确使用电工工具及万用表，仔细检查，并通电试验，并注意人身和设备安全。

5. 计划工时：240min。

PLC 是可编程序控制器（Programmable Logic Control）的英文简称，是一种通用的工业计算机，目前的可编程序控制器正在成为工业控制领域的主流控制设备。用 PLC 改造继电-接触器电气控制线路是企业电气设备转型升级的重要标志，也是现代电气技术人员必须要掌握一项技术技能。完成本任务首先是要掌握 PLC 相关基础知识，再来学习用 PLC 改造电气控制线路的步骤方法和注意事项，重点是学习如何把继电-接触器电路“翻译”成梯形图，然后，把梯形图程序输入，进行安装和调试。

一、FX2N 系列 PLC 介绍

PLC 的品种繁多、型号各异，不同的生产厂商产品的型号、规格和性能也各不相同。FX2N 系列 PLC 是三菱公司小型 PLC 的代表产品。FX2N 主要编程元件介绍如下：

1. 输入继电器和输出继电器

（1）输入端　输入端是 PLC 从外部接收信号的接口，与输入端连接的输入继电器（X）是电子继电器。若外部输入开关闭合，输入继电器动作，对应输入点的指示发光二极管点亮。

（2）输出端　输出端是PLC向外部负载输出信号的接口，输出继电器的输出触点接到PLC的输出端上。若输出继电器动作，其输出触点闭合，对应输出点的指示发光二极管点亮。

（3）输入、输出继电器编号　按八进制编号，如X000～X007、X010～X017、Y000～Y007、Y010～Y017等。

2. 辅助继电器

（1）辅助继电器的应用　逻辑运算中经常需要一些中间继电器作为辅助运算用。这些继电器不能直接对外输入/输出，只能作状态暂存、移动运算等。

（2）辅助继电器的特点　辅助继电器的触点（包括常开触点和常闭触点）在PLC内部可自由使用，而且使用次数不限，但这些触点不能直接驱动外部负载。辅助继电器由PLC内各元件的触点驱动，因而在输出端上就找不到它们，但可以通过它们的触点驱动输出继电器，再通过输出继电器驱动外部负载。

（3）辅助继电器分以下三种类型：

1）普通用途的辅助继电器：M0～M499，共500点。

2）具有停电保持功能的辅助继电器：M500～M1023，共524点。即使PLC停电，这些辅助继电器也能保持动作状态，故称停电保持继电器，它们在某些需停电保持的场合很有用。

3）特殊功能辅助继电器：M8000～M8255，共256点。这些辅助继电器与PLC的状态、时钟、标志、运行方式、步进顺控、中断、出错检测、通信、扩展和高速计数等有密切关系，在PLC的应用中起着非常重要的作用。

3. 定时器

（1）定时器的三个要素　使用定时器时应掌握其设定值、当前值和定时器触点三个要素。

（2）定时器的类型。

0.1s单位设定计时用定时器：T0～T199，共200点，定时范围为0.1～3276.7s。

0.01s单位设定计时用定时器：T200～T245，共46点，定时范围为0.01～327.67s。

0.001s积算型定时器（停电记忆）：T246～T249，4点，定时范围为0.001～32.767s。

0.1s积算型定时器（停电记忆）：T250～T255，6点，定时范围为0.1～3276.7s。

（3）定时器精度确定规律　根据脉冲时间来确定，时钟脉冲的时间是多少，则其精度就是多少。如：T246～T249的时钟脉冲是0.001s的时间脉冲，则其精度可以精确到千分位。

（4）在给出延时时间和定时器类型（或编号）的情况下如何确定定时器的K值。

假设要求延时5s，则对于0.1s型，$K=5\div0.1=50$；对于0.01s型，$K=5\div0.01=500$；对于0.001ms型，$K=5\div0.001=5000$。

（5）在给出K值和定时器的类型（或编号）的情况下，如何确定时间。

假设K值为20，则对于0.1s型，$T=20\times0.1\text{s}=2\text{s}$；对于0.01s型，$T=20\times0.01\text{s}=0.2\text{s}$；对于0.001s型，$T=20\times0.001\text{s}=0.02\text{s}$

4. 计数器

（1）16位双向计数器　通用计数器：C0～C99，计数范围为1～32767，共100点。停电保持用计数器：C100～199，计数范围为 1～32767，共 100 点。

（2）32 位双向计数器 通用计数器：C200～C219，计数范围为－2147483648～2147483647，共 20 点。停电保持用计数器：C220～C234，计数范围为－2147483648～2147483647，共 15 点。

（3）高速计数器 C235～C255，共 21 点。

计数器使用时应注意以下两个问题：一是计数器的复位；二是计数频率较高时应采用高速计数模块。

二、改造方法与步骤

在用 PLC 改造继电-接触器电气控制线路时，可以将 PLC 想象成一个继电-接触器控制系统的控制箱，PLC 的内部程序（梯形图）就是这个控制箱的内部“线路图”，PLC 的输入和输出继电器就是这个控制箱与外部世界联系的“中间继电器”，这样就可以用分析继电-接触器电路的方法来分析 PLC 的控制系统了。具体步骤如下：

1）确定 PLC 输入信号和输出负载，以及它们对应的梯形图中的输入继电器、输出继电器的元件编号（即进行 I/O 分配），同时画出 PLC 的接线图。

① 输入点的确定 按钮、控制开关、限位开关、接近开关等用来给 PLC 提供控制命令和反馈信号的元件，它们的触点应接在 PLC 的输入端。

② 输出点的确定 在主电路中有触点的接触器、电磁阀等元件的线圈，应用 PLC 的输出继电器控制。

③ 在主电路中没有触点存在的中间继电器（KA）以及时间继电器（KT），可以用 PLC 内部的辅助继电器（M）和定时器（T）来完成。

2）根据继电器电路图，写出各线圈的逻辑表达式。

① 应该指出的是，对于经验丰富的设计人员根据继电器电路图是可以直接写出梯形图的，但这一方法难度较大，而且在设计过程中很容易出现遗漏和错误。

② 能用逻辑表达式表示继电器电路的原因是：由于继电器电路中的元件只有两种工作状态，或是通电或是断电，而逻辑代数中也只有两种编码或为 1 或为 0，所以继电器电路完全可以用逻辑代数式来表达。

③ 具体做法是线圈为单位，分别考虑继电器电路图中每个线圈受到哪些触点和电路的控制，以此为依据写出逻辑表达式。

3）根据 I/O 分配将逻辑表达式中的各元件的线圈和触点用对应的输入和输出继电器来代替。

4）根据转化生成的逻辑表达式画出梯形图。

三、利用 PLC 改造电气线路应注意的问题

1. 关于中间单元的设置

在梯形图中，若多个线圈都受某一组串联或并联触点的控制，为了简化梯形图，在梯形图中可设置用该组电路控制的辅助继电器，再利用该辅助继电器的常开触点去控制各个线圈。

2. 常闭触点提供的输入信号的处理

设计输入电路时，应尽量采用常开触点，如果只能使用常闭触点（如在实际线路中的保护元件和停止按钮）提供输入信号，则在梯形图中对应触点类型应与继电-接触器电路图中的触点的类型相反。

3. 热继电器的使用

如果热继电器属于自动复位型，其常闭触点提供的过载信号必须通过 PLC 的输入电路提供给 PLC，并在梯形图中通过程序的设计来实现过载保护；如果热继电器属于手动复位型，其常闭触点可以接在 PLC 的输入回路中，也可以直接接在 PLC 的输出回路的公共线上。

4. 尽量减少 PLC 的输入和输出点数

PLC 的价格与 PLC 的 I/O 点数有关，减少 PLC 的 I/O 点数是降低硬件成本的主要措施。

（1）某些器件的触点如果只在继电-接触器电路图中出现一次，并且与 PLC 输出端的负载串联（如手动复位的热继电器的常闭触点），可以不必将它们作为 PLC 的输入信号，而是将它们放在 PLC 外部的输出回路中，与相应的外部负载串联。

（2）继电-接触器控制系统中某些相对独立且比较简单的部分，可以用继电器电路控制，这样同时减少了所需的 PLC 的输入和输出点数。

5. 外部负载的额定电压

PLC 的继电器输出模块和双向晶闸管输出模块一般只能驱动额定电压 AC 220V 的负载。如果系统原来的交流接触器或继电器的线圈电压为 AC 380V，应将线圈换成 AC 220V，或在 PLC 外部设置中间继电器。

6. 相应硬件触点的电气联锁

由于 PLC 程序运行时间较硬件动作快，所以凡继电-接触器电路中有电气联锁机构，在 PLC 的输入输出回路中仍需要有相应硬件触点进行电气联锁。

任务实施

一、准备工具、仪表及器材（见表 3-2-1）

表 3-2-1　工具、仪表及器材一览表

序　号	名　称	型号与规格	单　位	数　量	备　注
1	三相四线交流电源	~3×380V/220V、20A	处	1	
2	常用电工工具	验电器、螺钉旋具、尖嘴钳、剥线钳、压线钳等	套	1	
3	万用表	MF47 型或自定	块	1	
4	双速电动机	YD123M-4/2，380V，6.5kW/8kW，△/YY，13.8A/17.1A，或自定	台	1	
5	模拟机架配线板	机架自定，配电板 600mm×500mm×20mm	块	2	
6	可编程序控制器	FX2N—16MR 或自定	台	1	
7	编程设备	计算机配软件	台	1	
8	组合开关	HZ10—25/3 或自定	个	1	
9	交流接触器	CJ10—10 线圈电压 220V 或自定	只	3	
10	热继电器	JR16—20/3，整定电流 10～16A 或自定	只	1	

（续）

序　号	名　称	型号与规格	单　位	数　量	备　注
11	熔断器及熔芯配套	RL1—60/20A 或自定	套	3	
12	熔断器及熔芯配套	RL1—15/4A 或自定	套	2	
13	三联按钮	LA10—3H 或 LA4—3H 或自定	个	2	
14	接线端子排	JX2 1015，500V（10A、15节）或自定	条	4	
15	木螺钉	ϕ3mm × 20mm；ϕ3mm × 15mm 或自定	个	30	
16	平垫片	ϕ4mm 或自定	个	30	
17	塑料软铜线	BVR—2.5mm^2，颜色自定	m	20	
18	塑料软铜线	BVR—1.5mm^2，颜色自定	m	20	
19	塑料软铜线	BVR—0.75mm^2，颜色自定	m	5	
20	别径压端子	UT2.5—4，UT1—4 或自定	个	20	
21	行线槽	TC3025，长自定，两边打 ϕ3.5mm 孔（与配线板配套）	m	5	
22	异形塑料管	ϕ3.5mm 或自定	m	0.2	备线号笔

二、列出输入/输出元件的地址分配

根据控制要求，在双速三相交流异步电动机低速、高速自动变速控制线路中，有四个输入控制元件：停止按钮 SB1、低速起动按钮 SB2、高速起动按钮 SB3 和热继电器 FR。有三个输出元件：低速控制接触器线圈 KM1，高速控制接触器线圈 KM2、KM3。输入/输出元件的地址分配见表 3-2-2。

表 3-2-2　输入/输出元件的地址分配

输　入			输　出		
输入继电器	符　号	名　称	输出继电器	符　号	名　称
X0	SB1	停止按钮	Y0	KM1	低速接触器
X1	SB2	低速起动	Y1	KM2	高速接触器
X2	SB3	高速起动	Y2	KM3	高速接触器
X3	FR	热继电器			

三、画出主电路图及 I/O 接线图

本任务用 FX2N－16MR 型可编程序控制器实现双速三相交流异步电动机低速、高速自动变速控制线路的电路图如图 3-2-2 所示。

四、画出梯形图

1. 根据继电器电路图，写出各线圈的逻辑表达式

对于经验丰富的设计人员，根据继电器电路图是可以直接写出梯形图的，但这一方法难度较大，而且在设计过程中很容易出现遗漏和错误。

用逻辑表达式表示继电器电路的原因是由于继电器电路中的元件只有两种工作状态，或

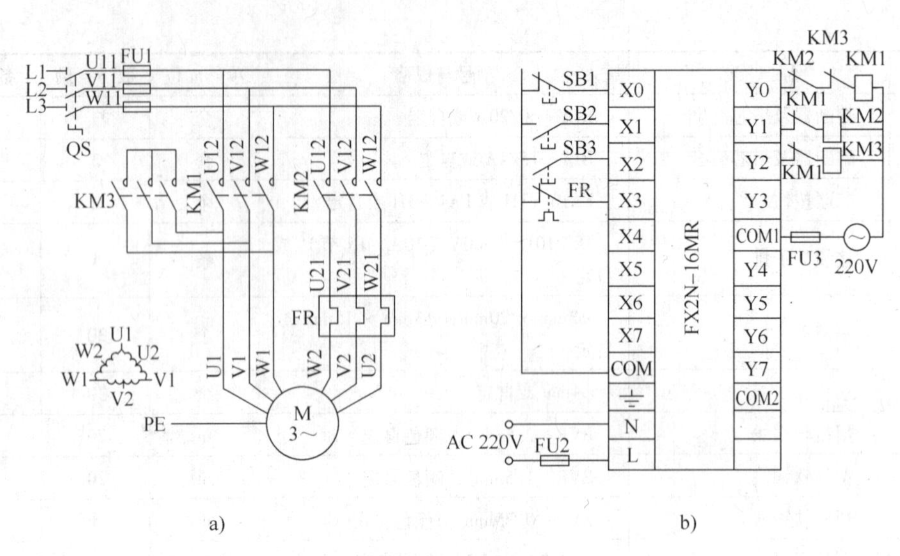

图 3-2-2　双速电动机自动控制的基本电气控制线路

a）主电路　b）I/O 接线图

是通电或是断电，而逻辑代数中也只有两种编码或为 1 或为 0，所以继电器电路完全可以用逻辑代数式来表达。

具体做法是以线圈为单位，分别考虑继电器电路图中每个线圈受到哪些触点和电路的控制，以此为依据写出逻辑表达式。

以线圈 KM1 为例，对该线圈有影响的元件的连接关系是：SB3 与 KA 常开触点并联后与 KT 的瞬时常开触点串联，再与 KM1 的常开触点并联，再与 KT 的延时断开常闭触点串联，再与 SB2 并联，之后这一块电路与 FR 的常闭触点、SB1 的常闭触点、KM2 的常闭触点，以及 KM3 的常闭触点串联。所以它的逻辑表达式为

$$KM1=\{[(SB3+KA)KT+KM1]\cdot\overline{KT}+SB2\}\cdot\overline{FR}\cdot\overline{SB1}\cdot\overline{KM2}\cdot\overline{KM3}$$

该触点为时间继电器的瞬时触点

其他线圈的表达式为

$$KA=KT=(SB3+KA)\cdot\overline{FR}\cdot\overline{SB1}\cdot\overline{KM2}$$

$$KM3=(KA\cdot KT+KM3)\cdot\overline{FR}\cdot\overline{SB1}\cdot\overline{KM1}$$

$$KM2=KM3\cdot\overline{FR}\cdot\overline{SB1}$$

2. 根据 I/O 分配将逻辑表达式中各元件的线圈和触点用对应的输入和输出继电器来代替

该例中有两点需要说明：

（1）在 KM1 的表达式中，KT 常开触点是一个时间继电器的瞬时触点，而在 PLC 的时间继电器（定时器）上并没有提供瞬时触点，我们可以通过设计程序来做出时间继电器的瞬时触点，具体做法是用一个辅助继电器与时间继电器的线圈并联，由于这两个线圈是可以同时得电，所以辅助继电器的触点就可以当做时间继电器的瞬时触点使用了。本例中用 M1 线圈与时间继电器线圈并联，M1 为时间继电器的瞬时触点。

（2）由于 I/O 图中停止按钮与热继电器是用常闭触点，所以梯形图继电器则要用常开

触点来表达，表达式中的 KA 用 M0 来代替，KT 用 T0 来代替。表达式为

$$Y0 = \{[(X2 + M0) \cdot M1 + Y0] \cdot \overline{T0} + X1\} \cdot X3 \cdot X0 \cdot \overline{Y1} \cdot \overline{Y2}$$

$$M0 = T0 = (X2 + M0) \cdot X3 \cdot X0 \cdot \overline{Y1}$$

$$Y2 = (M0 \cdot T0 + Y2) \cdot X3 \cdot X0 \cdot \overline{Y0}$$

$$Y1 = Y2 \cdot X3 \cdot X0$$

3. 根据转化生成的逻辑表达式画出梯形图（见图 3-2-3）

梯形图所对应的指令语句见表 3-2-3。

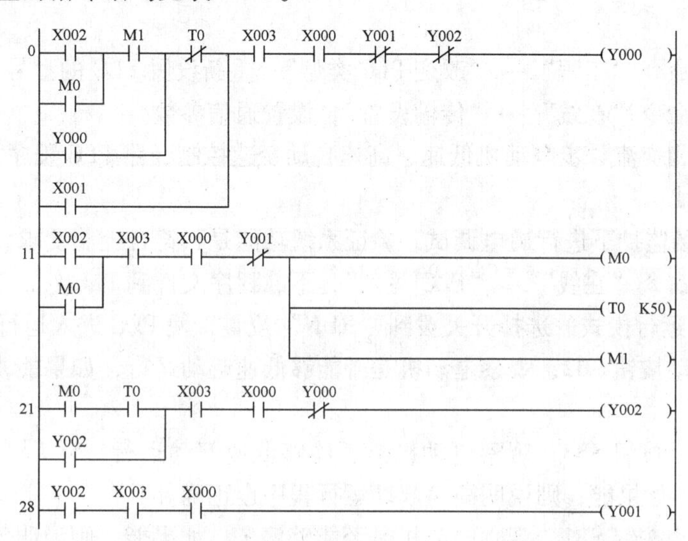

图 3-2-3　双速电动机低速、高速自动变速线路梯形图

表 3-2-3　双速电动机低速、高速自动变速线路指令表

0	LD	X002	16	OUT	M0	
1	OR	M0	17	OUT	T0	K50
2	AND	M1	20	OUT	M1	
3	OR	Y000	21	LD	M0	
4	ANI	T0	22	AND	T0	
5	OR	X001	23	OR	Y002	
6	AND	X003	24	AND	X003	
7	AND	X000	25	AND	X000	
8	ANI	Y001	26	ANI	Y000	
9	ANI	Y002	27	OUT	Y002	
10	OUT	Y000	28	LD	Y002	
11	LD	X002	29	AND	X003	
12	OR	M0	30	AND	X000	
13	AND	X003	31	OUT	Y001	
14	AND	X000	32	END		
15	ANI	Y001				

五、程序输入

（1）在断电状态下，连接好 PC/PPI 电缆。

（2）打开 PLC 的前盖，将运行模式的选择开关拨到 STOP 位置，此时 PLC 处于停止状态，可以进行程序编写。

（3）在作为编程器的 PC 上，运行 MELSOFT 系列 GX-Developer 编程软件。

（4）用菜单命令“工程”→“创新工程”，生成一个新项目；或者用菜单命令“工程”→“打开工程”，打开一个已有的项目，或者用菜单命令“工程”→“另存工程为”，修改项目的名称。

（5）用菜单命令“工程”→“改变 PLC 类型”，重新设置 PLC 的型号。

（6）用菜单命令“在线”→“传输设置”，设置通信参数。

（7）编写三相交流异步电动机低速、高速自动变速控制线路 PLC 程序。

六、系统调试

在教师的现场监护下进行通电调试，验证系统功能是否符合控制要求。

（1）用菜单命令“在线”→“PLC 写入”，下载程序文件到 PLC。

（2）将 PLC 运行模式的选择开关拨到“RUN”位置，使 PLC 进入运行方式。

（3）按下起动按钮 SB2，观察电动机是否能够低速起动运行，如果能，则说明低速运行程序正确。

（4）按下起动按钮 SB3，观察电动机是否能够低速起动运行，5s 后，观察电动机是否能转为高速运行，如果能，则说明高速起动运行程序也正确。

（5）按下停止按钮 SB1，观察电动机是否能够停车，如果能，则说明停止程序正确。

（6）按下热继电器 FR，观察电动机是否能够停车，如果能，则说明过载保护程序正确。

注意：如果出现故障，学生应独立检修。电路检修完毕并且梯形图修改完毕后，应重新调试，直至系统能够正常工作。

任务拓展

用 PLC 改造绕线转子交流异步电动机自动起动控制线路，如图 3-2-4 所示，要求增加点

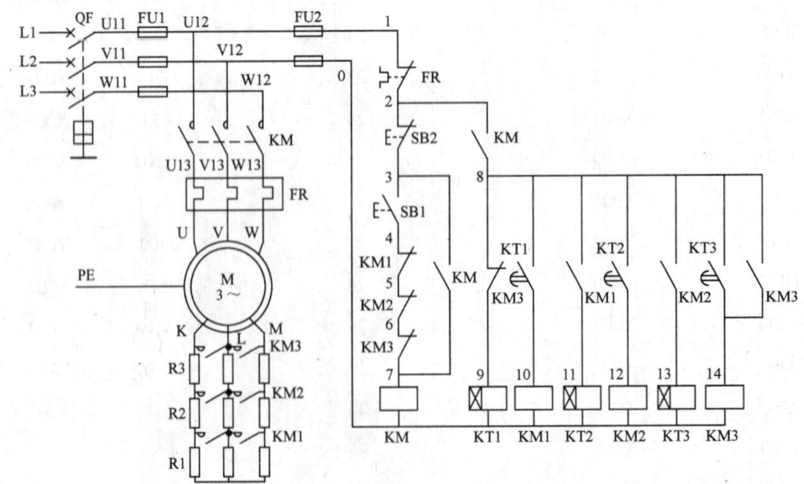

图 3-2-4　时间继电器控制绕线转子异步电动机起动控制线路

动功能和指示功能，并且进行安装与调试。具体要求：

1. 列出 PLC 控制 I/O（输入/输出）口元件地址分配表，画出主电路电路图及 PLC 控制 I/O（输入/输出）口接线图，设计梯形图，根据梯形图列出指令表。

2. 按电路图及 PLC 控制 I/O 接线图，在模拟配线板上正确安装接线。元件在配线板上布置要合理，安装要准确、紧固，配线导线要紧固、美观，导线要进行线槽，导线要有端子标号，引出端要用别径压端子。

3. 用 GX-Developer（或 FX—WIN—C）软件编写程序，能正确地编写程序并输入到 PLC 中，按照被控设备的动作要求进行模拟调试，达到设计要求。

4. 通电试验：正确使用电工工具及万用表，仔细检查，进行通电试验，并注意人身和设备安全。

5. 计划工时：240min。

任务3　用 PLC 设计改装机床电气控制线路

任务目标

1. 熟悉 FX2N 系列 PLC 的编程元件及指令。
2. 会应用 GX-Developer（或 FX—WIN—C）软件。
3. 明确 PLC 改装机床电气控制线路步骤方法和注意事项。
4. 能分析要改装的 Z3040 型摇臂钻床线路的工作原理。
5. 能在模拟板上安装 PLC 控制的 Z3040 型摇臂钻床线路。
6. 能在模拟板上调试 PLC 控制的 Z3040 型摇臂钻床线路，达到控制工艺要求。
7. 能查阅相关资料、提高独立工作的能力和团队协作的能力。
8. 遵守“7S”管理规定，做到文明操作。

任务描述

用 PLC 改造图 3-3-1 所示的 Z3040 型摇臂钻床控制线路，并且进行安装与调试，具体要求如下：

1. 列出 PLC 控制 I/O（输入/输出）口元件地址分配表，画出主电路电路图及 PLC 控制 I/O（输入/输出）口接线图，设计梯形图，根据梯形图列出指令表。

2. 按主/控电路图及 PLC 控制 I/O 接线图，在模拟配线板上正确安装接线。元件在配线板上布置要合理，安装要准确、紧固，配线导线要紧固、美观，导线要进行线槽，导线要有端子标号，引出端要用别径压端子。

3. 操作计算机键盘，能正确地编写程序并输入到 PLC 中，按照被控设备的动作要求进行模拟调试，达到设计要求。

4. 通电试验：正确使用电工工具及万用表，仔细检查，进行通电试验，并注意人身和设备安全。

5. 分析 Z3040 型摇臂钻床控制线路，从安全性、可靠性、合理性等要求出发，使改造后机床，功能更加完善。

6. 计划工时：720min。

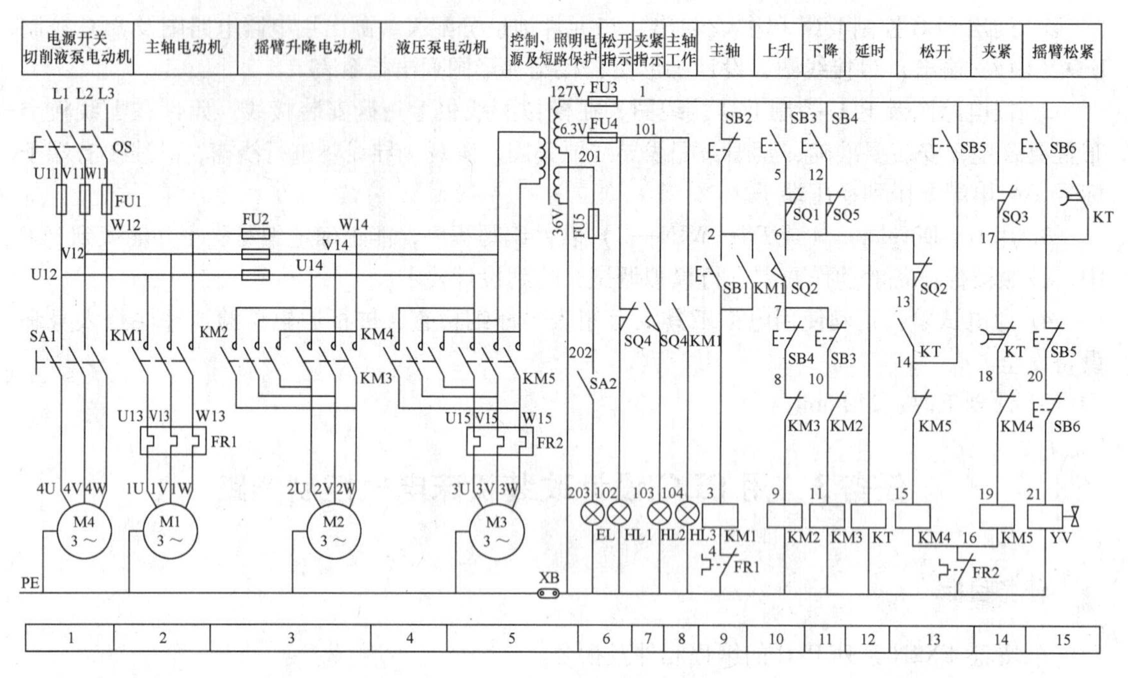

图 3-3-1　Z3040 型摇臂钻床控制线路

任务分析

传统机床控制系统基本上采用继电-接触器电气控制方式，由于这种控制线路触点多、线路复杂，使用多年后，故障多、维修量大、维护不便及可靠性差，影响了正常的生产。还有部分机床虽然还能正常工作，但其精度、效率以及自动化程度已不能满足当前生产工艺要求。对这些机床进行改造势在必行，改造既是企业资源的再利用、走持续化发展的需要，也是满足企业新生产工艺、提高经济效益的需要。可编程序控制器（PLC）是以微处理器为基础，综合计算机技术、自动控制技术和通讯技术发展起来的一种工业自动控制装置，应用灵活、可靠性高、维护方便。应用 PLC 对传统机床控制系统进行改造可取得良好效果。本任务是应用三菱公司的 FX2N—32MR 型 PLC 对 Z3040 型摇臂钻床进行控制的电气控制线路，完成本任务需在充分理解 Z3040 型摇臂钻床控制原理的基础上进行，重点要学会改造的步骤和方法。

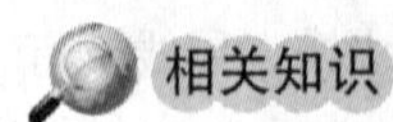

相关知识

一、Z3040 型摇臂钻床的电气控制原理分析

1. 主电路分析

Z3040 型摇臂钻床继电器控制系统的电气原理图如图 3-3-1 所示，控制的电动机共有四台。

Z3040 型摇臂钻床主运动和进给运动共用一台主电动机 M1。加工螺纹时要求主轴能正反向旋转，主轴正反转是采用机械方法来实现的，所以 M1 只需单向旋转，主电动机功率为

3kW，用SB1、SB2实现起动和停止控制，用热继电器FRl作过载保护。

摇臂的升降由升降电动机M2拖动，要求电动机能正反向旋转，M2功率为1.1kW。SB3、SB4分别为摇臂上升和下降按钮，由KM2、KM3控制电动机M2正反转以实现摇臂的升降移动。

立柱、主轴箱与摇臂的夹紧与松开是采用电动机M3带动液压泵，通过夹紧机构实现的。其夹紧与松开是通过控制电动机的正反转送出不同流向的压力油推动活塞带动菱形块动作来实现的。所以，液压泵电动机M3要求能正反向旋转，由KM4、KM5实现正反转控制，M3功率为0.6kW，用热继电器FR2作过载保护。

液压泵电动机M4只需单向旋转，其功率为0.125kW。由旋转开关SA1直接控制单向旋转。

2. 控制线路分析

（1）主轴电动机M1的控制　按起动按钮SB2→接触器KM1吸合并自锁→主轴电动机M1起动运行，同时指示灯HL3亮。按停止按钮SB1→KM1释放→M1停止，同时指示灯HL3熄灭。

（2）摇臂升降控制　按下上升点动按钮SB3→时间继电器KT线圈得电→KM4、YV同时线圈得电，液压泵电动机M3起动，摇臂松开→SQ2动作，KM2得电、KM4断电→摇臂上升→摇臂上升到位后，松开按钮SB3→KM2和KT同时断电释放→M2停止，摇臂停止上升→由于KT线圈失电，经1～3s延时，其延时闭合的常闭触点复位→KM5吸合→液压泵电动机反转→压力油经分配阀体进入摇臂的“夹紧油腔”，摇臂夹紧。同时，活塞杆通过弹簧片使SQ3的动断触点断开→KM5断电释放→液压泵电动机停止，最终完成摇臂的“松开－上升－夹紧”的整套动作。摇臂的下降由SB4控制KM3，起动M2反转来实现，与摇臂上升过程类似。

其中，摇臂的松开及夹紧到位分别由行程开关SQ2及SQ3的动作发出信号。摇臂升降的上、下限位保护分别由SQ1及SQ5实现。KT为断电延时型时间继电器，其作用是在摇臂升降到位后，延时1～3s再起动M3将摇臂夹紧。

（3）立柱和主轴箱的夹紧与松开控制　SB5和SB6分别为松开与夹紧控制按钮，由它们点动KM4、KM5，去控制M3的正、反转，由于SB5、SB6的动断触点（5—21—22）串联在YV线圈支路中。所以在操作SB5、SB6点动M3的过程中，电磁阀YV断电，液压泵供出的压力油进入主轴箱和立柱的松开、夹紧油腔，而不进入摇臂松开夹紧油腔，进而推动松、紧机构实现主轴箱和立柱的松开、夹紧，同时“松开/夹紧指示灯”HL1或HL2亮。

二、PLC选用应考虑的原则

1. 根据所需要的功能进行考虑

基本原则是需要什么功能，就选择具有什么功能的PLC，同时也适当地兼顾维修、备件通用性以及今后设备的改进和发展。

各种新型系列的PLC，从小到中、大型已普遍可以进行PLC与PLC、PLC与上位机之间的通信与联网，具有进行数据处理和高级逻辑运算、模拟量控制等功能。因此，在功能的选择方面，要着重注意对特殊功能的要求。一方面是选择具有所需功能的PLC主机模块，另一方面是根据需要选择相应的模块（或扩展选用单元），如开关量的输入与输出模块，模拟量的输入与输出模块、高速记数模块。

2. 根据I/O点数或通道数进行选择

多数小型机为整体机。同一型号的整体式PLC，除按点数分许多挡以外，还配以不同点数的拓展单元，来满足对I/O点数的不同需求。

对一个被控制对象，所用的I/O点数不会轻易发生变化，但是考虑到工艺和设备的改动或I/O点的损坏、故障等，一般应保留15%~20%的备用量。

3. 根据输入/输出信号进行选择

除了I/O的点数，还要注意输入/输出信号的性质、参数和特性要求等。例如：要注意输入信号的电压类型、等级和变化频率；注意信号源电压输出型还是电流输出型；是PNP输出型还是NPN输出型等。要注意输出端点的负载特点、数量等级以及响应速度的要求等。

4. 根据程序存储容量进行选择

通常，PLC的程序存储器容量以字或步为单位，如1K字、4K步等。PLC应用程序所需的容量可以预先进行估算。根据经验数据，对于开关量控制系统，程序所需的存储字数等于I/O信号总数乘以8。

三、PLC控制系统设计的基本步骤

PLC控制系统设计的基本步骤如图3-3-2所示，具体分以下八个基本步骤：

（1）熟悉控制对象，确定控制要求。

（2）PLC选型及硬件设计。

（3）确定I/O分配表。

（4）设计电气接线原理图。

（5）编写应用程序。

（6）程序模拟调试。

（7）现场软、硬件安装调试。

（8）整理技术文件，编写使用说明书。

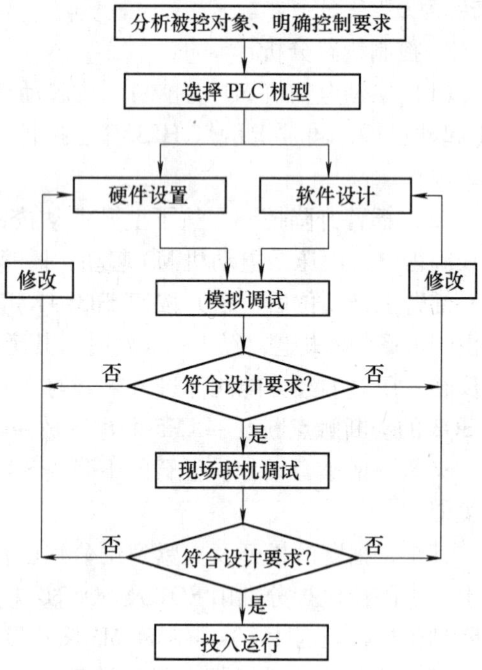

图3-3-2　PLC控制系统设计的基本步骤

任务实施

一、准备工具、仪表及器材（见表3-3-1）

表3-3-1　工具、仪表及器材一览表

序号	名称	型号与规格	单位	数量	备注
1	三相四线交流电源	AC3×380V/220V、20A	处	1	
2	常用电工工具	验电器、螺钉旋具、尖嘴钳、剥线钳、压线钳等	套	1	
3	万用表	MF47型或自定	块	1	
4	交流电动机	YD123M-4，380V，4kW，或自定	台	4	
5	模拟机架配线板	机架自定，配电板600mm×500mm×20mm	块	2	
6	可编程序控制器	FX2N—32MR或自定	台	1	
7	编程设备	计算机配软件	台	1	

（续）

序　号	名　称	型号与规格	单　位	数　量	备　注
8	组合开关	HZ10—25/3 或自定	个	1	
9	交流接触器	CJT1—10 线圈电压 220V 或自定	只	5	
10	热继电器	JR16—20/3，整定电流 10 ~ 16A 或自定	只	2	
11	熔断器及熔芯配套	RL1—60/20A 或自定	套	6	
12	熔断器及熔芯配套	RL1—15/4A 或自定	套	4	
13	位置开关	LX19-111	个	5	
14	指示灯	自定	个	3	
15	电磁阀	自定	个	1	
16	三联按钮	LA10—3H 或 LA4—3H 或自定	个	2	
17	接线端子排	JX2 1015，500V（10A、15 节）或自定	条	4	
18	木螺钉	ϕ3mm × 20mm；ϕ3mm × 15mm 或自定	个	30	
19	平垫片	ϕ4mm 或自定	个	30	
20	塑料软铜线	BVR—2.5mm^2，颜色自定	m	20	
21	塑料软铜线	BVR—1.5mm^2，颜色自定	m	20	
22	塑料软铜线	BVR—0.75mm^2，颜色自定	m	5	
23	别径压端子	UT2.5—4，UT1—4 或自定	个	20	
24	行线槽	TC3025，长自定，两边打 ϕ3.5mm 孔（与配线板配套）	m	5	
25	异形塑料管	ϕ3.5mm 或自定	m	0.2	备线号笔

二、列出输入/输出元件的地址分配

根据图 3-3-1 所示的 Z3040 型摇臂钻床继电器控制线路，找出 Z3040 摇臂钻床 PLC 控制系统的输入/输出信号。其中，13 个输入信号，9 个输出信号。照明灯不通过 PLC 而由外电路直接控制，以节约 PLC 的端子数。输入/输出元件的地址分配表见表 3-3-2。

表 3-3-2　输入/输出元件的地址分配表

输　入			输　出		
输入继电器	符　号	名　称	输出继电器	符　号	名　称
X0	SQ5	摇臂下降限位开关	Y0	YV	电磁阀
X1	SB1	M1 起动按钮	Y1	KM1	接触器
X2	SB2	M1 停止按钮	Y2	KM2	接触器
X3	SB3	摇臂上升按钮	Y3	KM3	接触器
X4	SB4	摇臂下降按钮	Y4	KM4	接触器
X5	SB5	主轴箱松开按钮	Y5	KM5	接触器
X6	SB6	主轴箱夹紧按钮	Y10	HL1	指示灯
X7	SQ1	摇臂上升限位开关	Y11	HL2	指示灯
X10	SQ2	摇臂松开限位开关	Y12	HL3	指示灯
X11	SQ3	摇臂夹紧限位开关			
X12	SQ4	主轴与立柱夹紧松开限位开关			
X13	FR1	M1 电动机过载保护			
X14	FR2	M3 电动机过载保护			

三、画出主电路图及 I/O 接线图

根据 I/O 分配结果，考虑将来的发展需要和维护要求，一般应留有一定余量，选 FX2N—32MR 型可编程序控制器实现 Z3040 型摇臂钻床继电器控制线路的改造。绘制主电路和 I/O 接线图，如图 3-3-3 所示，在端子接线图中热继器仍采用常闭触点作输入，停止按钮改用常开触点作输入，使编程简单，输出增加接触器触点的联锁，防止短路事故的发生，接触器和电磁阀用交流 220V 电源供电，信号灯采用交流 6.3V 电源供电，增加了急停按钮，提高系统的安全性。

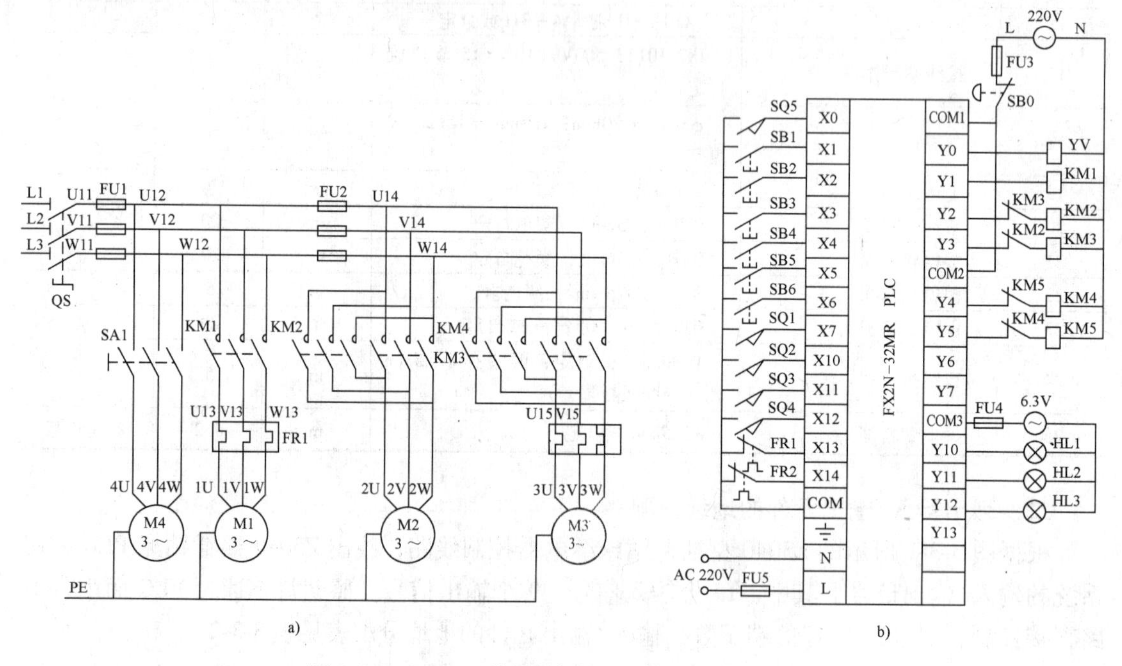

图 3-3-3　Z3040 型摇臂钻床 PLC 控制系统的接线

a）主电路　b）I/O 接线图

四、画出梯形图

根据 Z3040 型摇臂钻床控制线路的控制要求，其梯形图参见图 3-3-4，说明如下：

1. 时间继电器瞬动触点和断电延时触点的处理

本设计的难点在于时间继电器 KT 的取代。图 3-3-1 中，时间继电器 KT 有一对瞬动触点和两对断电延时动作的触点，而 FX2N—32MR 可编程序控制器没有断电延时的定时器触点。对于瞬动触点的处理，可用一个内部继电器来取代，如图 3-3-4 梯形图中的 M0，按SB3（X3）、SB4（X4），接通 M0。而断电延时动作的触点，是松开 SB3 或 SB4 时才开始计时的，那么可以让 M0 的常闭触点去控制内部定时器 T0，而为了避免一开始未按 SB3 或 SB4 时，T0 也计时，本程序中巧妙地应用了内部继电器 M1，M1 可以当做断电延时继电器使用。

2. 停止按钮、行程开关等常闭触点的处理

在继电器控制线路中，停止按钮、行程开关、热继电器等触点都是用常闭触点，根据所画的 I/O 接线图，除热继电器外，常闭触点都改为常开触点，这样，相应的触点在梯形图中是常闭触点，如图 3-3-4 中的 X0、X1 等。如果这类触点像继电器控制那样仍用常闭触点，则在梯形图中的输入点就应用常开触点。这样，一旦接通电源，相应的输入点就接通，有输入，常开触点闭合。也就是说，这类触点在梯形图中看到的是常开的，但它却是闭合的，这样不合乎逻辑思维。

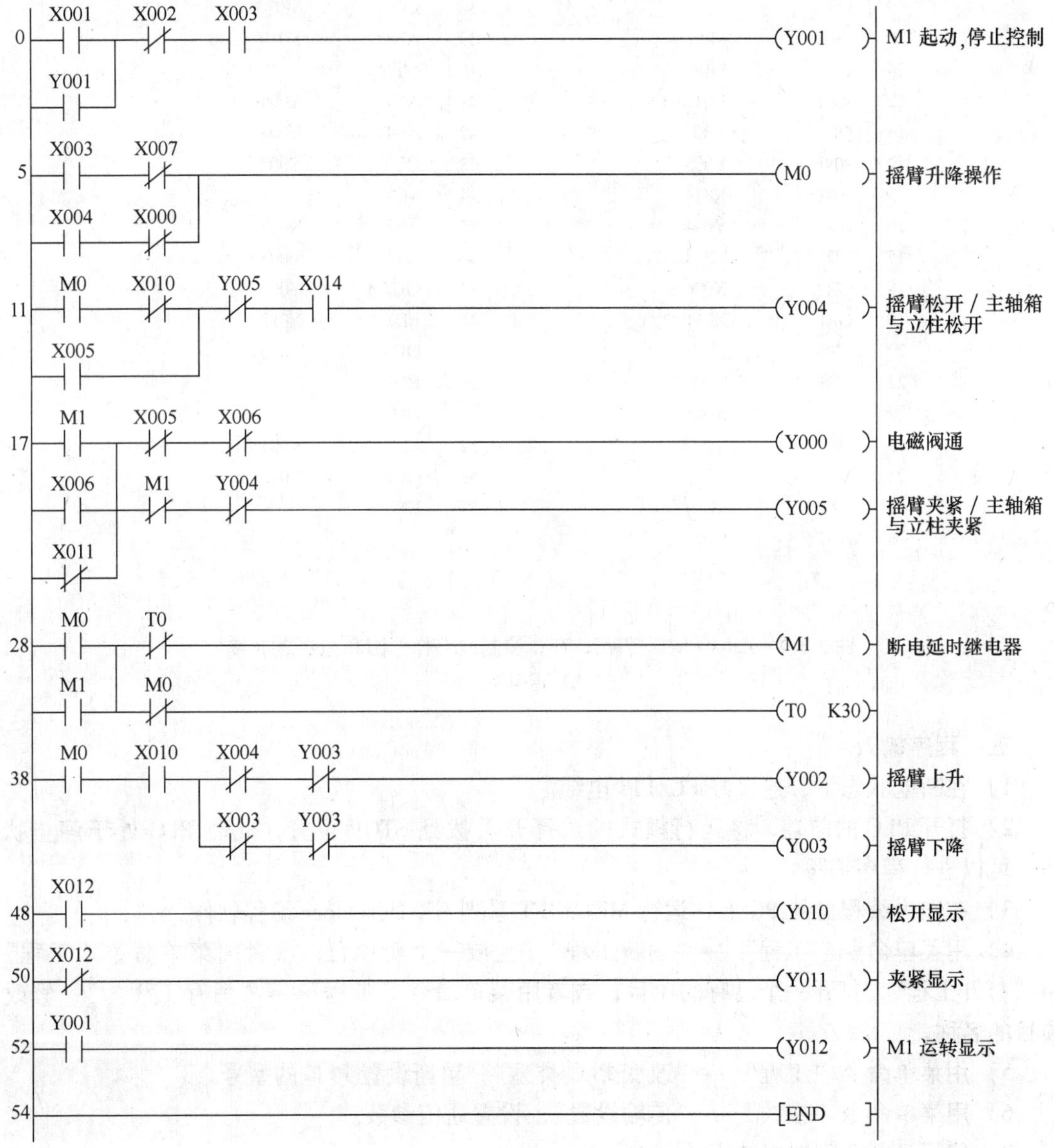

0 X001 X002 X003 Y001 (Y001) M1 起动，停止控制
5 X003 X007 X004 X000 (M0) 摇臂升降操作
11 M0 X010 Y005 X014 X005 (Y004) 摇臂松开 / 主轴箱与立柱松开
17 M1 X005 X006 (Y000) 电磁阀通
X006 M1 Y004 X011 (Y005) 摇臂夹紧 / 主轴箱与立柱夹紧
28 M0 T0 (M1) 断电延时继电器
M1 M0 (T0 K30)
38 M0 X010 X004 Y003 (Y002) 摇臂上升
X003 Y003 (Y003) 摇臂下降
48 X012 (Y010) 松开显示
50 X012 (Y011) 夹紧显示
52 Y001 (Y012) M1 运转显示
54 [END]

a)

图 3-3-4 Z3040 型摇臂钻床 PLC 控制线路梯形图和指令表

a）梯形图

0	LD	X001	27	OUT	Y005		
1	OR	Y001	28	LD	M0		
2	ANI	X002	29	OR	M1		
3	AND	X003	30	MPS			
4	OUT	Y001	31	ANI	T0		
5	LD	X003	32	OUT	M1		
6	ANI	X007	33	MPP			
7	LD	X004	34	ANI	M0		
8	ANI	X000	35	OUT	T0	K30	
9	ORB		38	LD	M0		
10	OUT	M0	39	AND	X010		
11	LD	M0	40	MPS			
12	ANI	X010	41	ANI	X004		
13	OR	X005	42	ANI	Y003		
14	ANI	Y005	43	OUT	Y002		
15	AND	X014	44	MPP			
16	OUT	Y004	45	ANI	X003		
17	LD	M1	46	ANI	Y003		
18	OR	X006	47	OUT	Y003		
19	ORI	X011	48	LD	X012		
20	MPS		49	OUT	Y010		
21	ANI	X005	50	LDI	X012		
22	ANI	X006	51	OUT	Y011		
23	OUT	Y000	52	LD	Y001		
24	MPP		53	OUT	Y012		
25	ANI	M1	54	END			
26	ANI	Y004					

b)

图 3-3-4　Z3040 型摇臂钻床 PLC 控制线路梯形图和指令表（续）

b）指令表

五、程序输入

1）在断电状态下，连接好 PC/PPI 电缆。

2）打开 PLC 的前盖，将运行模式的选择开关拨到 STOP 位置，此时 PLC 处于停止状态，可以进行程序编写。

3）在作为编程器的 PC 上，运行 MELSOFT 系列 GX-Developer 编程软件。

4）用菜单命令“工程”→“创新工程”，生成一个新项目；或者用菜单命令“工程”→“打开工程”，打开一个已有的项目，或者用菜单命令“工程”→“另存工程为”，修改项目的名称。

5）用菜单命令“工程”→“改变 PLC 类型”，重新设置 PLC 的型号。

6）用菜单命令“在线”→“传输设置”，设置通信参数。

7）编写 Z3040 型摇臂钻床的 PLC 程序。

六、系统调试

在教师的现场监护下进行通电调试，验证系统功能是否符合控制要求。

（1）用菜单命令“在线”→“PLC 写入”，下载程序文件到 PLC。

（2）将 PLC 运行模式的选择开关拨到“RUN”位置，使 PLC 进入运行方式。

（3）按下起动按钮 SB2，观察电动机 M1 是否起动，如果能，则说明主轴电动机程序正确。

（4）按下起动按钮 SB3，观察 KT、KM4、YV 线圈是否吸合，如果能，摇臂松开程序正常，压下 SQ2，KM2 得电、KM4 断电，M2 带动摇臂上升，说明摇臂上升运行程序也正确。

（5）松开 SB3，观察 KM5 是否吸合，电动机 M3 是否反转，压下 SQ3 是否能停止，如果能，则说明摇臂夹紧程序正确。摇臂下降，调试操作按钮 SB4。

（6）按下 SB5，观察 KM4 线圈得电，YV 线圈不得电，如果能说明立柱和主轴箱松开程序正确，接下 SB6，观察 KM5 线圈得电，YV 线圈不得电，如果能，则说明立柱和主轴箱夹紧程序也正确。观察指示灯 HL1、HL2 是否满足要求。

注意：如果出现故障，应独立检修。电路检修完毕并且梯形图修改完毕后，应重新调试，直至系统能够正常工作。

任务拓展

用 PLC 改造 X62W 万能铣床控制线路，并且进行安装与调试。具体要求如下：

1. 列出 PLC 控制 I/O（输入/输出）口元件地址分配表，画出主电路图及 PLC 控制 I/O（输入/输出）口接线图，设计梯形图。根据梯形图，列出指令表。

2. 按主/控电路图及 PLC 控制 I/O 接线图，在模拟配线板上正确安装接线。元器件在配线板上布置要合理，安装要准确、紧固，配线导线要紧固、美观，导线要进行线槽，导线要有端子标号，引出端要用别径压端子。

3. 操作计算机键盘，能正确地编写程序并输入到 PLC 中，按照被控设备的动作要求进行模拟调试，达到设计要求。

4. 通电试验：正确使用电工工具及万用表，仔细检查，进行通电试验，并注意人身和设备安全。

5. 分析 Z3040 型摇臂钻床控制线路，从安全性、可靠性、合理性等要求出发，使改造后的机床功能更加完善。

6. 计划工时：720min。

附录　机床电气技能实训考核装置图

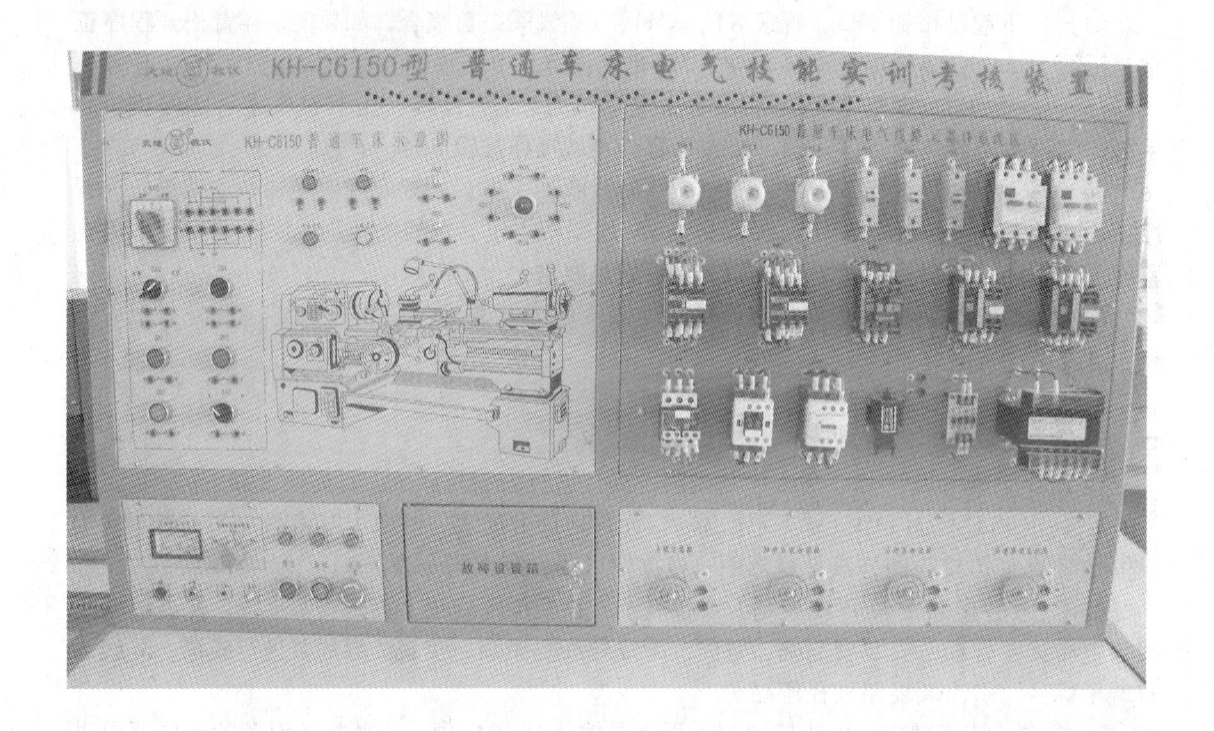

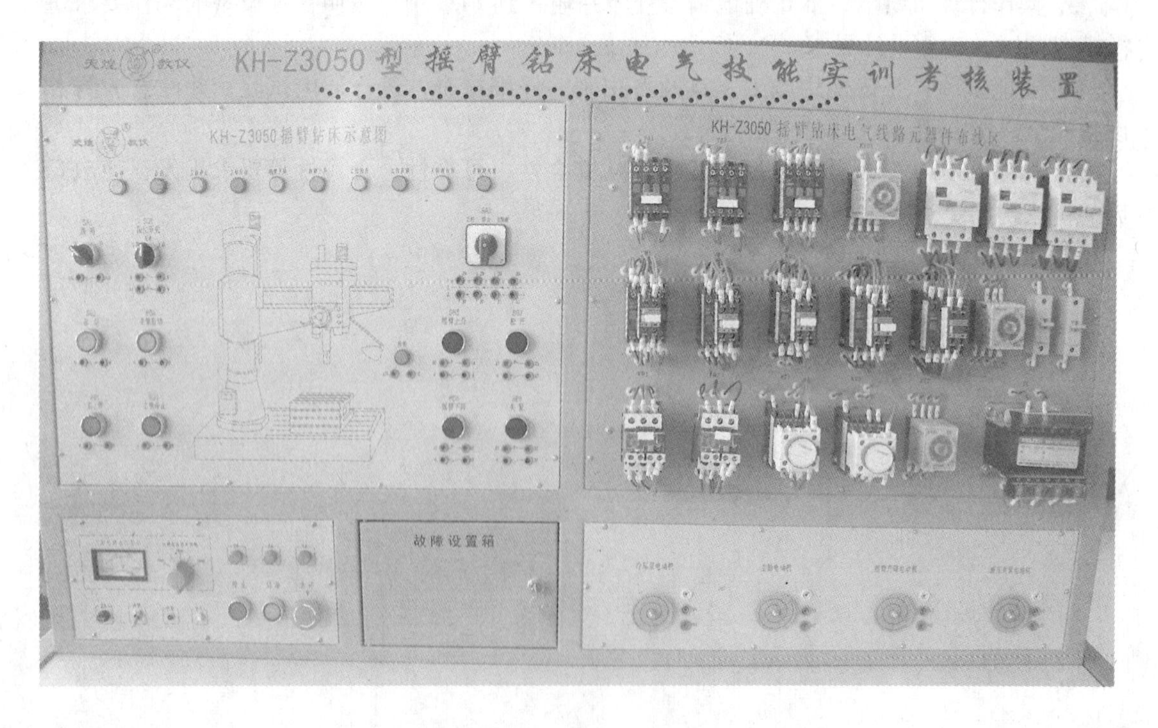

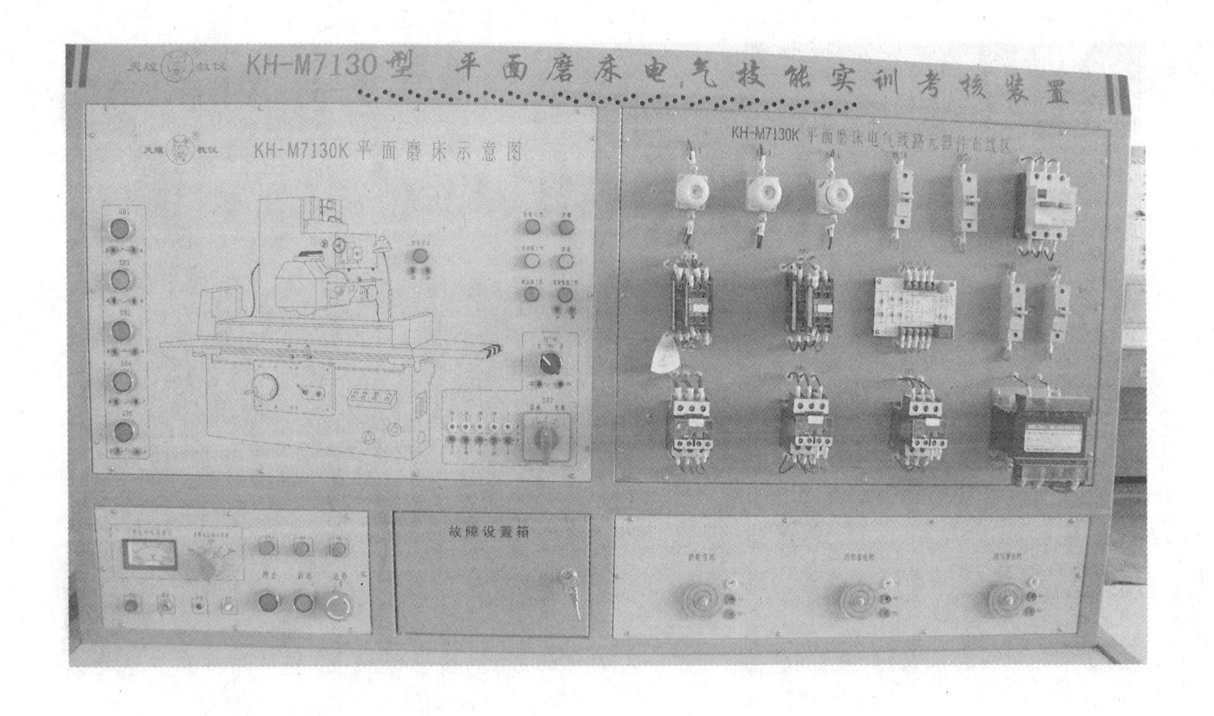
天煌教仪 KH-M7130型 平面磨床电气技能实训考核装置
KH-M7130K 平面磨床示意图
故障设置箱

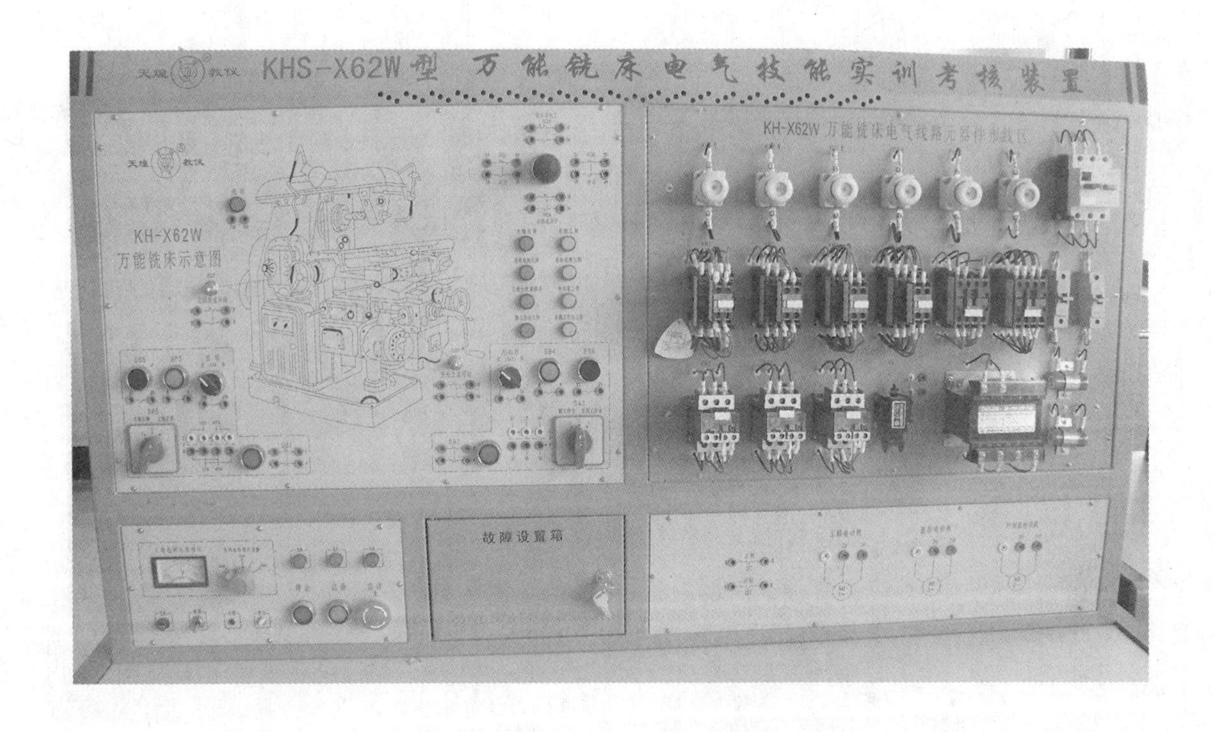
天煌教仪 KHS-X62W型 万能铣床电气技能实训考核装置
KH-X62W
万能铣床示意图
故障设置箱

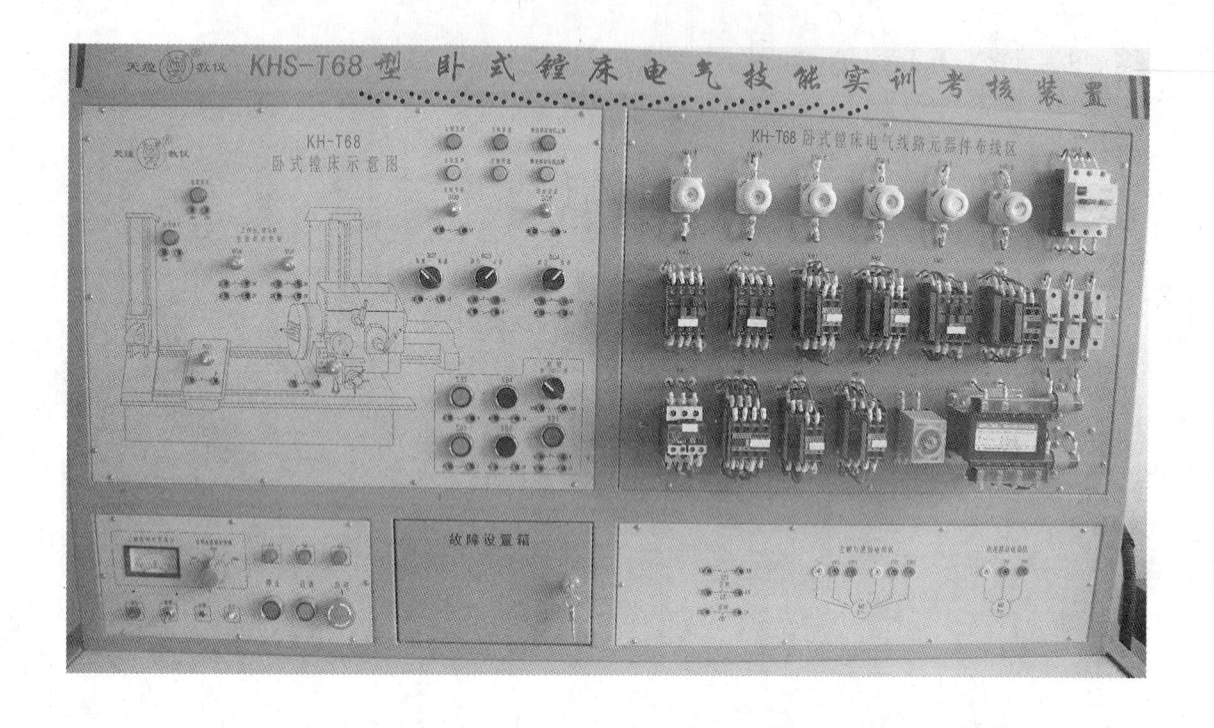
天煌 教仪
KHS-T68型 卧式镗床电气技能实训考核装置
KH-T68
卧式镗床示意图
KH-T68 卧式镗床电气线路元器件布线区
故障设置箱

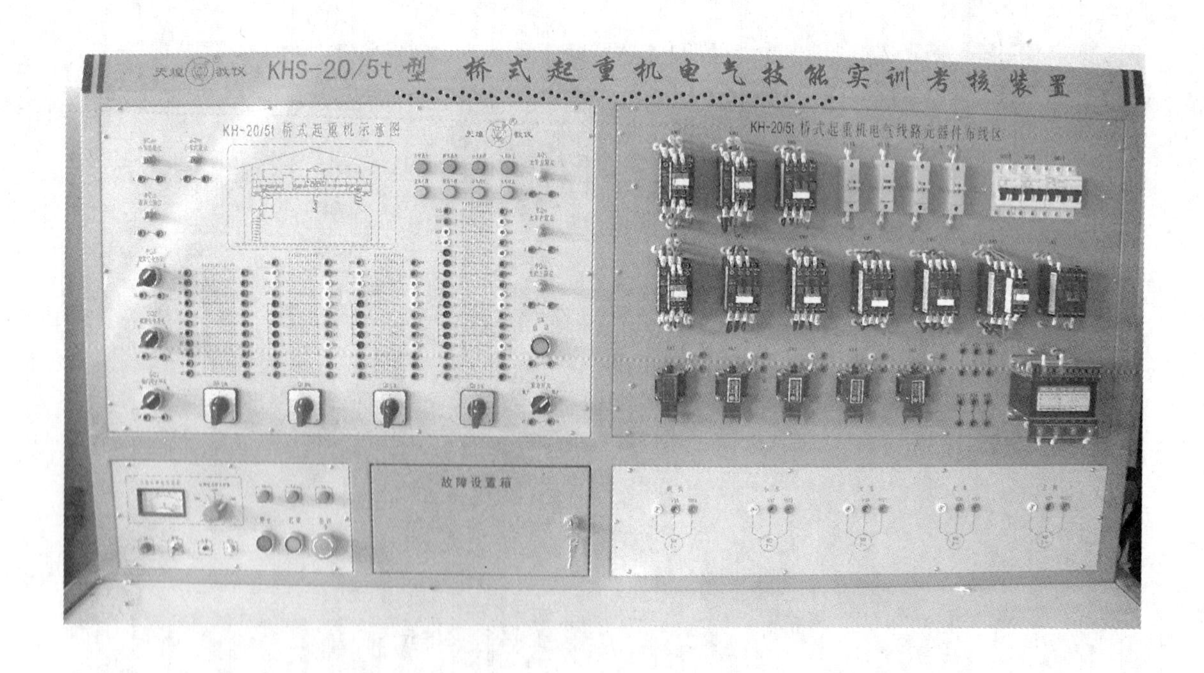
天煌 教仪
KHS-20/5t型 桥式起重机电气技能实训考核装置
KH-20/5t 桥式起重机示意图
KH-20/5t 桥式起重机电气线路元器件布线区
故障设置箱

参考文献

[1] 李敬梅．电力拖动控制线路与技能训练［M］.3 版．北京：中国劳动社会保障出版社，2001.
[2] 王建．电气控制线路安装与维修［M］．北京：中国劳动社会保障出版社，2006.
[3] 余波．常用机床电气设备维修［M］．北京：中国劳动社会保障出版社，2006.
[4] 丁宏亮．维修电工［M］．杭州：浙江科学技术出版社，2009.
[5] 张雷，林炳南．维修电工应用技术：下册［M］．北京：高等教育出版社，2010.
[6] 孙德胜，李伟．PLC 操作实训（三菱）［M］．北京：机械工业出版社，2008.
[7] 李俊秀．电气控制与 PLC 应用技术［M］．北京：化学工业出版社，2010.
[8] 张培志．电气控制与可编程序控制器［M］．北京：化学工业出版社，2007.
[9] 唐修波．典型工业设备电气控制系统安装调试与维护（西门子系列）［M］．北京：中国劳动社会保障出版社，2010.
[10] 阮礽忠．常用电气控制线路手册［M］．福州：福建科学技术出版社，2009.

机械工业出版社

教师服务信息表

尊敬的老师：

您好！感谢您多年来对机械工业出版社的支持与厚爱！为了进一步提高我社教材的出版质量，更好地为职业教育的发展服务，欢迎您对我社的教材多提宝贵意见和建议。另外，如果您在教学中选用了《电气控制线路安装与维修（任务驱动模式·含工作页)》（金凌芳主编）一书，我们将为您免费提供与本书配套的电子课件。

一、基本信息

姓名：____________ 性别：____________职称：____________职务：____________

学校：____系部：____________

地址：____邮编：____________

任教课程：____________________ 电话：______________（O）手机：____________

电子邮件：____________________ qq：__________________ msn：______________

二、您对本书的意见及建议

（欢迎您指出本书的疏误之处）

三、您近期的著书计划

请与我们联系：

100037　北京市西城区百万庄大街22号机械工业出版社·技能教育分社　陈玉芝

Tel：010-88379079

Fax：010-68329397

E-mail：cyztian@ gmail. com 或 cyztian@ 126. com